U0083191

古代歷史文化 研究輯刊

二 編

王 明 蓀 主編

第 3 冊

仰觀俯察天人際：
中國中古時期天文星占之歷史研究

鄭 志 敏 著

國家圖書館出版品預行編目資料

仰觀俯察天人際：中國中古時期天文星占之歷史研究／鄭志敏
著 — 初版 — 台北縣永和市：花木蘭文化出版社，2009〔民
98〕
目 2+278 面；19×26 公分
（古代歷史文化研究輯刊 二編；第 3 冊）
ISBN：978-986-6449-80-2（精裝）
1. 中國史　2. 中古史　3. 天文學　4. 占星術　5. 中國政治制度
610.4　　　　　　　　　　　　　　　　　　98014035

ISBN - 978-986-6449-80-2

9 789866 449802

古代歷史文化研究輯刊
二 編 第三冊
ISBN：978-986-6449-80-2

仰觀俯察天人際：中國中古時期天文星占之歷史研究

作　　者　鄭志敏
主　　編　王明蓀
總 編 輯　杜潔祥
出　　版　花木蘭文化出版社
發 行 所　花木蘭文化出版社
發 行 人　高小娟
聯絡地址　台北縣永和市中正路五九五號七樓之三
　　　　　電話：02-2923-1455／傳真：02-2923-1452
網　　址　http://www.huamulan.tw 信箱 sut81518@ms59.hinet.net
印　　刷　普羅文化出版廣告事業
初　　版　2009 年 9 月
定　　價　二編 30 冊（精裝）新台幣 46,000 元

仰觀俯察天人際：
中國中古時期天文星占之歷史研究

鄭志敏　著

作者簡介

鄭志敏，1966 年出生於臺灣西海岸雲林縣臺西鄉的偏遠漁村，在嚴酷海風與熾熱豔陽中成長。1986 年自臺北工專電子工程科畢業後，因本身志趣，決定轉換人生跑道，插班考進大學歷史系就讀。1996 年自中興大學歷史研究所碩士班畢業，2001 年取得臺灣師範大學歷史學博士學位，目前任教於高雄縣私立輔英科技大學人文教育中心。重要著作有《Hello！臺灣史》、《杜聰明與臺灣醫療史之研究》等書及〈二二八事件前高屏地區的傳染病防治——以霍亂、天花為中心的探討〉、〈日治時期高雄地區臺籍醫師的政治與社會參與（1920～1945）〉等多篇論文。

提　要

　　「觀乎天文，以察時變；觀乎人文，以化成天下」，自古以來，「天人合一」、「天人相感」的觀念，普遍存於中國人心，自漢代以來的歷朝正史，莫不將天文曆法的志書，列為必要篇章，相關的天文觀測與紀錄機構，更是歷久不衰，形成中國重要的科學傳統。歷代爭天下的群雄與治天下的帝王，莫不企望天意垂愛，天象徵驗要朝對自己有利的方向作解釋，以確保天命在己。為求解釋各種複雜的天象，中國社會發展出極其獨特的天文星占解釋學，其影響所及，涵括政治、軍事、經濟民生等等。時至今日，即使進入民主選舉，仍有不少好事者喜以天意推民意，預估選舉結果。天文星占之學，可說是數千年來，深植中國人心靈，影響華人社會最深遠的一種不可知卻力大無窮的知識傳統。

　　本書試圖展現，此種淵遠流長的天文星占知識體系，在中國中古時代，自東漢三國迄隋唐時期的歷史影響力，分別就天文機構的組織、天文伎術人員的管理、天文星占與政治發展、天文星占與軍事作戰以及天文伎術人員的社會地位等層面，作其歷史影響之討論。結論認為，天文星占在中古時期，其論說政治社會異象、祈禳避災等傳統，並無改變，軍事作戰方面，將領也更能以理性來處理天文星象的徵應，但是在天文機構之專業化、天文禁令之頒布、天文伎術者之管理等方面，則有其承先啟後之歷史地位，多數規範自此之後，成為宋元明清等後代王朝遵循的楷模。

目

次

第一章 緒 論

　　「天文」一詞，若用現代意義來理解，拿「Astronomy」一詞相對應，天文學所指，乃是與人事無關的各種天體的觀測、運行規律的演算、預測等物理學、力學、測量學等的相關學問。但若以現代天文學觀念來理解古代中國的傳統天文，則恐失之毫釐，差以千里。中國傳統特有的「天人合一」觀念，習於將「天文」（天體運行的現象）與「人文」（人間社會的現象）相對照，〔註1〕甚至作為人間事務運作的重要警惕與參考。自《史記》起，歷朝正史中，均不乏皇帝因日蝕星變或其它天象災異，而下詔罪己、求賢或大赦的案例。統治階層的知識份子，也往往假藉天文星變為理由，上奏求治求變，或者相互傾軋，甚至連軍事行動，也不無受天文星象影響的痕跡。〔註2〕至於星占一詞，以「Astrology」來解釋，指的是以天文星體的變化或生命時辰等，來預測人間吉凶禍福的術數。就現代科學觀點而論，天文學是科學，星占學則近於偽科學（甚至是迷信），兩者之間本無聯繫。但在中國傳統社會中，兩者不僅密切相關，還因為陰陽五行及讖緯等因素的加入，而繁衍出擇吉、風角、太乙、六壬、孤虛等方術，成為一門包羅萬象的術數之學。有關天文學、曆法與星占學之間的關係，前輩學者討論已多，不擬在此復贅。而由逐漸愈辯愈明的研討中，幾乎可以確定的是，中國的傳統天文，就某種程度而言，實即星占術。〔註3〕古人觀測星象、記錄

〔註1〕 如在《周易正義》卷三〈賁〉條中有謂：「觀乎天文，以察時變；觀乎人文，以化成天下。」（頁14，臺北：藝文印書館十三經注疏本，1989年）。
〔註2〕 有關這方面的初步研究，可詳參張嘉鳳《中國傳統天文的興起及其歷史功能》（新竹：清華大學歷史所碩士論文，1991年7月），以及姜志翰《中國星占對軍事的影響》（臺北：臺灣大學歷史所碩士論文，1998月6月）。
〔註3〕 有關中國傳統天文的性質，自來爭議即多。早年學界的看法，多數認為天文學

天體變化，甚至設立天文機構、培養天文職官、不斷改訂曆法等等，並非純爲科學研究或服務農業生產，主要目的還在於，根據天象的變化情形，依其在星占學上的徵應意義，預作祈禳或補救的措施，以求政權的長固久安。

古代中國人心目中的天，近於有意志的神，會用各種天象，來表達其喜怒，針砭人間的是非。於是自稱「天子」的帝王，凡事必須「奉天承運」、「代天行道」，一旦引發「天怒」、導致「人怨」，經常就是王朝滅亡的先兆。天既是有意志的天，則「天意」爲何、「天命」在誰，自然就成爲有心爭奪江山者，急於獲知的秘密。很多人至死都不願承認，自己生前所曾犯下的錯誤，最後總是歸咎於天，如商紂王對於周人的征伐曾狂呼：「我生不有命在天乎？」。〔註4〕西楚霸王項羽被逼得走投無路時，也宣稱：「天亡我，非戰之罪也！」〔註5〕相對於

及曆法的發展，主要是爲了應付農業時代的生產需要，星占學只是其附屬功能，此可以大陸天文史家陳遵嬀爲代表，他在《中國天文學史》第一冊（臺北：明文書局，1998 年）中，即表示：「古人觀測天象的主要目的，是洞察自然界的現象，發現它的內在規律，按自然的客觀規律來決定一年的季節，編成曆法，使農業活動能夠及時進行。這可以說是我國古代天文學的主要特點。」（頁180～181）因此在他所編多達六冊的《中國天文學史》中，舉凡天象記錄、曆法編訂等天文曆法內容，幾乎一應俱全，唯獨不見其對於天文在傳統社會中的政治、軍事等層面影響的評述，顯見其並不認同天文學與星占學之間的關係。最近薄樹人在其所編的另一本《中國天文學史》（臺北：文津出版社，1996 年）中，仍承襲此一看法，認爲「與其把天文學發展的動力歸之於星占術，倒不如歸之於生產。」（頁4）他並批評將傳統天文與星占學畫上等號的說法，謂：「天文學家觀測記錄這些天象時，也不全出於星占術的動機」（頁3），他並舉曹魏時的徐岳所言「效曆之要，要在日蝕」爲例，認爲古人觀測星象，只是要以日、月及五星運動來製定更精確的曆法，以服務農業生產。這樣的說法，委實過於牽強，很難令人信服，因爲以今人經驗來看，農業生產的時間容忍度其實很大，差一天、兩天，並不致於有何重大之損失，古時更是如此。那爲何需要每天觀察星象，並不斷製作更精密的曆法以爲因應？純從服務農業生產的科學角度來看，是不容易說得通的；若是從星占學的研判需要來作解釋，就容易理解得多。有關這方面的討論，其詳可參大陸的江曉原所作〈中國古代曆法與星占術——兼論如何認識中古代天文學〉（《大自然探索》第7卷第3期，1988 年）、〈天文·巫咸·靈臺——天文星占與古代中國的政治觀念〉（《自然辯證法通訊》1991 年第3 期），另外還有劉韶軍〈試論中國古代占星術及其文化內涵〉（《華中師範大學學報·哲社版》1993 年第2 期）、魯子健〈中國歷史上的占星術〉（《社會科學研究》1998 年第2 期）等文，也值得參考。在臺灣方面，黃一農的研究，雖較少涉及理念之爭，但具體成果也不遑多讓，可詳見本章第二節的討論。

〔註4〕見《史記》卷三〈殷本紀〉，頁107（臺北：鼎文書局點校本，以下所用歷朝正史均同此版本，不另註明）。

〔註5〕見《史記》卷七〈項羽本紀〉，頁334。

失敗者的「怨天」，其獲勝的對手，自然也得有一套，解釋自己「順天」應人的論述，如周武王就曾回應勸進他伐紂王的諸侯道：「女未知天命，未可也！」，〔註6〕意思是天命在他，何時應該伐紂，只有知天意者能決定，他人無由置喙。劉邦更是相信自己平地崛起，「以布衣提三尺劍取天下，此非天命乎？」〔註7〕因而連生病也不願服藥，自信必有上天保祐。這一套獨特的「天命觀」，幾乎貫穿了整部中國政治史，是觀察中國政治文化一個相當重要的指標。

問題是，人們雖然相信天有意志，但天本身並沒有實際執行其意志的能力與工具，頂多只有天象的變化可資觀察。於是自古以來，人們便根據天象，以推測、解釋或預估天象，進行種種應有的作為，發展出一套天象與人事相徵應的星占理論來。而此事關乎王權運作的順利與否，甚至關涉到王權的存續，自然必須慎重其事地設官治理。歷代統治者對於天命天意的重視，連帶使得天文機構，成為中國歷史上最源遠流長的政府組織之一。即使在某些四分五裂的時代，偏安一隅、年祚短暫的小朝廷，也不忘要有相關的機構與人員，以利其統治。在如此文化背景下，設立的天文機構，其角色自然不會是單純的科學研究機構，而其天文官員，當然也不完全等同於「科學研究人員」。其經常要扮演的角色，是解釋天意與預卜吉凶，幫助統治者趨吉避災，具有濃厚的官方獨佔與星占術數色彩。影響所及，往往不在純粹的科學研究，而是關乎國家政治、軍事的運作，可說是人與天之間的溝通橋樑。因此，究明傳統天文星占的功能、角色及其影響，應可有助於理解傳統中國皇權統治的實況。

第一節 問題的提出

本文所稱的中古時期，係指從三國時代起、歷經魏、晉、南北朝，迄隋唐為止，這一段將近七百年的歷史時期。〔註8〕之所以將此一時期，看作一個

〔註6〕 見《史記》卷四〈周本紀〉，頁120。

〔註7〕 見《史記》卷八〈高祖本紀〉，頁391。

〔註8〕 據邱師添生在〈論唐代中葉為國史中世下限說〉（《國立臺灣師範大學歷史學報》第十五期，1987）一文中所論，從政治、經濟與文化上的諸多現象，均可說明安史之亂是中國中世時期的分界所在。不過，誠如藪內清氏在〈中世科學技術史展望〉（收入氏編《中國中世科技史研究》，東京：角川書店，1965年）一文中所言，科技文化史不容易有明確的事件可資劃分時代前後，將唐代劃成兩段，不只在處理史料上有困難，也容易使研究變支離破碎，本文也認同藪內氏的作法，將整個唐代都納入討論範圍。

整體來加以研究，乃是基於以下的考量：

第一，就時代特色而言，三國以後迄隋唐一統天下前，中國歷經三百多年的分裂紛擾，各方群雄並起，政權此起彼落。而在每一個政權交替的關頭，取而代之者，總是有一套天命在己的說詞，天文星占在其中扮演吃重的角色。況且此中有很長一段時期，是漢胡政權相互對立抗衡，不同種族間，對天文星占的態度又有何分別？只有透過整體的研究，才能一窺在群雄對峙的分裂時代，與統一王朝的時代中，天文星占所扮演的角色與影響，有何不同。

第二，就制度史的研究而言，唐代是此一時期對天文機構的規模與制度，相對留下較豐富完整資料的朝代。但唐人制度多沿自北周，天文在古代是典型的家傳世襲的事業，其傳承有其連續性。因此欲求天文星占的本質，及其如何影響皇權統治，貫穿整個中古時期，當能比單獨一朝一代，獲得更完整的瞭解。

第三，就史料的性質與份量而言，如所週知，此一時期有多部正史編修於唐代，其中與本文關係密切的《晉書・天文志》與《隋書・天文志》等，更都是成於唐朝天文大師李淳風之手。因此，不免唐人的天文星占觀念也滲入其前的時代。將此一時期當做整體來研究，自可避免因史料的割裂，以致無法一窺歷史全貌的弊端。

歷史乃由人、事、時、地、物，五大元素組合而成，其中又以人與事，是爲歷史發展的主導。本文欲對中古時期的天文星占進行歷史研究，其重點自然也是放在相關的人與事之上。而對於由人組成的天文機構，又是讓天文官行使其職權、發揮影響力的所在，因此有關中古時期天文機構的變革與演進，會是本文的第一個切入點。要研究一個機構的制度與人員，當然不免要對該機構的發展沿革、職務內容等，做一番探究。一般而言，傳統天文機構的功能，與其說是科學性的，不如說是政治性與社會性的，要來得更爲妥切。所謂「眾星列佈，體生於地，精成於天，列居錯峙，各有所屬，在野象物，在朝象官，在人象事。」〔註9〕天文機構的主要任務，正是要把這「各有所屬」的天文現象，加以觀測、記錄、向上呈報，預卜其吉凶或提出相關對策，以確保皇權運作順利，及天命天意不移。而相關的天文官員，其角色之意涵，就更耐人尋味。有人曾對《史記・天官書》中所列「昔之傳天數者」名單中

〔註9〕見《史記》卷二十七〈天官書〉，頁1289，張守節《正義》引張衡語。

十三個人，做過一番考索，發現其中有專司交通天地人神的巫覡，也有當時著名的星占專家，而其共同的特色，則是同樣具備「通天」的本領。〔註10〕因此古代的天文官，本就具有相當程度的神巫色彩。漢代以後，官僚體制逐漸成型，神權政治轉爲君權政治，太史的性質，也逐漸從通天的巫，轉爲官僚體系中的普通成員，其職務則是「掌天時、星曆。凡歲將終，奏新年曆。凡國祭祀、喪、娶之事，掌奏良日及時節禁忌。凡國有瑞應、災異，掌記之。」〔註11〕可見天文官員，除了觀現象授時的一般任務之外，也具有濃厚的陰陽術數色彩。尤其是其擁有對瑞應災異等的解釋與發言權，更使其經常要扮演不同於普通行政官僚的特殊角色。

在天人合一觀念的影響之下，君王對於天文星占與天文官員，可謂倚之甚深。逐鹿中原時，需要倚靠他們來收攏民心，提振士氣；王朝建立後，也要依賴他們來預卜吉凶、消災彌禍。但究竟何種天象變異，顯現何種人事意義，該如何祈福禳災，或該由何人受殃、何人受福，擁有解釋權的天文官員，便自然而然成爲能左右結局的關鍵人物。他們或許不能主導政局的演變，但往往能在局勢糾葛難解時，提供適時的解答。在中古時期，天文星占及天文官員，對於政治運作的影響是如何？是本文要探究的另一個重點。

《三國演義》中，「七星壇諸葛祭風」（以破曹操）、「五丈原諸葛禳星」（以求延命）的故事，想必讀者耳熟能詳。諸葛亮這位三國時代的名軍事家，在小說家的筆下，天文星占成了他領兵作戰時，不可或缺的重要工具。那在實際的歷史發展中，天文星占之於軍事作戰，又是扮演何等角色呢？唐代杜佑有言：「夫戎事，有國之大者。自昔智能之士，皆立言作訓。其勝也，或驗之風鳥七曜，或參以陰陽日辰。」〔註12〕他並主張爲將者，在募集人才時，應當納入能「推步五行，瞻風雲氣候轉式，多言天道，詭說陰陽者」，〔註13〕才能組成堅強的幕僚陣容，應付戰場上的萬變風雲。足見天文星占在戰爭過程中，所擔任的角色，也是相當重要，這是在探討天文星占的歷史影響中，所不能忽略的一環。

對機構與制度的研究，最終仍免不了要回歸到人的身上。既然天文機構

〔註10〕 詳參江曉原《天學眞原》（臺北：洪葉出版事業公司，1995），頁 67～96。

〔註11〕 見《後漢書・百官志二》，頁 3572。

〔註12〕 《通典》卷第一百四十八〈兵典一・序〉，頁 3781（北京：中華書局點校本，1988 年）

〔註13〕 見同上註，〈兵典一・搜才〉頁 3799，惟其非兵家正道，故又加註曰：「此雖非兵家本事，所要資權譎以取勝耳。」

對於皇權統治，具有如此不凡的意義，統治自然會傾向於將其定位爲「官方獨佔」的組織，但是否就此斷絕了一般人研習天文的興趣與門路？政府又是如何對相關的天文人員與技術加以管理呢？

另外，在知識階層與僧人、道士之中，也有不少人，本身雖非供職於天文機構，但也具備相當的天文星占知識，專精的程度，有時甚至連天文官員，也望塵莫及，北魏的崔浩、唐代的一行，皆是其中著例。他們與一般天文官員的交遊情況如何？對天文星占又是如何看待？

以上提問，自然還不能將天文星占，此一包羅廣泛的術數之學，對傳統中國社會的滲透與影響的情形，作完整而詳盡的解析。不過，如能以此爲基礎，再深入於其它經濟、社會或文化思想層面，當可逐漸建構出，一種深深嵌入中國社會底層的術數文化，一種屬於中國人獨有的文化思維模式。這篇對中古時期天文星占之學的研究，將會是個起點。

第二節　研究取向

在說明本文所欲採取的研究路徑與取向之前，必須先來簡單地回顧一下，近半個世紀以來，本國學術界在中國天文學史研究方面的變遷概況。

若說早年中國天文學史（或說中國科技史）的研究，是由海外（主要是日本與歐美）的漢學家所推動，應非過論。〔註14〕二〇年代前後，以日籍學者飯島忠夫與新城新藏爲首的不同學派，爲中國天文學，究係外來移入或源自本土，引發一場長期的學術論爭。〔註15〕這也讓部份具有理工背景的中國學

〔註14〕早年鑽研中國天文曆法頗有成就的高平子先生，在回憶其之所以對傳統中國天文學產生興趣時，就提及他在佘山天文臺任職時，「一日，本師蔡臺長（法蘭西人，耶穌會士）示余一舊冊，謂中國亦有天文，曷勿求其會通以與現代天文相比？余受而讀之，初頗茫然，繼漸有味。」（見《高平子天文曆學論著選・學曆散論自序》，臺北：中央研究院數學研究所，1987年）而有關中國天文學究竟是源於本土或來自西方，如同更早時西方漢學家爭論中國文明的起源般，在十九紀即已是西方漢學界爭論的對象，其詳可參何丙郁在〈民國以來中國史研究的回顧與展望：李約瑟與中國科技史〉（收入《民國以來國史研究的回顧與展望研討會論文集》上冊，臺北：國立臺灣大學歷史學系，1992年）一文中的相關論述。

〔註15〕當時參與這場論爭的日本學者分兩派，一爲飯島忠夫爲首的「東京派」（或稱「歷史派」），一爲以新城新藏爲首的「京都派」（或稱「天文派」）。東京派認爲中國天文學應是由西方或中亞傳入中國，其立論基礎是中國古籍所載的天文資料；京都派則從天象觀測研究中國天文史，認爲應是源自本土。兩派各

者，開始有興趣對中國天文學史進行「科學的」研究。〔註 16〕不過，一直到
海峽兩岸分治前，對於天文學史，均只有零星的個別研究。其實在這一段時
期，日籍學者有頗多相關著作，可惜在中國境內，似乎未引起太多的注意。
學術界真正警覺到天文學史，乃至整個科技史研究有其必要，恐怕還是來自
於英國人李約瑟（Joseph Needham），及其鉅著 *Science and Civilization in
China*，所帶來的震撼與挑戰。〔註 17〕

　　因為李約瑟的「提醒」，本國學術界終於開始認識到，原來中國文化中，
也蘊含如此豐富之科學內容。天文學史從過去的不受重視，一躍而為中國文
化足以和西方科學，相提並論的重要項目，開始受重視與研究。不過，由於
研究尚屬起步階段，八○年代以前，又籠罩在「發揚民族文化、提振民族自信」
的無形大帽之下，〔註 18〕使得這一時期的天文學史著作，多半只停留在史料
的蒐集、鋪陳層次，外加強調中國人之智力與科學成就，不輸給西方人的簡
單論述。鮮少有作品能將傳統天文在中國歷史上的真正意涵，及其非科學方
面的影響說明清楚。〔註 19〕

　　　　擅勝場，並無具體結論，但京都派後繼有人，日後活躍於科技史界的藪內清、
　　　　吉田光邦、山田慶兒等人，均是京都派一脈相傳者，而東京派則早已沉寂。

〔註 16〕海峽兩岸未分治前，對中國天文學史的研究，可以高平子與朱文鑫二人為代
　　　　表。誠如高氏在 1992 年成立中國天文學會時所言，研究中國天文學史所應秉
　　　　持的四項原則是：「以科學方法整理曆法系統」、「以科學方法疏解並證明古法
　　　　原理」、「以科學公式推算古法疏密程度」、「以科學需要應用古測天象」。高、
　　　　朱二氏的大部份作品，正都是在此「科學」的法則之下，所進行的寫作，這
　　　　對日後中國天文學史的研究取向，影響深遠。

〔註 17〕目前這套書的中文翻譯，有臺北的臺灣商務印書館及香港中華書局等兩個不
　　　　同版本。商務版的中文譯名為《中國之科學與文明》，似較合原書之本意，但
　　　　因譯於意識型態嚴重對立的六○年代，所以書中有頗多人名均以 xx 代稱，頗
　　　　影響閱讀品質。中華版的中文譯名為《中國科學技術史》，是否恰當，也頗有
　　　　爭議。有關這套鉅著的撰寫與出版情形，及其對中國科技史研究的影響，可
　　　　參註 14 所引何丙郁文。

〔註 18〕何丙郁在註 14 所引文中就曾指出，「抗戰前國內學者對傳統科技史的濃厚興
　　　　趣，也許亦帶些學術以外的因素。當時中國在國際上的地位，幾乎是微不足
　　　　道……惟有中華文化尚能使人有些自尊感，可以覺得自豪……日本的『歷史
　　　　派』低估中國歷史，可能被視為一種文化挑戰，當時的學者，大家震驚起來，
　　　　敵愾同仇，努力研究古代科技史，欲以保衛中華文化。」

〔註 19〕本文因限於篇幅，無法在此詳談實際的研究狀況，大致上可以參考 Xi, Zezong
　　　　（席澤宗），"Chinese study in the history of Astronomy, 1949～1979"（ISIS,
　　　　No.263, Vol.72, 1981, pp.457-470）及同氏〈中國科技史研究的回顧與前瞻〉（收
　　　　於氏著《科學史八講》，臺北：聯經出版事業公司，1994 年）、劉廣定〈台灣

八○年代迄九○年代間，由於政治上的鬆綁，有關科技史的研究，民族情結與意識型態的成份，逐漸降低。但這一時期的臺灣學界，因種種主客觀因素的制約，科技史一直處於研究的邊陲地帶，天文學史更因其專業，而少有歷史學者願意嘗試，呈現的成果，極其有限。〔註20〕倒是大陸學界，在「四個現代化」的國家政策鼓舞下，外加豐沛的研究人力，各式相關的科學史研究機構、社群與刊物等，紛紛成立，成爲中國科技史研究的主流力量。不過，由於「科學至上主義」的觀念作祟，綜觀此一時期大陸的天文史相關著作，多以曆法推步、星體測算等，所謂「數理天文學」爲主，或者天文學者生平事蹟的介紹，以激發後人見賢思齊的情操。至於天文的政治、社會功能等非科學的部份，仍少見學者投入，星占更因其非科學性，不被斥爲怪力迷信，已屬萬幸，更遑論會有人願意投身研究。

大概也就是歷經了八○年代之後，傳統天文幾乎被定位爲「科學史」的一支，研究者多數以西方「Astronomy」的概念，來看待中國傳統的天文學。特別是在許多具有理工科技背景的學者投入研究之後，天文學史的研究，多著重在數學推理計算方面的研究。專業自然不在話下，但如此取向之研究，往往容易出現一個缺點，即將天文曆法，變成古代科學史實驗室中的專有物，似乎其與整個中國社會毫不相關，是獨立的絕緣體，根本無法從這些科學研究中，一窺傳統天文與中國社會的互動關係爲何。此等純粹數理科學的探討，對於理解傳統天文，在政治與社會上的角色與影響，並無太多幫助，而這卻是關心天文星占的歷史角色者，所最急於知道的部份。

的中國科技史研究簡況與展望〉（收入《民國以來國史研究的回顧與展望研討會論文集》上冊，臺北：國立臺灣大學歷史學系，1992年）。

〔註20〕臺灣與抗戰時期的情況比較起來，六○～八○年代的許多科技史研究，似乎也對應於當時中日斷交、退出聯合國及國際上備受打壓的現實情勢，外加歐美文化侵蝕日甚、大陸又在進行摧殘固有文化之「文化大革命」，希望爲自尊與自信受創嚴重的國人，找回對自身文化的信心。其中如曹謨《中華天文學史》（臺北：臺灣商務印書館，1986年），可算是臺灣學者較爲大型的天文學史著作，觀其內容，重點仍在傳統天文學的科學成就，並認爲「中華文化對世界文化史與科學史有所貢獻」、「中華古聖先賢賜予後代子孫寶貴的文化遺產，由此亦應自知加強維護整理，發揚光大。使吾中華有自己的文化史與科學史。」（見該書頁397），而對傳統天文機構雖有立專章討論，鋪陳史料之餘，鮮少論述。倒是劉昭民在稍早出版的《中華天文學發展史》（臺北：臺灣商務印書館，1985年）中，對天文機構有較多的著墨，開始注意到了天文機構的政治功能，可惜討論不多。

　　到了八○年代後期，在西方科學社會學思潮的影響下，中國天文學史的研究定位，開始有了微妙的變化。大陸科學史家席澤宗就曾指出，「天文觀測，特別是奇異天象的觀測，就不單純是了解自然，還具有更重要的政治目的，天文工作也就成為政府工作的一部份。」〔註21〕在另一篇文章中，席氏也談到應加強天文學的社會史研究，「把天文學當作一種社會現象，當作一種意識型態，來研究它在發展中與政治、經濟、宗教以及各種文化之間的關係，這屬於科學社會史的範圍，我姑且把它叫做天文學的社會史研究。」〔註22〕部份學者，也開始試圖跳脫以往純粹數理推算的研究架構，尋求傳統天文與政治、社會間的連結。進入九○年代以後，更在有心人士的提倡之下，所謂「社會天文學史」的新學門，隱然成形。其中，臺灣地區的黃一農博士，可稱得上是推動最力者。黃氏本身是現代天文學的專家，在國際天文學界也頗受肯定。〔註23〕但他在學成回臺灣任教之後，卻將大部份的心力，投注於中國社會天文學史的研究與教學工作上，相關作品的質與量，均可算是稱絕一時。〔註24〕黃氏在〈通書——

〔註21〕見〈天文學在中國傳統文化中的地位〉（收於氏著《科學史八講》，臺北：聯經出版事業公司，1994年），頁112。
〔註22〕見〈中國天文學的新探索〉（收於氏著《科學史八講》，臺北：聯經出版事業公司，1994年），頁156～157。
〔註23〕有關黃氏的個人生平與學經歷簡介，可參考其自設網頁：
http://www.hss.nghu.edu.tw/NHCS/ylhuang/branches/personal/readingroom.htm
〔註24〕黃氏以其堅實的現代天文物理學學識作基礎，一方面著重於運用電腦科技檢驗古書中天文記載的可信度，一方面在史料中尋求傳統天文與政治、社會的連結，既不純粹以史論史，又能擺脫一般數理科技史研究與史實脫節的弊病。以下所錄他的相關著作，討論內容均能不落俗套，成功地結合科學與史學的特質，可謂是中國社會天文學史研究的重要成果：

篇　名	作　者	出　處	出版日期	備　註
A Study on Five Planets Conjunctions in Chinese History	黃一農	*Early China*，15	1990年	
湯若望與清初西曆之正統化	黃一農	收於吳嘉麗、葉鴻灑主編《新編中國科技史（下）》，頁465～490，台北：銀禾文化事業公司	1990年2月	
中國古代天文對政治的影響——以漢相翟方進自殺為例	張嘉鳳 黃一農	《漢學研究》第11卷第2期	1990年12月	張為黃所指導之研究生，其在清大歷史所之碩士論文為〈中國傳統天文的興起及其歷史功能〉

中國傳統天文與社會的交融〉一文的結語中，對他所提倡的社會天文學史，曾做出畫龍點睛式的論述：

> 先前絕大多數從事天文史專業的學者，或著重於析究天文學本身在儀器和理論進展的過程，或致力於將古代積累的大量觀測紀錄應用在現代的天文研究之上。筆者在此文中，則嘗試呈顯中國傳統天文學濃厚的人文精神及其豐富的社會性格。筆者姑且將此一新的方向

星占、事應與偽造天象——以〝熒惑守心〞爲例	黃一農	《自然科學史研究》第 10 卷第 2 期	1991 年 4 月	
清前期對觜、參兩宿先後次序的爭執——社會天文學史之一個案研究	黃一農	收於楊翠華、黃一農主編《近代中國科技史論集》，頁 71～94，台北：中央研究院近代史研究院	1991 年 5 月	
楊璟南——最後一位疏告西方天文學的保守知識份子	黃一農	《漢學研究》第 9 卷第 1 期	1991 年 6 月	
清初欽天監中各民族天文家的權力起伏	黃一農	《新史學》二卷二期	1991 年 6 月	
擇日之爭與「康熙曆獄」	黃一農	《清華學報》新二十一卷第二期	1991 年 12 月	
吳明炫與吳明烜——清初與西法相抗爭的一對回回天文家兄弟	黃一農	《大陸雜誌》第八十四卷第四期	1992 年 4 月	
清前期對〝四餘〞定義及其存廢的爭執——社會天文學史個案研究（上）（下）	黃一農	《自然科學史研究》第 12 卷第 3、4 期	1993 年	
清初天主教與回教天文家間的爭鬥	黃一農	《九州學刊》第 5 卷第 3 期	1993 年 2 月	
康熙朝漢人士大夫對「曆獄」的態度及其所衍生的傳說	黃一農	《漢學研究》第 11 卷第 2 期	1993 年 12 月	
從湯若望所編民曆試析清初中歐文化的衝突與妥協	黃一農	《清華學報》第二十六卷第二期	1996 年 6 月	
通書——中國傳統天文與社會的交融	黃一農	《漢學研究》第 14 卷第 2 期	1996 年 12 月	
星占對中國古代戰爭的影響——以北魏後秦之柴壁戰役爲例	姜志翰 黃一農	《自然科學史研究》第 18 卷第 4 期	1999 年 9 月	姜爲黃所指導之研究生，其在臺灣大學歷史所之碩士論文爲〈中國星占對軍事的影響〉

名之爲「社會天文學史」（Social History of Astronomy）」，希望能從
此一較不同的角度出發，將科技史與傳統歷史的研究緊密結合，並
爲兩者提供一不同之視野。

這是黃氏在連續發表多篇相關論文之後，對一系列著作本意所做的小結，或
許可說是社會天文學史此一新學門的創設宣言。

任何新學門的成立，絕非單靠亮麗的口號，或完善的定義即可達成，更
須有心投入的學人，長年累月創作耕耘，以具體的研究成果，向世人證明，
此一新學門成立的可能性。就此而言，社會天文學史雖有幾位前輩的示範，
但有待努力的空間，顯然還相當大，前方的道路仍迢迢。不過，至少有三點
理由，支持後進者加入此一新學門的研究行列：其一，是社會天文學史的研
究，對研究者不再要求專精的數理天文學背景，研究者可就本身的興趣領域，
再閱讀所需的入門天文學書籍即可，這可有效排除一般史學工作者，對天文
學史的無名恐懼，吸引更多人，投入此一行列，對加深加速加廣此一學門的
研究，有莫大裨益。其二，是對中國政治、社會、宗教、文化的瞭解，有賴
從各個不同角度交叉深入分析，方能見其完整面貌。過去史學工作者，多半
對於天文在中國社會中，所扮演的重要地位，有所忽略。從事社會天文學史
研究，當可有助於理解中國歷史上，許多無法完整解釋的問題。其三，就中
古史研究而言，目前研究的領域雖廣，不過，社會天文學史，算是向來較少
爲人所注意者。開發此一領域，可爲此一時段之歷史研究，注入新生命，對
於活絡中古時期研究、吸收更多有志者投入而言，應該不無幫助。

職是之故，本文所要採取的研究路徑，正是社會天文學史的研究取向，
有關專業的天文星體測算、曆法演算內容或天象儀器構造等，並非本文所要
關注的重點。而是希望以天文機構與天文官員爲中心，除探討其機構與人員
本身外，也探討天文星占與當時的政治、軍事及社會各階層人士之間的相互
關係，以期明瞭此一時期，天文星占所扮演的歷史角色與地位。

第三節　研究史回顧與檢討

近人對中國中古史的研究，重點多在政治、制度、家族或經濟等方面，
以社會天文學史的角度，對天文星占進行研究者，其實並不多見，尤其以臺
灣學界的情形爲最。以下謹將收集到的中外相關論文，臚列成表分類，再分

別進行簡要的回顧與檢討。

表一：中國中古時期天文曆法史研究成果一覽表

第一類：概論性著作				
篇　名	作　者	出　處	出版日期	備　註
官僚政治と中國中世科學	藪內清	《科學史研究》第 59 號	1961 年 7～9 月	
中世科學技術史の展望	藪內清	收入藪內清編《中國中世科學技術史的研究》，東京：角川書店	1964 年 3 月	
敦煌學和科技史	趙承澤	收入敦煌文物研究所編《1983 年全國敦煌學術討論會文集：文史‧遺書編（上冊）》，蘭州：甘肅人民出版社	1987 年 3 月	
唐代科技發展之特點	程方平	《青海師範大學學報》1989 年三期	1989 年	
唐宋時代的科技發展	何丙郁	收於吳嘉麗、葉鴻灑編《新編中國科技史（下）》，頁 152～164，臺北：銀禾文化事業公司	1990 年 2 月	
第九世紀初期對天的爭辯：柳宗元的天說與劉禹錫的天論——註解、翻譯及導論	〔美〕H. G. Lamont 著 陶晉生譯	收於國立編譯館主編《唐史論文選集》，頁 164～230。臺北：幼獅文化事業公司	1990 年 12 月	譯文只收錄其導論部份
唐代之科技發展	何丙郁	《國立政治大學歷史學報》第八期	1991 年 1 月	
北魏數學成就概述	李海、張蘭英	《北朝研究》總第 18 期	1995 年 2 月	
北朝天文學成就述略	李海、鄧可卉	《北朝研究》1996 年第 3 期	1996 年 3 月	
第二類：有關天文機構與天文人員研究				
篇　名	作　者	出　處	出版日期	備　註
一行傳の研究	春日禮智	《東洋史研究》第七卷第一號	1942 年 5 月	
太史局と司天臺	松島才次郎	《信州大學教育學部紀要》第 25 號	1971 年	
唐代天文學家瞿曇譔墓的發現	晁華山	《文物》1978 年第 10 期	1978 年 10 月	
關於一行（張遂）世系的商榷	陳肅勤	《文物》1982 年第 2 期	1982 年 2 月	
也談一行（張遂）世系	史國強	《文物》1982 年第 7 期	1982 年 7 月	
僧一行	倪金榮	《歷史教學》1982 年第 7 期	1982 年 7 月	
欽天監與太醫院——歷代的科學研究機構	蕭克武	收於《中國文化新論科技篇：格物與成物》，臺北：聯經出版事業公司	1982 年 4 月	

篇　名	作　者	出　處	出版日期	備　註
瞿曇悉達和他的天文工作	陳久金	《自然科學史研究》4 卷 4 期	1985 年	
科學家虞喜，他的世族、成就和思想	聞人軍　張錦波	《自然辯證法通訊》1986 年第 2 期	1986 年	
隋代的禁緯和焚緯	李勤德	《鄭州大學學報（哲社版）》1986 年第 2 期	1986 年	
唐代的天文機構	王寶娟	收於《中國天文學史文集》第五集，北京：科學出版社	1989 年	
一行著述敘略	呂建福	《文獻》1991 年第 2 期	1992 年 2 月	
初唐天文學家李淳風	徐　按	《四川文物》1992 年第 1 期	1992 年 1 月	
梁武帝的蓋天說與世界庭園	日・山田慶兒	收入氏著《山田慶兒論文集・古代東亞哲學與科技文化》，瀋陽：遼寧教育出版社譯本	1996 年 3 月	譯者不詳
受禪與中興：魏蜀正統之爭與天象事驗	范家偉	《自然辯證法通訊》1996 年第 6 期	1996 年	
天學史上的梁武帝	江曉原　鈕衛星	《中國文化》第十五、十六期	1997 年 12 月	
三國正統論與陳壽對天文星占材料的處理——兼論壽書無〈志〉	范家偉	收入黃清連主編《結網編》，臺北：東大圖書公司	1998 年 8 月	
星占對中國古代戰爭的影響——以北魏後秦之柴壁戰役為例	姜志翰、黃一農	《自然科學史研究》第 18 卷第 4 期	1999 年 9 月	姜為黃所指導之研究生，其在臺灣大學歷史所之碩士論文為〈中國星占對軍事的影響〉

第三類：曆法研究

篇　名	作　者	出　處	出版日期	備　註
敦煌本曆日之研究	王重民	《東方雜誌》第三十四卷第九號	1937 年 5 月	
唐宋曆法史	藪內清	《東方學報・京都》第十三冊第四分	1943 年 9 月	
スタイン敦煌文獻中ノ曆書	藪內清	《東方學報・京都》第三十五冊	1955 年 3 月	
大唐同光四年具注曆合璧	董作賓	《中央研究院歷史語言研究所集刊》第三十本	1959 年 10 月	
蜜日考	莊　申	《中央研究院歷史語言研究所集刊》第三十一本	1960 年 12 月	

篇　名	作　者	出　處	出版日期	備　註
長慶元年的曆	平岡武夫	《東方學報・京都》第三十七冊	1965 年 3 月	
唐大順元年曆	榮孟源	《中華文史論叢》1981 年第三輯	1981 年	
被盜的敦煌曆	榮孟源	《中華文史論叢》1983 年第三輯	1983 年	
隋曆校記	榮孟源	《中華文史論叢》1985 年第三輯	1985 年	
敦煌曆日研究	施萍亭	同上	同上	
開元占經的曆術觀念	張憲生	臺北：中國文化大學歷史研究所碩士論文	1986 年 6 月	
敦煌殘曆芻議	嚴敦傑	《中華文史論叢》1989 年第三輯	1989 年	
增訂隋唐曆法史的研究	藪內清	京都：臨川書店	1989 月 11 月	
敦煌殘曆定年	席澤宗 鄧文寬	《中國歷史博物館館刊》	1989 月 12 月	
吐魯番出土《唐開元八年具注曆》釋文補正	鄧文寬	《文物》1992 年第 6 期	1992 年	
敦煌本具注曆日新探	黃一農	《新史學》三卷四期	1992 年 12 月	
中國史曆表朔閏訂正舉隅——以唐《麟德曆》行用時期爲例	黃一農	《漢學研究》第 10 卷第 2 期	1992 年 12 月	
關於敦煌曆日研究的幾點意見	鄧文寬	《敦煌研究》1993 年第 1 期	1993 年	
重新面世的敦煌寫本《大曆序》	鄧文寬	《九州學刊》第 6 卷第 4 期	1995 年 3 月	
敦煌本北魏曆書與中國古代月蝕預報	鄧文寬	收於北京圖書館敦煌吐魯番學資料中心主編《敦煌吐魯番學研究論集》，北京：書目文獻出版社	1996 年 6 月	
敦煌天文曆法文獻輯校	鄧文寬	上海：江蘇古籍出版社	1996 年 5 月	專書
魏晉南北朝時期的曆法	〔日〕藪內清，杜石然譯	《自然科學史研究》第 15 卷第 2 期	1996 年	
突厥曆法研究	〔法〕路易・巴贊，耿昇譯	北京：中華書局	1998 年 11 月	
第四類：數理天文學研究				
篇　名	作　者	出　處	出版日期	備　註
唐代曆法に於ける步日躔月離術	藪內清	《東方學報・京都》第十三冊第二分	1943 年 1 月	
唐曹士蒍の符天曆	藪內清	ビブリア第七十八號	1982 年 4 月	

麟德曆行星運動計算法	劉金沂	《自然科學史研究》第 4 卷第 2 期	1985 年	
符天曆研究	陳久金	《自然科學史研究》第 5 卷第 1 期	1986 年	
唐代一行編成世界上最早的正切函數表	劉金沂 趙澄秋	《自然科學史研究》第 5 卷第 4 期	1986 年	
李淳風的《歷象志》和《乙巳元曆》	劉金沂	《自然科學史研究》第 6 卷第 2 期	1987 年	
大衍曆の五星計算法	宮島一彥	收入山田慶兒主編《中國古代科學史論》，京都：京都大學人文科學研究所	1989 年	
大衍曆與蘇利業曆的五星運動計算	胡鐵珠	《自然科學史研究》第 9 卷第 3 期	1990 年	
一行、南宮說天文大地測量新考	聞人軍 李 磊	《文史》第三十二輯	1990 年 3 月	
唐宋曆法演紀上元實例及算法分析	曲安京	《自然科學史研究》第 10 卷第 4 期	1991 年	
僧一行不能享有實測子午線的優先權	朱亞宗 王新榮	收於二氏著《中國古代科學與文化》，長沙：國防科技大學出版社	1992 年 10 月	
李淳風等人蓋天說日高公式修正案研究	曲安京	《自然科學史研究》第 12 卷第 1 期	1993 年	
關於李淳風斜面重差術的幾個問題	劉 鈍	《自然科學史研究》第 12 卷第 2 期	1993 年	
隋唐時代の補間法と算術的起源	大橋由紀夫	《科學史研究》第 33 卷第 II 期	1994 年春	
《緝古算經》造仰觀臺題新解	郭世榮	《自然科學史研究》第 13 卷第 2 期	1994 年	
劉焯《皇極曆》插值法的構建原理	王榮彬	《自然科學史研究》第 13 卷第 4 期	1994 年	
麟德曆晷影計算方法研究	紀志剛	《自然科學史研究》第 13 卷第 2 期	1994 年	
《皇極曆》中等間距二次插值方法術文釋義及其物理意義	劉 鈍	《自然科學史研究》第 13 卷第 2 期	1994 年	
大衍曆の補間法	大橋由紀夫	《科學史研究》第 34 卷第 II 期	1995 年秋	
《大衍曆》晷影差分表的重構	曲安京	《自然科學史研究》第 16 卷第 3 期	1997 年	
第五類：文獻與考古研究				
篇　名	作　者	出　處	出版日期	備　註
唐開元占經中の星經	藪內清	《東方學報‧京都》第八冊	昭和十二年十月	
敦煌星圖	席澤宗	《文物》1966 年第 3 期	1966 年 3 月	

篇 名	作 者	出 處	出版日期	備 註
洛陽北魏元乂墓的星象圖	王車陳徐	《文物》1974 年第 12 期	1974 年	
浙江上虞縣發現唐代天象鏡	任世龍	《考古》1976 年第 4 期	1976 年	
《敦煌星圖》的年代	馬世長	《中華文史論叢》1985 年第三輯	1985 年	
敦煌殘卷占雲氣書研究	何丙郁 何冠彪	臺北：藝文印書館	1985 年 12 月	專書
我國古代的通俗天文著作《步天歌》	張毅志	《文獻》1968 年第 3 期	1986 年	
《晉書‧天文志》補校	彭益林	《華中師範大學學報》1987 年第 6 期	1987 年	
關於《晉書‧天文志》等書中的大、小星問題	薄樹人	《香港大學中文系期刊》第一卷第二期	1987 年	
《南齊書‧天文志》補校	彭益林	《古籍整理研究學刊》1988 年第三期	1988 年	
《魏書‧天象志》校讀記	彭益林	《華中師範大學學報（哲社版）》1988 年第 6 期	1988 年	
三國至隋唐占候雲氣之著作考略	何冠彪	《漢學研究》第 7 卷第 2 期	1989 年 12 月	
比《步天歌》更古老的通俗識星作品——《玄象詩》	鄧文寬	《文物》1990 年第 3 期	1990 年 3 月	
關於《玄象詩》的兩點補正	周 錚	《文物》1990 年第 3 期	1990 年 3 月	
新發現的敦煌寫本楊炯《渾天賦》殘卷	鄧文寬	《文物》1993 年第 5 期	1993 年 5 月	
《開元占經》中的巫咸占辭研究	李 勇	《自然科學史研究》第 13 卷第 3 期	1994 年	
西安碑林的《唐月令》刻石及其天象記錄	劉次沅	《中國科技史料》第 18 卷第 1 期	1997 年	
《靈臺秘苑》的科學價值	韓連武	《文獻》1998 年第 1 期	1998 年 1 月	
唐籍所載二十八宿星度及"石氏"星表研究	胡維佳	《自然科學史研究》第 17 卷第 2 期	1998 年	
陳卓和甘、石、巫三家星官	劉金沂、王健民	《科技史文集》第六輯		
陳卓星官的歷史嬗變	陳美東	《科技史文集》第十六輯		
第六類：中外天文學交流研究				
篇 名	作 者	出 處	出版日期	備 註
七曜曆入中國考	葉德祿	《輔仁學誌》第十一卷第一、二合期	1942 年 12 月	
唐代における西方天文學に關する二、三の問題	藪內清	收於《塚本博士頌壽記念佛教史學論集》	1960 年 7 月	出版者不詳

六朝隋唐傳入中土之印度天學	江曉原	《漢學研究》第 10 卷第 2 期	1992 年 12 月	
何承天改曆與印度天文學	鈕衛星、江曉原	《自然辯證法通訊》1997 年第 1 期	1997 年 1 月	
《周髀算經》與古代域外天學	江曉原	《自然科學史研究》第 16 卷第 3 期	1997 年	

　　根據此表所見，有關基礎概論性的著作，當以日藉學者藪內清氏的兩篇論文最重要，其中後一篇是前一篇的補充擴大，可算是少數能整體討論中古時期之科學發展的論文。藪內氏以天文學、醫學及數學三者爲例，對於中古時期（其實主要是討論唐代的情形），科學研究如何成爲國家制度下的一部份，以及政府對於任用科技官員的條件與限制等，作了頗多概念性的提示。認爲在天命觀的影響之下，作爲「天之理法」的曆法，以及根據天象觀測來研判吉凶，即所謂「造曆與占候」，是當時作爲國家體制一環的司天監，最重要的工作。而爲了預防這樣關係國家存亡的天意機密，被有心者利用，對於天文官員，更採取嚴密的監控與身份職業的限制，違犯者則有嚴屬的法律制裁。藪內氏直接點出了將中古時期當成一個科學史研究單位的必要性，其中更透露出許多可資深入探討論的課題，可說是此一研究領域的必讀入門作品。

　　有關第二類的天文機構與天文人員的研究，與本文的主題最密切相關。其中日人松島才次郎的文章，重點放在唐代的天文機構，主要是根據《唐六典》及其他唐代史料的相互參照，檢討史料中，有關天文機構與人員記載的差異與訛誤。該文對於唐代天文機構如何由「局」，漸次升格爲「監」至「臺」，有頗多的著墨，是一般論文較少見者，臺灣學者中，黃克武的論文值得注意。該文主要是以近代科學發展中的組織化與制度化經驗，回頭檢討中國歷史上，官僚組織中的天文與醫學等科學研究機構。姑不論其將傳統天文機構定位爲「科學研究」機構是否恰當，該文關於中國傳統天文機構與人員的論述，有頗多發人深省之處。其結論以爲，雖然天文與政治關係太過密切，阻斷了傳統天文向現代天文學的發展，但至少使得此一研究傳統因官方的支持，而可以一脈相承，未曾斷絕。至於科舉制度是否眞是阻礙科學發展的主因，就唐代而言，似乎並非如此，知識份子的人生觀及社會的價值觀，才是影響人們選擇職業的主因。如同藪內清的論文般，黃氏文中所提的許多概念性的看法，都很值得深入史料，作更進一步的驗證。王寶娟從唐代天文機構名稱的變遷、人員建制與職掌分工，及其曾從事的重大天文曆法活動等，來敘述唐代的天文機構，史料鋪陳整理有

餘，未見特殊論點。李海的論文更是如此。至於寫天文官員者，李淳風和瞿曇氏家族，可算是中古天文官員的代表性人物，可惜李氏留下的資料有限，一般人對這位頗富傳奇色彩的天文專家，所知不多。徐按的論文，算是較爲詳細的，可惜所論仍屬有限，參考價值不太。較令人振奮的是，唐代任職司天監最久的瞿曇氏家族，其中曾擔任司天監的瞿曇譔的墓誌被發現，使得後人對於此一天文世家的眞實面貌，乃至整個唐代天文機構與官員的情況，又多了一層瞭解。至於兩篇有關梁武帝的天文與宇宙觀的論文，是天文史上少有人注意到的問題，一般研究者皆知，古代中國科技的發展，受政府或是帝王的影響很大，但關於帝王本身在天文史上的地位與影響力，則少有人注意，這兩篇論文，多少彌補了這方面的缺失。這一類論文中，另外值得注意的，是范家偉兩篇關於三國時代天文星占的歷史研究的論文，以及姜志翰、黃一農所作，關於星占應用於中古時期一場重要戰役中的實例分析。范家偉的這兩篇論文，主要用以討論在群雄鼎立的三國時代，各政權如何利用天文星占及其他符瑞現象，來昭告世人天命的轉移，以及鞏固自身的統治，可說是本文的先導性論文，深值參考。至於姜志翰的論文，乃濃縮自其碩士論的內容摘要，是少數專論中古時期星占與軍事作戰的論著。

　　至於第三類的曆法研究與第四類的數理天文學研究，從數量上來看，可算是中古天文史研究成果的大宗，較諸其他類別，勝出甚多。一方面可能是史料的豐富所使然，一方面也可能是研究者的主要興趣在此，才會造成這種現象。數理天文學的研究，對於一般讀者理解歷史，所能提供的幫助有限，其與本文所關切的主旨，關係不大，姑且略而不論。在曆法研究上，雖然看似成果豐碩，但大部份的論文，仍是集中在曆法本身的推算、考證或資料錄集上，尤其敦煌文獻中出土的曆書，更是研究的一大重點。誠然，這些基礎研究固屬必需，但充其量也只是增加了讀者對曆法本身的瞭解，至於曆法在中古時期社會中的眞實角色，則仍有待更深入的探討。在這方面，臺灣學界雖然論文數量不多，但在曆法研究視野的拓展上，卻要遠勝過大陸學界。其中可爲代表的，是黃一農氏的兩篇論文。很多人翻讀中國學界的曆表專著，可能都有過與鄙人同樣的困惑，即各家所言，或有不同，究竟何者爲正，如何求證？而關於朔閏的可信度，就更經常只能姑且信之，有些根本連所參考的原始資料，或推論過程，皆未作詳細交代，頗令人不知何所適從。黃一農氏以其天文專業，用電腦回推麟德曆施行期間的朔閏之後，發現了與史料所

記截然不同的結果。黃氏最後婉轉說出，學界研究曆法的盲點所在謂：「目前中國天算史界對各曆曆術的研究均已累積得相當豐實的成果，惟其注意力卻大都置於推步過程的還原或推步方法的演進上，而未能充份將其應用至歷史年代學上。」而在另一篇寫敦煌具注曆的論文中，不同於以往多數寫敦煌曆的作品，只是文獻考證或者曆術推步，而是深入瞭解曆書的本質，及其與社會間的密切互動關係。該文透過有關斷年的討論，間接體現出陰陽擇吉之術，如何經由具注曆，而直接影響到古人的日常生活。部份具注曆的內容與規則，也因應了社會的需求，而逐漸趨於復雜化與系統化。文末黃氏再度強調，曆法其實也可以作爲社會天文學史研究中的重要題材：「術數與社會間的這些互動關係乃社會天文學史（History of Socioastronomy）此一新學門中亟待深究的課題，而敦煌石室所出的眾多具注曆日應可在將來爲此類研究提供一極具價值的素材。」

第五類的文獻與考古發現的研究，仍是大陸與海外學者的天下，臺灣學界甚少插足其間。而其整體的缺失，正如在曆法研究的檢討中那般，多數著作傾向於純就文獻內容的失誤作訂正，或者就考古遺蹟、遺物作考證與說明，很少能再深入史料，去探明其歷史意義者。何丙郁與何冠彪的著作，算是較能突破這個侷限的。至於第六類的中外天文交流史的研究，限於語文能力及留存資料的不足，呈現的成果也最少，所見的前三篇論文，其實討論的是同一個主題，即「七曜術」在中古時期的流傳情形。江曉原的論文，承接前人的研究成果，而能更深入各方史料，有新的見解，是近年這方面少見的佳作。後兩篇江氏的著作，重點則放在探索何承天改曆時所受印度天文學的影響，以及印度天文學如何影響中國傳統算學經典中，有關宇宙結構的論述，能在極其有限的史料中，見人所未見，某些推論雖稍嫌粗略，但也不無參考討論的價值在。

整體而這，目前所見的研究成果，大致上呈現幾個現象：一是有概念性提示的論文，如藪內清、黃克武的文章，因非屬天文星占或中古時期的專論，以其深入史料的程度，頗感不足，有進一步鑽研的必要。二是一般敘述性質的論文，多未能將天文與人事之間的關係，說明清楚，鋪排史料並無助於對天文在此一時期運作實況的瞭解。三，就研究者的背景來看，日本學者與大陸學者掌握了絕大多數的研究脈動，臺灣學界除了提倡社會天文學史的黃一農，寫過較有份量的文章以外，在這方面幾乎可說是沒有聲音。較諸臺灣的

中古史研究者，在政治、制度、經濟或宗教等領域的成果而言，只能用乏善可陳來形容。更令人覺得可惜的是，細心的讀者必會發現，在諸多言究成果中，天文與曆法是主要項目，但對於與天文曆法有密切關聯的星占之學，卻是少人問津。只有范家偉及姜志翰等少數幾篇論文，對三國時代及北魏時期的天文星占，對於政治與軍事的影響，做較深入的探討，但也只是局部性的研究。事實上，歷代之所以重視天文與曆法，是由於其在星占學上的意義，足以影響到政權興衰與社會人心，幾部中國史上最重要的星占專書，如《靈臺祕苑》、《乙巳占》、《開元占經》等陸續都在中古時期問世，且流傳至今，影響深遠，如何能加以忽略？這個研究缺口，確實有待積極縫補。

本文撰寫之動機與原因，乃基於以上之回顧與檢討，希望以更深刻的人文關懷、更堅實的史料基礎，嘗試建構出天文星占，在中古時期社會中的真實面貌。全文除緒論與結論外，主要內容共可分成如下幾章：第二章是就中古時期天文機構的組織與發展沿革做一論述，探討其組織架構、職官種類、與非正式的天文機構等。第三章則是討論天文星占在歷朝政治中，所扮演的角色，觀察其如何在政權轉移或政治鬥爭中，展現其影響力。第四章則是從軍事作戰的層面，再對天文星占的角色，作一番探討。第五章討論的是，歷代政權如何運用國家的權力，管制天文星占知識的流傳，與天文職官的人身自由，以求確保政權的運作無虞。第六章，分別從與帝王關係、與士大夫關係及與宗教的關係等三個面向，討論中古時期天文官的社會地位，也一窺天文星占的歷史定位。第二、三、四章，重點放在天文星占於歷史中「事」的層面的影響，第五、六章則主要討論其在「人」方面的影響。限於時間與能力，只能做到天文星占的人與事的研究，至於歷史中的其他要素，如「物」（指曆法、儀器）的研究等，恐怕只能留待將來再做努力。

第二章　天文機構的變革及其職官種類

中古時期在隋唐以前，有關天文機構的記載，多數只見官名，而不知機構名稱爲何，到了隋代以後，才有正式的機構名稱見諸史料。其機構功能及職官種類方面，隋唐以前見於史料者，也是相當簡略。因此本章的重點，乃放在隋唐以後，有具體史料可供考稽的部份。至於隋唐以前，因巧婦難爲無米之炊，只能盡力蒐羅史料中所見者，略加陳述，但恐仍不免流於簡陋。

第一節　天文機構的變革

唐代杜佑有言：「秦漢以來，太史之任，蓋併周之太史、馮相、保章三職。自漢、晉、宋、齊，並屬太常……梁、陳亦同，後魏、北齊皆如晉、宋。」〔註1〕後代論太史制度者，談到三國至隋唐之間的天文機構，似乎少有能跳脫杜佑所論述者。〔註2〕至於其間的機構變革情形如何，則不得而知。史料的闕如，使得勾稽此一時期的天文機構實況，成爲極艱難的工作，經常只能從官職中，去推知其大概情況。以下即以鄙人所見的有限史料，對三國至隋唐之間的天文機構概況，略作考索，以饗讀者。

〔註1〕見《通典》卷二十六〈職官典八・太史局令〉條，頁738（北京：中華書局點校本，1988年）。

〔註2〕如鄭樵《通志》卷五十四「太史局令」條（臺北：臺灣商務印書館，1987年）、馬端臨《文獻通考》卷五十六「太史局令」條（臺北：臺灣商務印書館，1987年）等，均與杜佑的看法雷同。

一、三國時期

上溯後漢，據馬續所記後漢時的天文機構及其人員職掌如下〔註3〕

機構名稱	主管官員	人員建制及品秩	職　能
不詳	太史令	太史令一人，六百石	掌天時、星曆。凡歲將終，奏新年曆。凡國祭祀、喪娶之事，掌奏良日及時節禁忌。凡國有瑞應、災異，掌記之。
		太史丞一人	佐太史令
		明堂丞一人，二百石	掌守明堂
		靈臺丞一人，二百石	掌候日月星氣

另外，據同書引《漢官儀》的加注，太史之下尚有不同職能的「太史待詔三十七人」，靈臺丞之下則有「靈臺待詔四十二人」，其職能分別是：

太史待詔三十七人			
六人治曆	三人龜卜	三人廬宅	四人日時
三人易筮	三人典禳	三人籍民	三人許氏
三人典昌氏	二人嘉法	二人請雨	二人解事
一人醫			
靈臺待詔四十二人			
十四人候星	二人候日	三人候風	十二人候氣
三人候晷景	七人候鐘律	一人舍人	

中國傳統的天文機構，因其官方獨佔的特質，以及濃厚的承襲性，因此，機構的組織與職能，歷代多因循而少異動。推測三國時期，承繼後漢而立的曹魏，應大體沿襲此一制度。只是，在連年戰亂之後，機構組織規模可能不似後漢時龐大，但機構制度則應始終存在。如曹操欲劫獻帝都許昌前，本有人勸獻帝北渡河，但太史令王立即以天文現象不利北行為由反對，並勸獻帝委政曹氏。曹操知情後，大表感激，「使人語（王）立曰：『知公忠于朝廷，然天道深遠，幸勿多言。』」〔註4〕有如許功勞，曹氏政權自會保留此一有利於執政的天文機構。其後在曹丕欲求代漢而立時，太史丞許芝更上奏言「魏代漢，見讖緯……」，〔註5〕而幫助曹丕順利登上帝座，許芝也在明帝時升到

〔註3〕參《後漢書·百官志二》，頁3572。
〔註4〕見《三國志》卷一〈魏書·武帝紀〉，頁13，裴注引張璠《漢紀》。
〔註5〕見《三國志》卷二〈魏書·文帝紀〉，頁63，裴注引《獻帝傳》。

了太史令。〔註6〕曹爽在被司馬懿誅滅之前，曾「夢二虎銜雷公，雷公若二升椀，放著庭中。爽惡之，以問占者，靈臺丞馬訓曰：『憂兵！』」。〔註7〕又如魏明帝時，太史新製《太和曆》，爲求精確，明帝下詔精於天文的高堂隆與「尚書郎楊偉、太史待詔駱祿參共推校。」〔註8〕足見在曹魏政權時，太史令、太史丞、靈臺丞以及太史待詔等官銜，皆仍存續，其機構組織應大體與後漢相彷。若從王立釋天象、許芝獻讖緯書、馬訓解夢、駱祿推曆諸事來觀察，其相關官職能似乎也未脫後漢時所訂的天文曆法、術數占卜等範圍。

在吳國，天文機構也沒有缺席。如吳範曾任孫權時的太史令，〔註9〕太史丞公孫滕曾師事通天文的名家趙達、孫皓時太史郎陳苗曾上奏「久陰不雨……將有陰謀」。〔註10〕最著名的天文官，則是曾並列「甘氏、石氏、巫咸三家星官，著於圖錄」而成書太史令陳卓。〔註11〕雖不能明其機構的組織詳情，但可從太史令、太史郎等官稱，確知其天文機構的存在。

三國中最久缺天文機構史料的是蜀漢，陳壽撰《三國志》時早有感歎，肇因於蜀漢未立史職，但是否眞無太史之類的天文機構與人員，則恐怕未必。如「（後主）景耀元年，姜維還成都。史官言景星見，於是大赦。」〔註12〕證明蜀漢時依舊有史官存在，天文觀測與占卜，仍是其重要職能之一，只是史料實在有限，難知其詳情。

二、晉至南北朝時期

陳壽的《三國志》，因缺乏職官之類的志書，考稽其時的天文機構相當因難。之後的晉朝，雖然唐代修《晉書》時，納入職官、天文等志書，但關於天文機構的部份，卻也頗有語焉不詳之弊。據《晉書‧職官志》所載，「太常，有……太史……太史又別置靈臺丞。」〔註13〕曹魏的天文機構承自後漢，晉朝的天文機構當是承襲自曹魏，仍然是隸屬於太常，主要分兩大體系，

〔註6〕見《晉書》卷十二〈天文志〉，頁338。
〔註7〕見《三國志》卷九〈魏書‧曹爽傳〉，頁291，裴注引《世語》。
〔註8〕見《三國志》卷二十五〈魏書‧高堂隆傳〉，頁709，裴注引《魏略》。
〔註9〕見《三國志》卷六十三〈吳書‧吳範傳〉，頁1422。
〔註10〕見《三國志》卷六十一〈吳書‧陸凱傳〉，頁1404。
〔註11〕見《隋書》卷十九〈天文志上〉，頁504。
〔註12〕見《三國志》卷三十三〈蜀書‧後主傳〉，頁899。
〔註13〕見《晉書》卷二十四，頁735～736。

一是負責天文曆數的太史令及其以下官員，一是負責實際觀測天象並作紀錄的部門——靈臺，主管即靈臺丞。〔註 14〕但在實際的機構組織上詳情如何，不得而知。基本職能方面，推斷仍與前朝相彷，主要仍是天文占卜等內容。〔註 15〕

歷代天文機構的受到重視，非僅是在漢人建立的統一政權是如此，即使是入主中原的胡人，或者盤據一方的偏霸政權，也無不相繼設立有關的機構與人員。在晉室南遷之後，史上所謂的「五胡十六國」政權，也大多有天文機構與天文官員的存在：

1. 前趙劉氏政權：劉淵在永嘉二年（308）稱王之後，不久即依太史令宣于脩之的意見，將首都遷往平陽，以便進一步直搗洛陽。〔註 16〕繼位的劉聰在位時，宮內宮外發生不少天文異象，經太史令康相詳加分析後，頗不利於當權者，因此引發劉聰的不悅。〔註 17〕劉曜時曾夜夢有兆，因太史令任義解夢認爲不祥，劉曜於是趕緊下詔尋求補救之道。〔註 18〕從這些事例來看，天文機構在前趙政權時，應是承繼西晉，持續存在的，職能上也無太大改變。

2. 後趙石氏政權：石勒建國後，曾「命徙洛陽晷影于襄國，列之單于庭」，〔註 19〕所謂「晷影」，應當即當時洛陽靈臺之計時儀器，而「候晷影」正是傳

〔註 14〕 有關靈臺，一般認爲是古代用以觀象候氣的天文臺之類的機構，擁有靈臺者，即具備「通天」的基本工具，可以號召天下，自周武王爭天下時，《詩經》中就有相關的記載，其詳可參江曉原〈上古天文考——古代中國〝天文〞之性質與功能〉（《中國文化》第四期，1991 年 8 月）而後漢洛陽城的靈臺，則是目前所見較早的天文臺遺址，魏時仍依其舊，其詳可參中國社會科學院考古研究所洛陽工作隊〈漢魏洛陽城南部的靈臺遺址〉（收入該所編《中國古代天文文物論集》頁 176～180，北京：文物出版社，1989 年），晉朝靈臺可能另有其地，但從設有靈臺丞一職來看，其天文臺制度仍在。
〔註 15〕 如晉恭帝元熙元年十二月「己卯，太史奏，黑龍四見于東方。」（《晉書》卷十〈恭帝紀〉，頁 269），懷帝永嘉三年正月時，熒惑犯紫微，「太史令高堂沖奏，乘輿宜遷幸，不然必無洛陽。」（《晉書》卷十三〈天文志下〉，頁 369）。又如東晉時桓玄造反失敗後，爲追念之前爲桓玄所害的會稽王司馬道子，而由武陵王司馬遵承旨下令曰「……奉迎神柩……可下太史詳吉日，定宅兆。」（《晉書》卷六十四〈司馬道子傳〉，頁 1740。）
〔註 16〕 參《晉書》卷一百一〈劉元海載記〉，頁 2651。
〔註 17〕 參《晉書》卷一百二〈劉聰載記〉，頁 2674。
〔註 18〕 參《晉書》卷一百三〈劉曜載記〉，頁 2699。
〔註 19〕 見《晉書》卷一百五〈石勒載記下〉，頁 2742。

統天文機構的重要職責之一。經過長年的戰亂，靈臺或許已經殘破，不過計時器尚可一用，石勒將其運回自己的出身地，莫非也是想藉此昭告天下，自己已取得正統與天命。又如石勒在位時，曾「起明堂、辟雍、靈臺於襄國城西」，〔註20〕足見其對天文機構的重視。繼位的石虎，也十分重視天文機構，他甚至還設置了史無前例的女太史，來與天文機構的觀測結果相互參照，以驗明眞僞。〔註21〕

3. 前秦苻氏政權：高祖苻健即位後，重修京城長安，其中一大重要措施，就是「起靈臺於杜門」。〔註22〕而繼任者苻生，則是不信天文，屢次不屑天文官的勸告，甚至一怒之下撲殺了太史令康權。〔註23〕苻堅時，則又因太史令魏延對天象占驗屢言屢中，而「遂重星官」。〔註24〕

4. 後秦姚氏政權：姚興在位時，太史令任猗曾預奏「白氣出於北方，東西竟天五百里，當有破軍流血」之事。〔註25〕又「靈臺令」張泉曾言於姚興謂，天象不吉，宜修德以禳之，爲姚興所納。〔註26〕後秦時的官秩品名如何，不得詳知，但之前均稱靈臺主管爲丞，天文機構主管爲令，此處則將靈臺主管直稱爲靈臺令，有可能是對於觀測天象的部門地位的提升。若此，則亦可算是姚興政權，對於傳統天文機構所做的一項變革。另外如姚泓末年時叛亂紛起，姚恢以清君側爲名，揮師長安，姚紹率兵赴難勤王，「恢從曲牢進屯杜成，紹與恢相持于靈臺」，〔註27〕而此一靈臺，當即前秦時建於杜門外的靈臺，而爲後秦所承繼者。

5. 成漢李氏政權：李雄的太子李班，曾因不聽太史令韓豹「宮中有陰謀兵氣，戒在親戚」的勸告，而被李越等人所殺害。〔註28〕後主李勢時，曾因

〔註20〕同上註，頁2748。
〔註21〕詳參《晉書》卷一百六〈石季龍載記〉，頁2765。
〔註22〕見《晉書》卷一百十二〈苻健載記〉，頁2871。所謂「杜門」，據清代張闓聲重修《校正三輔黃圖》卷一〈都城十二門〉條所記，「長安城南出東頭第一門曰覆盎門，一號杜門……門外有魯般輸所造橋，工巧絕世……其南有下杜城。」（臺北：世界書局，1984年）。
〔註23〕詳參《晉書》卷一百十二〈苻生載記〉，頁2879。
〔註24〕詳參《晉書》卷一百十三〈苻堅載記上〉，頁2895。
〔註25〕詳參《晉書》卷一百十八〈姚興載記下〉，頁2995。
〔註26〕同上註，頁3002。
〔註27〕見《晉書》卷一百十九〈姚泓載記〉，頁3014。若依註22所言，此處「杜成」當是「杜成」之誤書。
〔註28〕詳參《晉書》卷一百二十一〈李班載記〉，頁3041。

太史令韓皓奏報「熒惑守心」，而命群臣議宗廟禮。〔註29〕顯然偏霸四川的李氏政權，也不乏天文機構與天文官。

6. 後涼呂氏政權：同樣也設有天文機構，其中最有名的太史令當推郭黁。他在未任太史令前，曾對當時的太史令賈曜，認為呂光伐乞伏乾歸必能得秦隴之地的說法，嚴加駁斥，而建議呂儘速撤兵。事後果然證明其所言甚是，而被提升為太常，成為天文機構的上一級主管，可能還兼任太史令。在呂光晚年朝政敗壞時，郭黁心知呂氏政權氣數已盡，竟聯合僕射王祥共同起兵造反，當時的百姓聽說是天文大師郭黁親自領兵，也爭相追從。〔註30〕

7. 北燕馮氏政權：馮跋在位時，曾因「井竭三日而復」、「里有犬與豕交」等異象，而面召太史令閔尙卜筮吉凶。〔註31〕又曾因有「赤氣四塞」，太史令張穆敬告馮跋，應與元魏修好，免致兵禍。〔註32〕

8. 南涼禿髮氏政權：禿髮傉檀曾因故欲率兵討伐沮渠蒙遜，太史令景保則以天文不利伐人，奉勸禿髮傉檀莫有此行，竟因此而遭拘禁，直到禿髮檀兵敗回國後，才被釋放。〔註33〕

9. 南燕慕容氏政權：東晉安帝義熙三年（407）時，慕容超「祀南郊，將登壇」稱帝時，曾突有「大如馬，狀類鼠而色赤」的不知名怪獸集於側，過不久又有暴風震裂行宮羽儀，慕容超心懼，密問太史令成公綏，這些徵兆究竟是何吉凶。〔註34〕

10. 北涼沮渠氏政權：沮渠蒙遜本人「博涉群史，頗曉天文」，〔註35〕他還在段業手下為將時，即曾因太史令劉梁之言，進攻禿髮氏政權的日勒城，結果大勝而歸。〔註36〕即位之後，也曾因太史令張衍之言，而有軍事行動。〔註37〕

總結十六國中，至少有十個國家有相關天文機構或天文官存在的記載，其它史料未言及者，應該也不會沒有。即使沒有，其設有天文機構的國家比例，也已經超過六成。在往下更進一步地考述南北朝時代的天文機構之前，

〔註29〕見同上註，頁 3047。
〔註30〕以上有關郭黁事蹟，可詳參《晉書》卷九十五〈郭黁傳〉，頁 2498～2499。
〔註31〕詳參《晉書》卷一百二十五〈馮跋載記〉，頁 3131。
〔註32〕同上註，頁 3133。
〔註33〕詳參《晉書》卷一百二十六〈禿髮傉檀載記〉，頁 3152～3153。
〔註34〕詳參《晉書》卷一百二十八〈慕容超載記〉，頁 3180。
〔註35〕參《晉書》卷一百二十九〈沮渠蒙遜載記〉，頁 3189。
〔註36〕參同上註，頁 3194。
〔註37〕參同上註，頁 3198。

為免此處所言成為意義不大的史料排比，必需先來探討一個問題，即這些非正統的偏霸政權，即使只是盤據一方，即使國祚不過三五十年，為甚麼仍然都汲汲於建靈臺、設太史呢？擁有天文機構，究竟對其政權意義何在？

　　擁有靈臺之類的天文機構，其意義其實早在上古時代便已顯現。《詩經·大雅·靈臺》篇云：「靈臺，民始附也。文王受命而民樂其有靈德，以及鳥獸昆蟲焉。」鄭玄箋注曰：「天子有靈臺者，所以觀祲象，察氣之祆祥也。」又孔穎達疏引穎子容《春秋釋例》謂：「占雲物，望氣祥，謂之靈臺。」〔註38〕《晉書·天文志上》也說：「靈臺，觀臺也。主觀雲物，察符瑞，候災變也。」（卷十一，頁292）因此，傳統靈臺的代表意義，尚不止於如今日的天文臺與氣象臺，作單純的天象觀測與記錄，其更深層的意義乃在「占雲物」「候災變」，以察國之吉凶，並預擬因應之道。因此擁有靈臺者，便能先期掌握天象變化的徵應，採取自我保護的措施，當然不是每個人都能擁有，且是嚴格限制唯有天子才能擁有靈臺，所謂「天子有靈臺，以觀天文……諸侯卑，不得觀天文，無靈臺。」〔註39〕像靈臺這樣一個用以觀天候氣、占卜吉凶的重要機構，其所揭示的天機，關乎王朝的存續，除了擁有天命的天子之外，其他諸侯自然是沒有資格擁有的。如果非天子而欲擁有靈臺，其企圖顯然是不言可喻，周武王在伐紂王之前，急於趕建靈臺，所謂「經始靈臺，經之營之，庶民攻之，不日成之」，〔註40〕其用意無非也是想取得不同於其他諸侯的地位，進一步號召天下。靈臺之所以重要，乃在於它是天子通天的象徵，擁有它，即可取得與天相通的管道，明瞭天的旨意，確保天命在己，宣示自己是唯一的「天子」，鞏固王朝的統治。〔註41〕因此，自漢代以後，建靈臺或登靈臺觀象，往往成了帝王登基後，最重要的政治活動之一。〔註42〕前漢時靈臺位在長安西

〔註38〕見《詩經》卷第十六--五〈大雅·靈臺〉篇，頁1，（臺北：藝文印書館十三經注疏本，1989年）。
〔註39〕見同上註，孔穎達疏引公羊說，頁2。
〔註40〕見同上註，頁4。
〔註41〕有關這方面的討論，可詳參江曉原〈上古天文考——古代中國"天文"之性質與功能〉（《中國文化》第四期，1991年）。
〔註42〕後漢的帝王，有許多相關事例的記載，如後漢明帝在永平「二年春正月辛未，宗祀光武皇帝於明堂……禮畢，登靈臺。」（《後漢書》卷二〈明帝紀〉，頁100），章帝也在建初「三年春正月己酉，宗祀明堂，禮畢，登靈臺，望雲物，大赦天下。」（《後漢書》卷三〈章帝紀〉，頁136），又如孝和帝在永平「五年春正月乙亥，宗祀五帝於明堂，遂登靈臺，望雲物，大赦天下。」（《後漢書》卷四〈和帝紀〉，頁174）。

北八里之地，始曰清臺，本是「候者觀陰陽天文之變」的地方，之後更名爲靈臺，據郭延生在《述征記》中言，「長安宮南有靈臺，高五十仞，上有渾儀……又有相風銅鳥……又有銅表。」〔註43〕「渾儀」用以觀天象，「銅鳥」用以候風氣，「銅表」用以測日影定時刻，此三者是靈臺內的必備設施，後世靈臺建制的大致內容，大概也不脫此範圍。前漢末年，王莽爲求取得通天以號令天下的資格，曾在平帝元始四年「奏起明堂、辟雍、靈臺」，〔註44〕目的當然是想爲自己的新王朝，取得天意的基礎。後漢光武帝劉秀遷都洛陽，新皇即位，自然不能讓王莽專美於前，另修靈臺也是勢在必行，「是歲（中元元年）初，起明堂、靈臺、辟雍及北郊兆域，宣圖讖於天下」，〔註45〕更是昭告世人，新王朝秉承天命而建，完全順天應人。而在五胡十六國這樣一個動盪紛擾的時代中，這些匆促成立的小王國，「或纂通都之鄉，或擁數州之地，雄圖內卷，師旅外并」，〔註46〕即使只是偏霸一方，也莫不有躍馬中原的雄心壯志，但要如何才能取得世人的信從？如何才有資格號令天下？如何才能在連年征伐之餘，宣告自己擁有取得天下的正統資格？這些疑問，當然必須靠掌握通天之學才有辦法解決。因此，設立天文機構，乃成爲各個政權的當務之急。部份胡族政權的領導人，血統雖與漢人有異，但其實漢化頗深，像前趙的劉元海（劉淵），自「幼好學，師事上黨崔游，習毛詩、京氏易、馬氏尚書，尤好春秋左氏傳、孫吳兵法，略皆誦之，史、漢諸子，無不綜覽。」〔註47〕另如後趙的石勒，雖是驍勇善戰，但也「雅好文學，雖在軍旅，常令儒生讀史書而聽之，每以其意論古帝王善惡。」〔註48〕這些深諳中國歷代興亡事蹟的統治者，自然不會不知道靈臺之類的天文機構，對於天下人心的號召與穩定作用，明白唯有掌握天意，贏得民心，才能鞏固政權，進一步一統天下。明乎此，吾人自然就能理解，爲甚麼這些偏霸一方的小王國，在兵馬倥傯之際，猶不忘要建靈臺、設太史，是有其政治與文化的深層意義在其中的。

　　偏霸的小王國尚且如此，南北朝時隔江對峙的兩大政權，更對天命在誰，

〔註43〕參清‧張閬聲《校正三輔黃圖》卷五〈臺榭‧漢靈臺〉條，頁37（臺北：世界書局，1984年）。

〔註44〕見《漢書》卷九十九上〈王莽傳上〉，頁4087。

〔註45〕見《後漢書》卷一〈光武帝紀下〉，頁84。

〔註46〕見《晉書》卷一百一〈載記‧序〉，頁2644。

〔註47〕見《晉書》卷一百一〈劉元海載記〉，頁2645。

〔註48〕見《晉書》卷一百五〈石勒載記下〉，頁2741。

念茲在茲，天文機構與人員的存在，更具有不凡的實質意義。以下就來考述南北朝時天文機構的變革情形。

1. 北朝元魏政權

　　北魏立國後逐漸漢化，對於漢人政權重視天文機構的傳統，自然也加以仿傚。早在太祖拓跋珪時代，在一次軍事行動中，就曾與隨行的太史令晁崇，討論進兵時機的問題。〔註49〕遷都平城之後，即於天興元年（398）十月「起天文殿」，次月又命「太史令晁崇造渾儀，考天象。」〔註50〕所謂「天文殿」，是否即北魏建都平城時期的天文機構，目前尚無具體證據可以確認，但從史料上來看，似乎不無可能：

> （天興元年）十有二月己丑，帝臨天文殿。太尉、司徒進璽綬，百
> 官咸稱萬歲。大赦，改年。追尊成帝已下及后號諡。樂用皇始之舞。
> 詔百司議定行次，尚書崔玄伯等奏從土德，服色尚黃，數用五，未
> 祖辰臘，犧牲用白，五郊立氣，宣贊時令，敬授民時，行夏之止。
> 〔註51〕

若以此則記載來看北魏太祖時的天文殿，似乎頗有中國傳統「明堂」的功能在。據古籍載，「明堂，王者布政之堂，上圓下方，堂四出，各有左右房，謂之箇。凡十二所，王者月居其房，告朔朝曆，頒宣其令。其中可以序昭穆，謂之太廟；其上可以望氛祥、書雲氣，謂之靈臺；其外圓，似辟雍。」〔註52〕古代的靈臺、明堂與辟雍，本是三位一體的建築，後世雖將其分開，但從前文討論歷代王者建靈臺的情形可以發現，其往往是同時起建明堂、靈臺與辟雍（王莽、劉秀與石勒均是如此）。事實上，學者研究早已指出，古代明堂與靈臺一體，都可說是重要的通天機構，是歷代來統治者所重視的宣示政權合於天意的象徵。〔註53〕而北魏太祖在天文殿「宣贊時令，敬授民時，行夏之正」，與傳統明堂「告朔朝曆，頒宣其令」的功能，似乎正好不謀而合，此殿以「天文」為名，原因可能亦在此，這或可算是拓跋珪對於傳統通天機構名稱所作的一次變革。

　　不過，在強大漢文化的影響下，拓跋珪的變革，可能沒有持續太久，到

〔註49〕詳參《魏書》卷二〈太祖記〉，頁30。
〔註50〕同上註，頁33。
〔註51〕同上註，頁34。
〔註52〕見漢・高誘《淮南子注》卷八〈本經訓〉，頁122（臺北：世界書局，1991年）。
〔註53〕江曉原〈上古天文考——古代中國〝天文〞之性質與功能〉（《中國文化》第四期，1991年）一文中，對於明堂與傳統天文之間的關係，有詳細的討論。

了高祖拓跋宏時，就又恢復到傳統漢文化的面貌。據載，拓跋宏在太和十六年（492）正月「己未，宗祀顯祖獻文皇帝於明堂，以配上帝。遂升靈臺，以觀雲物，降居青陽左个，布政事。」〔註54〕明堂祭祖畢，登靈臺觀雲物，本是傳統帝王的開春大事，高祖一心崇慕漢化，天文機構似乎也回復到中國傳統的名稱，此後未再見有關天文殿的記載。

2. 北齊高氏政權

據史籍的記載，北齊的天文機構設置情形如下：

> 太常，掌陵廟群祀、禮樂儀制、天文術數衣冠之屬。其屬官有⋯⋯
> 太史（原註：掌天文地動、風雲氣色、律曆卜筮等事）⋯⋯等署令、
> 丞。⋯⋯太史兼領靈臺（原註：掌天文觀候）、太卜（原註：掌諸卜
> 筮）二局丞。〔註55〕

意即北齊時的天文機構及人員層級為：

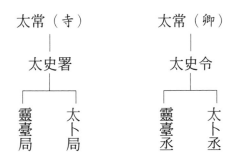

這可算是史料中，首次出現中古時期天文機構的正式名稱，不再像之前僅以官稱代替機構，而且明定太史署與靈臺局的職務內容及其從屬關係。大致看來，除了名稱上的異動之外，似乎仍與後漢時的規制相去不遠。以中國傳統天文機構濃烈的承襲性恪來看，高齊政權承繼自元魏，或許這也正是北朝政權大部份時期的天文機構組織概況。〔註56〕

〔註54〕 見《魏書》卷七〈高祖紀下〉，頁169。

〔註55〕 見《隋書》卷二十七〈百官志中〉，頁755。

〔註56〕 此時的太史署看來未脫所謂「星祝卜曆」的職務範圍，至於是否兼任修史任務，可能是依個別人員狀況而定，如《北齊書》卷四十四〈儒林・權會傳〉中，提到「權會⋯⋯少受鄭易，探頤索隱，妙盡幽微⋯⋯兼明風角，妙識玄象⋯⋯被尚書符追著作，修國史，監知太史局事。」（頁592）此處所言太史局，若非太史署之誤，即北齊時曾有一段時期有此稱呼。權會因兼具天文與修史長才，而得以預修國史之任。

3. 北周宇文氏政權

史料中對北周天文機構情況的記載，較之北齊，更顯不足。宇文泰以《周官》改革政事，官職多復古，政治組織也頗有變動。天文機構按理應該也有一番變動，只是史料闕載，其改制又不為後世所承續，如今已難覆其詳。但北周時天文機構仍舊存在，則是可以確定的，如宇文泰南征江陵，討伐梁元帝時，其將于謹攻破江陵城後，不忘趕緊「收其府庫珍寶，得宋渾天儀、梁日晷銅表、魏相風鳥」，〔註57〕此三物正是傳統靈臺的必備儀器，顯然是劫回供北魏本國靈臺之用。另如楚國平河人蔣昇，「少好天文玄象之學」，曾任「太史中大夫」，〔註58〕皆可證其天文機構與天文官員之存在。

4. 南朝宋劉氏政權

據《宋書・百官志下》所載，當時天文機構的人員配置情形是「太史令，一人。丞一人。掌三辰時日祥瑞妖災，歲終則奏新曆。太史，三代舊官，周世掌建邦之六典，正歲年，以序事頒朔于邦國，又有馮相氏，掌天义次序；保章氏，掌天文。今之太史，則并周之太史、馮相、保章三職也。」（頁1229）大體上應該是承繼東晉所遺下的規制。

5. 南朝齊蕭氏政權

依《南齊書・百官志》所載，「太常」之下有「太史令一人，丞一人……令、丞以下皆有職吏。」（頁316）但未明言其詳細內容。而由史料中可知，南齊時靈臺猶存，如南朝宋末年時，孔靈產「頗解星文，好術數」，他在蕭道成平定沈攸之之亂時獻言有功，而獲得蕭道成的信任與重用，之後蕭道成掌權，曾「以籚盛靈產上靈臺，令其占候。」〔註59〕足見宋、齊兩朝時，靈臺猶存。

6. 南朝梁蕭氏政權

依史籍所載，「（梁）天監七年，以太常為太常卿……統……太史……等令、丞……太史別有靈臺丞。」〔註60〕基本上應該也是承襲自前朝規制。

7. 南朝陳陳氏政權

史載，「陳承梁，皆循其制官。」〔註61〕設「太史令，仍隸於太常……太史

〔註57〕見《周書》卷十五〈于謹傳〉，頁248。
〔註58〕見《周書》卷四十七〈藝術・蔣昇傳〉，頁838～839。
〔註59〕參《南齊書》卷四十八〈孔稚珪傳〉，頁835。
〔註60〕參《隋書》卷二十六〈百官志上〉，頁724。
〔註61〕見《隋書》卷二十六〈百官志上〉，頁741。

令，六百石，品第五。」〔註62〕其天文機構與官制，大體上應該也是承繼前朝。

三、隋唐時期

　　隋代結束了南北朝長期的分裂局面後，新的大一統王朝，自然要在國家機器的組織上，做若干的調整。天文機構也不例外，無論是名稱或職能上，都有不同於前的改變：

> 祕書省……領著作、太史二曹……太史曹，置令、丞各二人，司曆二人，監候四人。其曆、天文、漏刻、視祲，各有博士及生員。〔註63〕

其中與之前歷代不同的變革，最值得注意的有兩點，一是天文機構隸屬單位的變異，二是人員建制上的不同。在隋代之前，天文機構長期以來，均為太常寺的附屬機構，而太常的業務性質，原本就是宗教意味高於政治意味，可說是古代神權統治下的遺跡。〔註64〕其所統領的機構功能，如陵廟、祭祀、禮樂、術數等，也多與皇家神權統治密切相關。因此，隋代以前的天文機構，經常是與宗教祭祀難脫關係，太史令也經常是祭天大典中的要角，漢代太史公司馬談臨死前還氣憤地向其子司馬遷歎道：「今天子接天歲之統，封泰山，而余不得從行，是命也夫！命也夫！」〔註65〕司馬遷也自謂其工作性質在「卜祝之間」，雖是感歎之語，卻也是事實的陳述。

　　隋代天文機構改隸祕書省，祕書省主掌藝文圖籍，屬於皇家藏書與學術研究單位，是皇帝的親信顧問部門。將天文機構從太常寺改隸祕書省，一方面顯示統治者神權統治色彩的漸形淡化，君權的逐漸加強，天文機構由原本補強神權的角色，轉化為皇權顧問的角色。另一方面，因隸屬部門的轉換，政府得以更易於管理天文祕籍，天文官員也更容易接近國家的典藏要籍，對於進行天文曆法的專業學術研究，提供了一個較之前有利的環境。至於在人員建制上的變動，太史令、丞均由前代的一人增為二人，所設的「曆、天文、

〔註62〕見清・陳夢雷《古今圖書集成》第二八九冊第四百十二卷〈明倫彙編・欽天監〉部（臺北：鼎文書局，1977年），頁七。陳夢雷稱此處所言乃「按隋書百官志」，但查今本《隋書・百官志》只記「秘書丞、明堂、太廟、帝陵等令」為六百石，品第五，並未言及太史令，應是陳氏的推論之語。

〔註63〕見《隋書》卷二十八〈百官志下〉，頁775。

〔註64〕錢穆在《中國歷代政治得失》頁12中，對於太常有言簡意賅的解釋：「（太常卿是負責）管皇家的廟，管皇家祭祖的一個家務官，不好算是朝廷公職。」（臺北：東大圖書公司，1992年）。

〔註65〕見《史記》卷一百三十〈太史公自序〉，頁3295。

漏刻、視祲」等科，也都有博士（負責教授相關知識）與生員（入天文機構的學生）。主管官員的人數變動，主因可能不是機構的擴充所需，推測是帝王為求防止弊端，所採取的措施。而設置博士的生員，則顯示出天文機構開始具備學校的性質，由原先不能輕易為外人知的神秘機構，轉變為可在其中進行系統知識傳授與教學的單位。

　　唐代的天文機構，基本上繼承了隋代所作的變革，就整個中古時期而言，是唯一有較完整資料留存者。可算是總結了中古時期歷代天文機構的規制，又加入許多因應時代所需而增設的內容，為往後歷代的天文機構，奠下宏偉的基本規制，頗具有承先啟後的轉折關鍵地位。以下就在前人對唐代天文機構研究的既有基礎上，略作補充，論述隋唐時代天文機構的變革情形：

第一期、隋至唐初

　　前文所述隋代天文機構的建制情形，並非一成不變，在隋煬帝時曾對官制有過一番改革，天文機構自然也不例外。依《大唐六典》卷十〈太史局令〉條所記，其變革情形大致如下：

時　期	機構名稱	隸屬機構	人員建制	品　秩
隋　初	太史曹（局）	秘書省	太史令二人	從七品上
			太史丞二人	正九品上
			司曆二人	從九品下
			曆博士一人	正九品上
			掌習曆若干	××××××
			監候四人	從九品下
			天文博士若干	正八品下
			天文生若干	××××××
			司辰二人	從九品下
			漏刻博士	××××××
			漏刻生	××××××
煬帝大業三年（607）	太史監	秘書省	太史令一人	從五品
			太史丞一人	
			司曆二人	
			曆博士一人	
			掌習曆若干	
			監候十人	
			天文博士若干	

			天文生若干	
			司辰二人	
			司辰師八人	
			漏刻博士	
			漏刻生	

　　隋代天文機構的建制特點，有一些地方是值得注意的：如隋初的官品中，天文博士的品秩竟高於副主管太史丞，顯見對於具有天文占卜專業知識的博學之士，具有相當程度的敬重之意。另外，煬帝時的改制，一舉將太史令由從七品提升為從五品，其他的天文官員的品秩變化如何，雖然史未明言，但在主官品秩提升下，其下所屬當亦有相對的品秩提升，這也顯示出煬帝時對於天文機構的重視。

　　有關隋代天文機構的正確名稱，究竟是太史局或太史曹，頗有疑問，根據《隋書》卷二十八〈百官志下〉的另一段相關記載是：

　　　　煬帝即位，多所改革，（大業）三年定令……改太史局為監，進令階
　　　　為從五品，又減丞為一人，置司辰師八人，增置監候為十人。（頁795）

唐初所修的《隋書》的內容，當然可能是唐玄宗時修《大唐六典》時的參考用書，兩者內文也差異不大，惟獨煬帝時「改太史局為監」一事，不知究竟是「局」為「曹」之誤書，或者隋初也曾有過太史曹改為太史局的歷程？因史料闕如，只能暫時存疑待考。

　　唐朝立國之後，天文機構的組織與人員，大體承自隋代，高宗以前，可視為隋代的遺緒，兼作少許變動：

時　　　間	機構名稱	隸屬機構	人員建制	品　　秩
唐初～高祖武德四年（621）	太史監 太史局	秘書省 秘書省	太史（局）令二人 太史丞二人 監候五人 天文博士二人 曆博士一人 司辰師五人 司曆二人 裝書曆生五人 刻漏視品	從五品下 從七品下 從九品下 正八品下 從八品上 正九品下 從九品上

		刻漏典事 檢校刻漏 曆生三十六人 天文觀生九十人 天文生六十人 漏刻博士六人	
漏刻生三百六十人			
高祖武德七年（624）			
高宗龍朔二年（662）	秘書閣局		太史令稱秘書 閣郎中
高宗咸亨元年（670）	太史局		恢復舊稱

上表乃根據資料較齊全之《大唐六典》卷二十八、《舊唐書》卷四十三〈職官志二〉、《新唐書》卷四十七〈百官志二〉而來，資料之間或有彼此歧異處，以下稍作說明：

1. 監候：《新唐書》中雖未提及唐初是否設置監候及其人數，但因《大唐六典》有「皇朝因隋置監候五人」之語，且《新唐書》亦載高祖武德七年廢監候一事，足證唐初當有此官職。

2. 裝書曆生：其人數仍依《大唐六典》而來。

3. 曆生、天文觀生、天文生、漏刻博士、漏刻生：其人數乃因《大唐六典》而得。

4. 刻漏視品、刻漏典事、掌知刻漏、檢校刻漏：皆屬唐初設置，「後皆省」的官職，人數不詳。

5. 秘書閣局與秘書閣郎中：有關唐高宗龍朔年間改制後的天文機構名稱與官稱，各書記載頗不一致。《大唐六典》記為「秘書閣局」、「秘閣郎中」，《舊唐書》記為「秘閣局」（職稱不詳），《新唐書》則是「秘書閣局」、「秘書閣郎中」。若依龍朔改制時，同屬秘書省之下的著作局改為司文局，主官由著作郎改為司文郎中之例，太史局及其主官名稱較有可能一併改為「秘閣局」、「秘閣郎中」，但在現存史料中，並未發現此一稱呼配對出現者。日人松島才次郎曾為此作過極詳盡之考證，〔註 66〕不過，也還欠缺有力之結論，此處姑且先依松島氏之考證，取《新唐書》所記職稱為準。

〔註66〕其詳請參松島才次郎〈太史局と司天臺〉（《信州大學教育學部紀要》第 25 號，1971 年）

第二期、武后至玄宗

　　這是唐代國力臻於全盛的時代，卻也是政治上的多事之秋。先是有武則天的潛移唐祚，後又在大臣與皇族的合作下，由李氏重新取得政權。但到了玄宗晚年，又爆發震驚中外的安史之亂。關乎統治者天命所在甚巨的天文機構，似乎也在反映這段時期政治上的多元變化，歷經了多次的名稱與隸屬機關的變革，其大致情形如下：

時　　間	機構名稱變革	隸屬單位變革	資料來源
武后久視元年（700）五月十九日	太史局→渾天監	不隸秘書省	《唐會要》卷四十四〈太史局〉條，頁 931（上海：上海古籍出版社點校本，1991 年）
同年七月六日	渾天監→渾儀監		同上
武后長安二年（702）八月廿八日	渾儀監→太史局	隸秘書省	同上
中宗景龍二年（708）六月廿六日	太史局→太史監	不隸秘書省	《舊唐書》卷七〈中宗紀〉六月丁亥條，頁 146。
睿宗景雲二年（710）七月廿八日	太史監→太史局	隸秘書省	《唐會要》卷四十四〈太史局〉條，頁 931（上海：上海古籍出版社點校本，1991 年）
同年八月十日	太史局→太史監		同上
同年十一月廿一日	太史監→太史局		同上
睿宗景雲二年（711）閏九月十日	太史局→渾儀監		同上
玄宗開元二年（714）二月廿一日	渾儀監→太史監		《舊唐書》卷八〈玄宗紀〉二月己酉條，頁 172。
玄宗開元十五年（727）正月廿七日	太史監→太史局	隸秘書省	《舊唐書》卷八〈玄宗紀〉六月丁亥條，頁 190。
玄宗天寶元年（742）十月三日	太史局→太史監	不隸秘書省	《唐會要》卷四十四〈太史局〉條，頁 932（上海：上海古籍出版社點校本，1991 年）

　　關於其改制的相關問題，謹作論述如下：

　　1. 武后久視元年的改制：關於這一次的改制，在時間上有多種說法，各方史料記載差異頗大。《大唐六典》卷二十八將其時間繫爲「貞觀元年」，而將其事蹟記在高宗龍朔年改制之後，應是筆誤，自不可採。《唐會要》與《舊

唐書》卷三十六〈天文志下〉（頁 1335）所記相同，均稱久視元年改制，《通典》卷二十六〈職官八・太史局令〉條，也稱在這一年改太史局爲渾天監。但是《新唐書》卷四十七〈百官志二〉，則繫此次改制爲光宅元年（684）之事。究竟何者爲是，頗難論斷。武后在光宅元年，初踐祚不久後，即進行過一次官制上的大改革，將多數機構及官稱改名，如尚書省改爲文昌臺，是屬於官僚機構名稱上的平行改制，無關乎機構位階的升降。但是太史局改制渾天監則不同，在唐代官制中，監爲局的上一層機構，位階上高於局，改太史局爲渾天監，已經不是純粹的名稱改異，而是位階上的提升，這在光宅元年的改制中是沒有的。且太史局原來隸屬的秘書省，其改稱麟臺，乃是垂拱元年（685）的事，《新唐書》所謂「光宅元年，改太史局曰渾天監，不隸麟臺」在時間上亦有不能藕合之處。所以不論從行政位階的變化或隸屬機構改名的時間上來推斷，久視元年似是比較可信的時間。這次的升格改制，原因是出於武后的私心，厚愛通天文星算的道士尚獻甫所致，首度將天文機構獨立於秘書省之外，直屬於皇帝，以符合尚獻甫自稱「不能屈事官長」的不拘個性，算是唐代天文機構變革中，一次因人改制的短暫特例。〔註 67〕等到武后長安二年（702）尚獻甫過世後，體制上又恢復了舊觀。

　　2. 睿宗景雲年間的變革，算得上是唐代歷次天文機構變革中，改動最劇烈者，短短兩年之間，竟有多達四次的變革，其原因實值得深究。事實上，天文機構的運作，關乎皇權甚鉅，這樣的劇烈變動，事實上也正反應，中宗至玄宗之間，宮廷政爭的緊張關係。原來，在武后過世之後，政權雖然形式上歸還李氏，由中宗李顯入繼大統，但其爲人「志昏近習，心無遠圖」，「縱豔妻之煽黨」（指韋后亂政），「信妖女以撓權」（指安樂公主干權），〔註 68〕平庸愚昧，外加妻女弄權，朝臣離心離德，政治局勢，至爲險要，最後李顯竟死在妻女所下的鴆毒中。當時的朝廷大臣與皇族宗室，大致分爲兩派，一是以玄宗李隆基與太平公主爲首的「保皇派」，對抗另一以韋后、武延秀爲主的「擁后派」。雙方在爭奪政治主導權的過程中，被視爲能預知天命、解釋天意的天文機構與天文官員，恐怕是很難置身事外。如當時的鎮軍大將軍、右驍衛將軍、兼知太史事迦葉志忠，就曾在宴會上向韋后獻媚，還因此得到中宗的賞賜。〔註 69〕而到雲龍

〔註 67〕其詳請參《舊唐書》卷三十六〈天文志下〉，頁 1355。
〔註 68〕見《舊唐書》卷七〈中宗紀・史臣曰〉，頁 151。
〔註 69〕參《舊唐書》卷五十一〈后妃傳上・韋庶人〉，頁 2173。

三年時，迦葉志忠卻又因罪被「配流柳州」。〔註70〕這一賞一罰之間，自然極可能關涉到當年宮廷政爭中，天文官員所倚附對象的得勢與失勢。景雲元年，在李隆基的精心策劃下，發動一場宮廷政變，將韋后與安樂公主一派，加以拘捕殺滅，推其父睿宗李旦登極。就在這一年的七月，天文機構又再恢復原有的職稱與層級，顯見之前的改制，與后黨的得勢可能不無關係。

政治上的風雲並未因韋后一黨的剷除而平息，李隆基本身與太天公主之間的政治利益衝突，隨著韋后的去勢，而愈顯劇烈，反映在天文機構的變革上，似乎也是如此。在景雲元年一年之間，就有多達三次的名稱變易。睿宗傳位給李隆基之前，正好發生一次彗星之變，太平公主伺機使「術者」向睿宗宣示天意，認爲這是傳位太子以除舊佈新的徵兆。〔註71〕所謂「術者」，極有可能是親太平公主的天文官員。太平公主本想藉此讓睿宗對太子李隆基產生戒心，不料弄巧成拙，睿宗竟因此決定傳位李隆基，自己退位爲太上皇。李隆基初登大位時，太平公主因有太上皇的支持，勢力不減帝王，許多軍國大政均須由其參決，朝中大臣依附者亦不在少數。〔註72〕對玄宗構成極大的威脅。玄宗豈是庸弱之輩，在約略掌握大政後，於先天二年七月，決定先發制人，對太平公主及其黨羽，進行徹底的政治掃蕩。在這一次政爭的誅滅名單中，當時的太史令傅孝忠竟也赫然在列！〔註73〕顯然天文官員確有涉入宮廷政爭，且程度不淺。玄宗記取教訓，在即位之後，也對天文機構進行多次名稱與位階上的改革。

第三期、肅宗以後至唐末

天寶十四載，爆發了幾乎奪去李唐國祚的安史之亂，玄宗倉促出奔四川。肅宗李亨則趁勢在靈武即位，帶領勤王之師，與安史集團展開長達八年之久的作戰。若從歷代爭奪帝位者的宣傳手段來推斷，安史之輩詭稱天命在己，可取李唐而有天下，應是意料中事。而在歷經這場天翻地覆的大動亂之後，受宦官李輔國等人支持，自立於靈武的肅宗李亨，也深知其繼位過程，世人不無疑問，爲了要讓天下人心服口服，且將來與玄宗父子相見時，既不尷尬也無須讓出帝位，更要昭告天下，他才是真命天子，安史之輩只不過是僭位

〔註70〕見《舊唐書》卷七〈中宗紀〉，頁 147。

〔註71〕詳參《資治通鑑》卷二百一十〈唐紀二十六〉，頁 6674（臺北：大申書局，1983年）。

〔註72〕詳參《舊唐書》卷一百八十三〈太平公主傳〉，頁 4739。

〔註73〕詳見《舊唐書》卷七〈睿宗紀〉，頁 162。

叛賊。要達到這些目的，自然不能不有求於天命理論的幫助，適度地拉攏天文官員，並對曾為安史集團所用的天文機構進行整頓，乃成鞏固己身政權的必備功課。因此在回到京城、動亂稍息之後，就在乾元元年（758）三月，開始進行一次大規模的天文機構變革，以「太史監為司天臺，取承寧坊張守珪宅置，仍補官員六十人。」〔註74〕並依「藝術人韓穎、劉烜建議，改令為監，置通玄院及主簿。」〔註75〕此次天文機構變革的詳細詔文如下：

> 建邦設都，必稽元（玄）象，分列曹局，皆應物宜。靈臺三星，主觀察雲物，天文正位，在太微西南。今興慶宮，上帝庭也，考符之所，合置靈臺。宜取永寧坊張守珪宅以充司天臺。所司量事修理，仍置五官正五人，司天臺內別置一院，曰『通元（玄）院』，應有術藝之士，徵辟至京，於崇元（玄）院安置。〔註76〕

有關這一次改制的詳情，可參下表所示：〔註77〕

職　稱	員　額	品　秩	職　能	備　註
司天監	一	正三品	掌察天文、稽曆數。凡日月星辰。風雲氣色之異，率其屬而占。	另有通玄院，以藝學召至京師者居之。凡大文圖書、器物，非其任不得與焉。每季錄祥眚送門下、中書省，紀于起居注，歲終上送史館。歲頒曆於天下。
司天少監	二	正四品上		
司天丞	一	正六品上	為司天監之佐	
主簿	二	正七品上		
主事	一	正八品下		
春官正（副正） 夏官正（副正） 秋官正（副正） 冬官正（副正） 中官正（副正）	各一 （各一）	正五品上 （正六品上）	掌司四時，各司其方之變異。冠加一星珠，以應五緯；衣從其方色。元日、冬至、朔望朝會及大禮，各奏方事，而服以朝見。	

〔註74〕見《舊唐書》卷十〈肅宗紀〉，頁251。

〔註75〕見《新唐書》卷四十七〈百官志二〉，頁1216。

〔註76〕見《全唐文》卷四十四〈肅宗皇帝・置司天臺敕〉（北京：中華書局，1983年），頁482。

〔註77〕製表資料參自《舊唐書》卷四十七〈百官志二・司天臺〉條，頁1215～1216。

五官保章正	二	從七品上	掌曆法及測景分至表準	
五官監候	三	正八品下		
五官司曆	二	從八品上		
五官靈臺郎	各一	正七品下	掌候天文之變	
五官挈壺正	二	正八品上	掌知刻漏。凡孔壺爲漏，浮箭爲刻，以考中星昏明，更以擊鼓爲節，點以擊鐘爲節。	
五官司辰	八	正九品上		
漏刻博士	六	從九品下		

此番改制，一舉將天文機構主管官員的品秩，從過去的五品提升爲三品，與御史臺主管品秩相同。這也彰顯出天文機構由局、監改爲臺，在行政位階上的不同，對於提高天文機構及天文官員的地位，應有其正面幫助。另外，唐代太史局（監）的位置，本在皇城內秘書省附近（參照附圖一），此或因其長期隸屬於秘書省有關，作天文占驗時，也便於參考秘書省所藏的文獻資料。此番改制爲司天臺，一方面在玄宗龍潛之地的興慶宮設置靈臺，以作爲天文觀測之用，其用意無非是藉此以尊崇玄宗，以杜天下人攸攸之口。且天文觀測部門設於宮外，自古即然，但是將事涉國家機密的天文行政部門司天臺，置於皇城之外，對於天文密奏的上報，及對天文官員的管理上，均有其不便之處，肅宗此舉，頗令人費解。此番改制，在司天臺內另置一新部門，名曰「通玄院」（或崇玄院），顧名思義，是一個專門收納各地應辟來京，精通天文玄理、解星占術數的「術藝之士」的單位，其功能應是專爲帝王解釋天文星變的意義與進行祈福禳災之事。此恐是因帝王對於司天臺的天文官員已無法完全信任，故而另立一集合異能之士的通玄院，以期收相互競爭、監督之功效。

肅宗乾元元年對天文機構的改制，不僅是名稱上的變異，在機構位階的提升上，更是前所未有。之前無論稱局或監，均非中央政府的一級單位，但稱臺則不同。以唐代中央政府的行政職級而言，最高一級的行政單位稱省，而可與省並立者唯有臺。綜觀唐代全期，始終以臺爲名者只有的御史臺。雖然在名義上低於省級的行政機關，但御史臺地位特殊，直屬皇帝，可參劾百官，即使三省首長也無權過問其事務。肅宗提升天文機構爲司天臺，似頗有將其與御史臺相提並論之意味在。如此一來，帝王便不須再透過其他部門，而能直接掌控天上人間的第一手資料，對於皇權威信的提升，當然有其正面效果。肅宗之後歷代李唐皇室，更奉此爲圭臬，直到唐朝亡滅，未再對天文

機構，做過大規模的制度改革。

第二節　天文職官的種類及其學習

若較之東漢時期所留下的天文機構職官組織，整個中古時期可能規模略有變動，但主體職官內容理應變化不大。只是因為史料欠缺，無法詳求其內容。至於唐代的天文機構，雖有較詳細資料，但因機構名稱與人員編制經常異動，在每個時期的職官種類也不盡相同，欲求其完整內容，亦有困難。不過，天文職官仍大體上可分為管理與技術兩大類，這是歷代不變的。以下就以此兩大分類，以唐代為例，依《大唐六典》卷二十八所見，略窺中古時期天文職官的種類及其職務內容。

一、管理類

1. 太史令、太史丞

一般而言，這是天文機構的正副主官最普遍的稱呼，不過，隨著機構名稱的變異，主管官員的職稱當然也隨之變動，如玄宗時曾改稱太史監、太史少監，肅宗以後改稱司天監、司天少監等，但其職務內容相去不大。太史令的職責主要是「掌觀察天文，稽定曆數，凡日月星辰之變，風雲氣色之異，率其屬而占候之。」〔註 78〕太史丞則為太史令之輔，一如司天少監之於司天監。太史丞因應機構的變革，曾有遭廢置的紀錄（如唐初及武后長安二年時），但大部份時候都是存在的。員額配置上，太史令通常只有一人，丞則有兩人，但也有同時設兩名太史令者，如唐初與玄宗天寶年間。至於其品秩，當然也隨著機構名稱與位階的變異，而有所更動。

2. 令　史

漢代設有尚書令史、蘭臺令史，掌理文書，地位僅次於郎，東漢時尚書郎出缺，即以令史資深績優者補之。魏晉南北朝時襲其例。但自隋代以後，「令史之任，文案煩屑，漸為卑冗，不參官品」，直到唐代，令史不再有品秩，成為中央各機構基層的事務吏員。〔註 79〕太史局令史，顧名思義，應是為令丞處理文書檔案的事務人員。

〔註78〕見《大唐六典》卷十〈太史局〉條，頁 219（臺北：文海出版社，1974 年）。
〔註79〕其詳請參《通典》卷二十二〈職官典四‧歷代都事主事令史〉條，頁 609～610。

3. 書令史

漢制，「郎以下則有都令史、令史、書令史」，〔註80〕南朝宋時猶有「內臺書令史」一職，爲「內臺正令史之輔」。〔註81〕隋代在各省、府、寺皆有令史、書令史，書令史職務，乃在協助令史處理文書，〔註82〕太史局書令史之職務性質，應不出此。

4. 主　簿

漢以後，中央及地方官府均設有主簿，負責文書簿籍，掌管單位印鑑。唐代沿襲南北朝舊習，在各寺、監均設有主簿一職。到肅宗乾元元年將天文機構定位爲臺之後，正式常設主簿二員，正七品官，後代因之。至於其職務內容，大概也是管理文書簿籍，與保管單位印信一類的事。

5. 亭　長

唐代沿襲漢名，在尚書省各部門設置亭長，負責省門開關與通傳等庶務工作，與漢代亭長的工作性質實已相去甚遠，是所謂「主守省門通傳禁約」者也，〔註83〕太史局亭長之職務應近於此。

6. 掌　固

唐代在尚書省設掌固一職，「主守倉庫及廳事鋪設」，〔註84〕太史局的掌固，負責的大概也是這樣的職務。

二、技術類

在技術類的天文官員方面，種類十分繁多，若按其職務內容來劃分，可細分爲三組，即製曆組、觀測組與報時組。在肅宗改制司天臺之前，其職官的名稱與職務內容大致如下表所示：

	制 曆 組	觀 測 組	報 時 組
業務主管	司 曆	監候	挈壺正
職務內容	掌造曆	掌候天文	掌知刻漏

〔註80〕 參《宋書》卷三十九〈百官志上〉，頁 1237。
〔註81〕 同上註，頁 1265。
〔註82〕 參同註 79。
〔註83〕 參《大唐六典》卷一〈尚書都省〉條，頁 22。
〔註84〕 參同上註。

所屬人員	裝書曆生	觀生	司辰、漏刻典事、典鐘、典鼓
教務主管	保章正	靈臺郎（或天文博士）	漏刻博士
職務內容	掌教曆生	掌教習天文氣色	掌教漏刻生
所屬人員	曆　生	天文生	漏刻生

　　技術類的天文官員，因為從事長期且持續性的製曆、觀測及報時等工作，因此人員必須有所補替，而且也必須從事人員的教育，因此各組均有從事實際業務的人員，以及初進天文機構，尚處學習階段的生員。

　　肅宗乾元元年改制司天監之後，監內職官名稱做了不小的變動，但職務內容則與之前分成三組時相去不遠：

	制　曆　組	觀　測　組	報　時　組
業務主管	五官司曆	五官監候	五官挈壺正
五官司辰			
職務內容	掌國之曆法，造曆以頒四方		皆掌知刻漏
所屬人員		天文觀生	五官禮生、五官楷書手、典鐘、典鼓
教務主管	五官保章正	五官靈臺郎	漏刻博士
職務內容			
所屬人員	曆生	天文生	漏（刻）生、視品

　　除了沿襲先前的技術體系規制之外，為了因應司天臺規模的擴大與員額的增加，在司天監與司天少監之下，又別設五官正與五官丞（副正），作為技術部門的專業主管。所謂「五官」之意，據《舊唐書·職官志二》解釋其意為「乾元元年置五官，有春、夏、秋、冬、中五官之名。」意即所謂五官正分別是春、夏、秋、冬、中官正，其餘五官靈臺郎、五官司曆之意，可依此類推。依照傳統五行說觀念，「五時」為春、夏、秋、冬及用土，對應於五方則是東、南、西、北及中央，也就是說，五官制是將原本一個技術主管的工作內容，細分為五個不同方位，不論是製曆、觀測與報時，均分別由這五個不同方位的職官掌理。中國古代傳統上即有天文分野觀，不同方位分別由不同人員進行天文觀測，也算是符合精密觀測、減少失誤的方法。〔註85〕肅宗

〔註85〕如《尚書正義》卷二〈堯典〉中，即有言「乃命羲和，欽若昊天，歷象日月星辰，敬授人時。分命羲仲，宅嵎夷曰暘谷，寅賓出日平秩東作，日中星鳥，

時代立五官制，其意可能淵源自此。當時五官正各有其代表方位的服色，乾元元年十月一日，知司天臺事韓穎曾上奏曰：「五官正，奉敕創置，其官職配五方，上稽五緯。臣請冠上加一星珠，衣從本方正色。」〔註86〕顯見當時對於天文技術官加五官之名，還頗慎重其事，除了官職依五時配五方之外，章服則配青、赤、白、黑、黃等五色，冠上則須配木、火、金、水、土等五星，以象徵不同方位的工作人員。這一套五官制度，若以天文觀測而言，如此細分以求其精密，尚屬合理。但將所有技術人員一視同仁，連負責製曆的司曆、保章正、報時的挈壺正、司辰等，也冠以五官之號，其職務內容，究竟應如何劃分，頗令人有治絲益棼之感。到了代宗寶應元年，司天少監瞿曇譔，也認爲司天監人員過度龐冗，上奏請求精簡天文官員：「司天丞請減兩員，主簿減兩員，主事減一員，保章正減三員，挈壺正減三員，監候減兩員，司辰減七員，五陵司辰減七員。」〔註87〕事實上主要精簡的，就是冠上五官稱號的技術官員，顯然具備專業天文背景的瞿曇譔，也認爲天文職官無須如此細分。

由於史料上的限制，吾人對於中古時期天文官生的考選、教學、分發、考核等，無法作一系統性的瞭解。只能從其中留存資料較多的部份，一窺中古時期學習天文的概況。唐代算是正式有記載天文機構如何教育天文生的時代，有人稱太史局、司天監是一個「天文曆法專門學校」，〔註88〕這樣的說法多少是有些言過其實。雖然在製曆、觀測、報時等各個天文體系內，均有負責教務的人員，但並不意味它就是一個學校性質的教育機構，說它是一個學徒性質的學習組織，可能還比較貼近實際的狀況。很可惜的是，唐代留下來的資料，只有關於制度面上的簡單敘述，至於這個官方的天文機構如何挑選學生、入學考試內容爲何、教材爲何、考評情況如何、結業後如何分發以及工作概況、升等磨勘等詳情，留下的線索，實在太有限，無法在此詳作說明。唐代如此，中古時期

以殷仲春，厥民析鳥獸孳尾。申命義叔宅南交，平秩南訛敬致，日永星火以正仲夏，厥民因鳥獸希革。分命和仲宅西曰昧谷，寅餞納日平致西成，宵中星虛以殷仲秋，厥民夷鳥獸毛毨。申命和叔宅朔方曰幽都平在朔易，日短星昴以正仲冬，厥民隩鳥獸氄毛。」（頁九～十，臺北：藝文印書館十三經注疏本，1989 年）。

〔註86〕 參《唐會要》卷三十一〈輿服上・冠〉條，頁 675（上海：上海古籍出版社點校本，1991 年）。

〔註87〕 參《舊唐書》卷三十六〈天文志〉，頁 1336。

〔註88〕 其詳請參孫宏安《中國古代科學教育史略》頁 421～422（瀋陽：遼寧教育出版社，1996 年。

的其它朝代，史料留存的狀況則更不如唐代，官方機構到底是如何培育訓練天文官生，恐怕只能留待將來，有更多資料出現時，再詳作探討。

　　在專業技術人的培育上，官方機構固然是負有其責，但其成效卻是有待考評。有許多獨擅一方的技術人才，如擅醫的孫思邈、擅天文的李淳風、一行等人，均不聞其出自政府的技術部門。因此，對於此一時期，非政府技術部門的學習情況，也不宜忽略。

　　時期天文術數的私學，大約可分成幾種情況，其一是自學，其二是家學，其三則是拜師學藝。能夠自學者，多半自幼擁有過人的天資，在這方面能夠無師自通，如三國時代的管輅：

> 輅年八九歲，便喜仰視星辰，得人輒問其名，夜不肯寐。父母常禁之，猶不可止。自言「我年雖小，然眼中喜視天文。」常云：「家雞野鵠，猶尚知時，況於人乎？」與鄰比兒共戲土壤中，輒畫地作天文及日月星辰。每答言說事，語皆不常，宿學者人不能折之，皆知其當有大異之才。及成人，果明《周易》，仰觀、風角、占、相之道，無不精微。……琊邪太守單子春……語眾人曰：「此年少，盛有才器，聽其言論，正似司馬犬子游獵之賦，何其磊落雄壯，英神以茂，必能明天文地理變化之數，不徒有言也。」於是發聲徐州，號之神童。〔註89〕

以管輅本身的資質，幾乎可說是無師自通。不過，當然不可能完全不向人請教，例如管輅也曾向郭恩請益，但後來卻反而青出於藍更勝於藍：

> 利漕民郭恩，字義博，有才學，善《周易》、《春秋》，又能仰觀。輅就義博讀《易》，數十日中，意便開發，言難踰師。於此分蓍下卦，用思精妙，占蓍上諸生疾病死亡貧富喪衰，初無差錯，莫不驚怪，謂之神人也。又從義博學仰觀，三十日中通夜不臥，語義博：「君但相語墟落處所耳，至於推運會，論災異，自當出吾天分。」學未一年，義博反從輅問《易》及天文事要。〔註90〕

幼時被稱作「神童」，成年又被尊為「神人」，可見管輅在天文術數方面的才幹，應是得自於天賦者多。至於從老師那兒學到的，可能正如他自己對郭恩說的，只不過是幫人挑選墓地之類的「墟落處所」之學，真正要「推運會，論災異」，還是得靠他自己與生俱來的天份。不過，即使像管輅如此天資高超

〔註89〕見《三國志》卷二十九〈魏書‧管輅傳〉，頁811～812，裴注引《管輅別傳》。
〔註90〕見《三國志》卷二十九〈魏書‧管輅傳〉，頁812～813，裴注引《管輅別傳》。

的人，爲求精通天文，仍須「三十日通夜不臥」，方能盡得其妙，可見學習天文星占，若非有強烈的興趣與天份，恐怕也不容易持久，欲成就一個天文技術專才，誠非易事。只可惜管輅生逢亂世，未有機緣進入政府天文機構任職，否則，當是位相當出色的天文技術官員。

拜師學天文，其實並不是件簡單的事，因爲很多天文專家，非常愛惜羽毛，絕不願輕易將所學示人。三國時代吳國的天文官吳範與趙達，就都曾因爲不願將所學之要訣傳授給孫權，而在仕途上屢受挫折。〔註 91〕連君王求學都不肯輕易傳授，其他人欲從之而學，勢必更難，其中尤以趙達爲最。當時吳國的太史丞公孫滕也曾爲此吃過苦頭：

> 趙達，河南人也。少從漢侍中單甫受學，用思精密……治九宮一算
> 之術，究其微旨，是以能應機立成，對問若神。……達寶惜其術，
> 自闞澤、殷禮皆名儒善士，親屈節就學，達秘而不告。太史丞公孫
> 滕少師事達，勤苦累年，達許教之者有年數矣，臨當喻語而輒復止。
> 滕他日齎酒具，候顏色，拜跪而請，達曰：「吾先人得此術，欲圖爲
> 帝王師，至仕來三世，不過太史郎，誠不欲復傳之。且此術微妙，
> 頭乘尾除，一算之法，父子不相語。然以子篤好不倦，今眞以相授
> 矣。」飲酒數行，達起取素書兩卷，大如手指，達曰：「當寫讀此，
> 則自解也。吾久廢，不復省之，今欲思論一過，數日當以相與。」
> 滕如期往，至乃陽求索書，驚言失之，云：「女婿昨來，必是渠所竊。」
> 遂從此絕。〔註92〕

顯然趙達並無眞心傳授之意，才會一再找各式各樣的理由推托，最後讓一心求教的公孫滕，依舊不得其門而入。而且趙達對於一家三代精習天文術數，卻只不過擔任較之太史丞猶不如的太史郎，而無法升任宰相等可爲帝王之師的尊隆地位，心中頗感不平，自然就更加寶惜其術，不願輕易授人，以免將來仕途更無憑藉。不過，趙達如此家帚自珍，可能是因其修習天文術數，確有其獨特門道，他「常笑謂諸星氣風術者曰：『當迴算帷幕，不出戶牖以知天道，而反晝夜暴露以望氣祥，不亦難乎？』」〔註93〕跟管輅爲求仰觀之術、三

〔註91〕其詳可參見《三國志》卷六十三〈吳書・吳範傳〉，頁 1422，以及同書同卷〈吳書・趙達傳〉，頁 1425。
〔註92〕見《三國志》卷六十三〈吳書・趙達傳〉，頁 1424～1425。
〔註93〕見同上註，頁 1425。

十日通夜不臥相較，是很不一樣的。

　　精習天文曆算之難，不僅在於本身資質是否足夠，能否求到名師指導，也是關鍵。像管輅那樣的天才是少之又少，多數人可能都要像公孫滕般，用盡心思尋訪名師，以求學藝精進。另一位也頗有天份的唐代天文大師僧一行，年輕時也曾遍訪名師，還爲此引出一段傳奇：

> 釋一行……卝歲不詳，聰黠明利，有老成之風。讀書不再覽，已暗誦矣。……然有陰陽讖緯之書，一皆詳究，尋訪筹術，不下數千里，知名者往尋焉。末至天臺山國清寺，見一院，古松數十步，門枕流溪，淡然岑寂。行立於門屏，聞院中布筹，其聲蔌蔌然。僧謂侍者曰：「今日當有弟子自遠求吾筹法，計合到門，必無人導達耶？」即除一筹子。又謂侍者曰：「門前水合卻西流，弟子當至。」行承其言而入，稽首請法，盡授其決焉，門前水復東流矣。〔註94〕

門前溪水忽而西流、忽而東流，自然是不可盡信的奇事。不過以一行之資質，仍須四出尋訪曆算名師，足見一位天文曆算家的養成，決非易事。另外，如晉朝的天文術數大師郭璞，其成學過程令就更人稱奇：

> 郭璞……好古文奇字，妙於陰陽算曆。有郭公者，客居河東，精於卜筮，璞從之受業。公以《青囊中書》九卷與之，由是遂洞五行、天文、卜筮之術，攘災轉禍，通致無方，雖京房、管輅不能過也。
>
> 璞門人趙載嘗竊青囊書，未及讀，而爲火所焚。〔註95〕

似乎這些高人賴以維生的神秘方書，都有著相類的命運，前有趙達之書遭竊而無蹤，繼有郭璞的囊中書被偷而爲火所焚。傳承既斷，也讓精通天文術數者的學術內涵，更顯神秘莫測，旁人更無從得知以學習其中精奧。

　　眞正的高人，既不願入仕政府，也不肯輕易將祕術示人，可見政府天文機構的正式教育，所傳也可能只是泛泛之學，眞正要學得祕術絕招，仍得像公孫滕、一行這般，走訪名師才有可能得到。而名師不易得，即使能能訪得名師，也不見得就能如願以償，像趙達，祕惜己術，自己的女婿也不相傳，連孫權求教也公然回絕，其他人更可想而知，是屬於比較自私型的天文術數專家。不過，另外有一些天文名家，之所以不意將伎術傳習他人，是基於其

〔註94〕見宋・贊寧《宋高僧傳》卷第五〈唐中嶽嵩陽寺一行傳〉，頁91～92（北京：中華書局點校本，1987年）。

〔註95〕見《晉書》卷七十二〈郭璞傳〉，頁1899。

他更深層的考量：

> 杜瓊字伯瑜，蜀邵成都人也，少受學於任安，精究安術。……雖學
> 業入深，初不視天文有所論說。後進通儒譙周常問其意，瓊答曰：「欲
> 明此術甚難，須當身視，識其形色，不可信人也。晨夜苦劇，然後
> 知之，復憂漏泄，不如不知，是以不復視也。」〔註96〕

任安乃後漢名儒，「少遊太學，受《孟氏易》，兼通數經。又從同郡楊厚學圖
讖，究極其術。……學終，還家教授，諸生自遠而至。」〔註97〕杜瓊之精於
天文術數之學，當與其師任安關係密切。然而杜瓊並不鼓勵後進學習此術，
因爲一則須徹夜不眠、觀象紀錄，二則雖能洞曉天機，卻又要擔心萬一洩露
而觸犯當道，可能要招來殺身之禍，所以才會勸人「不如不知」，自然也就不
願意傳授他人。譙周可能是受了杜瓊的影響，即使「通諸經及圖、緯」，對於
天文卻是「頗曉天文，而不以留意」，想找他們學習天文術數，只怕也是緣木
求魚。北齊時的權會，「明風角，妙識玄象」，曾任職「監知太史局事」，但他
也同樣不願以此術授人，即使自己的獨子也不例外：

> （權會）雖明風角，解玄象，至於私室，輒不及言，學徒有請問者，
> 終無所說。每云：「此學可知不可言。諸君並貴遊子弟，不由此進，
> 何煩問也。」會唯有一子，亦不以此術教之，其謹密也如此。〔註98〕

權會對於學習天文術數利弊的體認，大概與杜瓊相去不遠，況且本身又擔任朝
廷天文官，更知道從事天文占驗的無奈與危險，自然不願再將此術授與他人。

除了自學、拜師之外，中古時期常見最普遍的學習天文術數的方式，是來
自於家學的傳承。中古時期從東漢末年至南北朝時代，因學術環境及社會風習
的影響，學術的傳授，往往限於私家自相傳承，外人極難插手，即所謂的「累
世經學」。又因經學是致仕的捷徑，通經學的世家，往往不願輕易授與他人，以
造就本身家族成員，成爲「累世公卿」，獨享數代的榮華富貴。〔註99〕天文術數
雖不比經學崇貴，但在時代風習的影響下，家學淵源自然也是極重要的傳承方
式之一。隋唐以後，雖有科舉制度的產生，家學不再是入仕的唯一憑藉，但是
因爲帝王心態，將天文伎術視若禁臠，不欲其普遍流傳，於是造成天文術數傳

〔註96〕見《三國志》卷四十二〈蜀書・杜瓊傳〉，頁1021～1022。
〔註97〕詳參《後漢書》卷九十七上〈儒林列傳・任安〉，頁2551。
〔註98〕見《北齊書》卷四十四〈趙權傳〉，頁592～593。
〔註99〕有關中古時期「累世經學」與「累世公卿」的討論，其詳請參錢穆《國史大
綱》頁138～140（臺北：臺灣商務印書館，1991年）

承上的世襲風氣，連帶也使天文官的傳承，有頗多家族成員相承的例子。如庾季才、庾質、庾儉，以及李淳風、李諺、李仙宗，或者天竺人瞿曇羅、瞿曇悉達、瞿曇譔等天文家族，都是連續三代擔任天文機構主管的太史令或司天監，可說是天文領域的「累世公卿」，其對天文曆法的學習，應是來自家學傳承，無須假手他人。〔註100〕除此三大家族外，中古時期尚可見其他以家學傳承，來教習天文術數的例子，如三國時蜀國的周群：

> 周群字仲直，巴西閬中人也。父舒，字叔布，少學術於廣漢楊厚，名亞董扶、任安。數被徵，終不詣。時人有問：「《春秋讖》曰代漢者當塗高，此何謂也？」舒曰：「當塗高者，魏也。」鄉黨學者私傳其語。群少受學於舒，專心候業。於庭中作小樓，家富多奴，常令奴更直於樓上視天災。纔見一氣，即白群，群自上樓觀之，不避晨夜，故凡有氣候，無不見之者，是以所言多中。……時州後部司馬蜀郡張裕亦曉占候，而天才過群。……群卒，子巨頗傳其術。〔註101〕

周舒所從學的楊厚，是東漢著名的儒者，其家族亦有天文圖讖之學的家學傳統，其祖父楊春卿，「善圖讖學」，其父楊統曾「就同郡鄭伯山受《河洛書》及《內讖》二卷解說」，又為朝廷作過多次的災異推應與消救建言，祖孫三代均精此學，可謂是這一方面的學術世家。〔註102〕周舒學於楊厚之「術」，想必也有天文圖讖的成份在內，周舒傳周群，周群傳周巨，也可說是家學傳承。另外，北魏恭宗興安年間的太卜令領太史王叡，其天文專才也是源於家學傳承：

> 王叡，字洛誠，自云太原晉陽人也。六世祖橫，張軌參軍。晉亂，子孫因居於武威姑臧。父橋，字法生，解天文卜筮。涼州平，入京，家貧，以術自給。……叡少傳父業，……興安初，擢為太卜中散（大夫），稍遷為令，領太史。〔註103〕

從周群的成學過程來看，欲求精通天文星占，天資與家學或許重要，但更需要為學者不辭辛勞、日夜努力，才能做到「所言多中」的境界。周群因家境富有，能請家奴代觀天象，有異象時才報與周群，親自觀測，一般人恐怕無

〔註100〕有關這三大天文家族的討論，請詳參本文第五章第一節。
〔註101〕見《三國志》卷四十二〈蜀書·周群傳〉，頁1020～1021。
〔註102〕以上所述有關楊氏一族的事跡，可詳參《後漢書》卷三十上〈楊厚傳〉，頁1047。
〔註103〕見《魏書》卷九十三〈王叡傳〉，頁1988。

此能力。王叡之父王橋，雖通天文卜筮，但不得其門入朝爲官，只能落得在街頭以卜算維生，境遇堪憐。可見天文家頗多家學傳承，其實也是有著實際教育上的難處，因爲以此術數干祿，並非易事，成學過程又是如此漫長艱辛，若非自家子弟，願意習學者，恐亦不夥，也難怪有人連自子弟都不願令其學習。

第三節　非正式天文機構與天文人員

對於帝王而言，將天文機構獨佔且壟斷，固然有助於掌握天象徵驗的解釋大權，避免他人對政權的窺視。不過，矯枉過正的結果則是，是否也必須擔憂只此一家、別無分號的天文機構，萬一觀測、紀錄不實，或對天象的解釋，不盡如人意時，又該如何制衡？在史料中，少見帝王以直接手段干預天文機構運作的例子，顯見天文官多半仍可獨立行使其職權，但這並不代表天文官就能夠完全保持政治立場的中立。在下一章有關天文與政治關係的討論中，將可以看到，在歷代帝位轉移的過程中，天文官的政治傾向如何，經常影響其天文觀測與占驗的可信度。有時爲了迎合新的當權者，會不惜捏造假的天象徵驗，以逼退在位者。而天文官爲求奉承主上，隱瞞事實或假報占象的事，也時有所聞，例如隋煬帝時的太史令袁充，爲博楊廣歡心，便經常捏造天象，或者對天象妄作解釋：

> 其後熒惑守太微者數旬，于時繕治宮室，征役繁重，充上表稱「陛下修德，熒惑退舍」。百僚畢賀。帝大喜，前後賞賜將萬計。時軍國多務，充候帝意欲有所爲，便奏稱天文見象，須有改作，以是取媚於上。……其後天下亂，帝初罹雁門之厄，又盜賊益起，帝心不自安。充復假託天文，上表陳嘉瑞，以媚於上曰：「……謹按去年已來，玄象星瑞，毫釐無爽，謹錄尤異，上天降祥，破突厥等狀七事。其一，去八月二十八日夜，大流星如斗，出王良北，正落突厥營，聲如崩牆。其二，八月二十九日夜，復有大流星如斗，出羽林，向北流，正當北方。依占，頻二夜流星墜賊所，賊必敗散。其三，九月四日夜，頻有兩星大如斗，出北斗魁，向東北流。依占，北斗主殺伐，賊必敗。其四，歲星主福德，頻行京、都二處分野。依占，國家之福。其五，七月內，熒惑守羽林，九月七日已退舍。依占，不

出三日，賊必敗散。其六，去年十一月二十日夜，有流星赤如火，
從東北向西南，落賊帥盧明月營，破其橦車。其七，十二月十五日
夜，通漢鎮北有赤氣互北方，突厥將亡之應也。……豈非天贊有道，
助殲兇孽？」……帝每欲征討，充皆預知之，乃假託星象，獎成帝
意，在位者皆切患之。〔註104〕

這是一個天文人員假藉天象，以欺上曚下的典型案例，袁充所云占象，除其
假造者外，純粹從天文星占的角度來說，其實並無大錯。但當時隋朝江山分
崩離析的實情，則是「區宇之內，盜賊蜂起，劫掠從官，屠陷城邑。近臣互
相掩蔽，隱賊數不以實對。或有言賊多者，輒大被詰責，各求苟免，上下相
蒙，每出師徒，敗亡相繼。戰士盡力，必不加賞，百姓無辜，咸受屠戮。黎
庶憤怨，天下土崩。」〔註105〕或許正是遇上了楊廣此等「至於就擒而猶未
之寤也」的帝王，因此袁充之輩，才能假藉天文行其奉承之計。另外在《資
治通鑑‧唐紀》中也記載，在唐懿宗咸通年間，曾有天文官假報天文占驗之
事：

（唐懿宗咸通五年）三月，丁酉，彗星出於婁，長三尺。己亥，司
天監奏：「按《星經》，是名含譽，瑞星也。」上大喜。請宣示中外，
編諸史冊。從之。〔註106〕

傳統星占觀念中，慧星之現，鮮有佳兆，但對已經風雨飄搖的李唐皇室而言，
視慧星為吉星，似乎也是自我安慰的方式之一，天文官自然也樂得以凶為吉、
隱憂而報喜。難怪胡三省會在此條之下注評曰：「唐末司天官昏迷天象，以妖
為祥。」

　　帝王們當然心裏明白，天文機構既然可以製造有利於皇室的天象徵驗，
若是全盤相信而無制衡，那豈不被天文官玩弄於股掌之間？所以除了以上所
論述的正式天文機構與天文人員之外，中古時期的某些帝王在位時，還因其
特殊需要，而設置了一些非正式的天文機構與人員。帝王之所以如此做，一
般而言是起於兩個原因，一是對某當事者的厚愛，因其不願意在正式的天文
機構中任職，受官場繁文縟節的束縛。為求攏絡，只好由政府出錢出力，為

〔註104〕詳參《隋書》卷六十九〈袁充傳〉，頁1612～1613。
〔註105〕詳見《隋書》卷四〈煬帝紀下〉，頁95。
〔註106〕詳參《資治通鑑》卷二百五十〈唐紀六十六‧懿宗咸通五年三月丁酉〉條，
　　　　頁8108。

其在別處另設一天文觀測機構。例如唐太宗對道士薛頤，就屬這一類的情形。薛頤本是隋人，乃滑州出身的道士，「解天文律曆，尤曉雜占」，入唐後，為秦王李世民幕僚，曾在玄武門事變之前，密謂李世民曰：「德星守秦分，王當有天下，願王自愛。」因而得到李世民的推薦，入朝任太史丞，累遷太史令。貞觀以後，薛頤對於仕途漸感怠勤：

> 上表請為道士，太宗為置紫府觀於九嵕山，拜頤中大夫，行紫府觀主事。又敕於觀中建一清臺，候玄象，有災祥薄蝕謫見等事，隨狀聞奏。前後所奏，與京臺李淳風多相符契。〔註107〕

此一清臺既可觀候玄象，又見災祥薄蝕謫見等事，尚須隨狀奏聞，顯然並非普通的道教臺觀，而具有靈臺的性質。想必也有相關的觀測與紀錄的輔助人手，供薛頤使喚，其所奏又被拿來跟主管京師靈臺的李淳風所測相提並論，似乎頗有外天文臺的味道在。

另一個之所以會設立非正式天文機構的原因，則是普遍起於帝王對天文官的信任不足。天文觀測與紀錄，是一門相當專業且複雜的工作，某些偶然發生的天象，如流星的劃空而過，通常只有徹夜守候觀察的天文人員，才是現場的目擊證人。他們的觀測與紀錄是否確實，就成了帝王能否正確反應的重要關鍵。而天文機構又經常是中央政府獨佔壟斷，雖可收一言堂的效果，但有時帝王本身也不免要懷疑，是否所得到的資訊是完全正確的。於是有些不能完全信賴天文機構的帝王，便在正式機構之外，另設與其關係更親近、更容易控制，且可與正式機構相制衡的體制外天文機構或人員。最早的例子，可見於十六國時期後趙的石虎：

> 後庭服綺縠、玩珍奇者萬餘人，內置女官十有八等，教宮人星占及馬步射。置女太史于靈臺，仰觀災祥，以考外太史之虛實。〔註108〕

「以考外太史之虛實」，一語道出帝王之所以要別設天文機構的基本心態，就是無法完相信天文官，才使太史有內外之分，而經常對內太史的信任，又遠過於外太史。石虎在此時即以女官為內太史，這在中國天文史上，可算是個創舉，可惜資料僅止於此，無法確知這些供職於宮中天文機構的女官們，是如何選拔、教育與工作情形，不然，倒可為陽剛味極濃的天文史研究，增添幾許柔趣。南朝的宋明帝劉彧也是如此，不信太史，而相信太史的主管——

〔註107〕見《舊唐書》卷一百九十一〈方伎·薛頤傳〉，頁5089。
〔註108〕見《晉書》卷一百六〈石季龍載記上〉，頁2764。

太常丞虞愿，只是用的方法不太一樣：

> 帝性猜忌……星文災變，不信太史，不聽外奏，勅靈臺知星二人給
> 愿，常直內省，有異先啓，以相檢察。〔註109〕

至於隋煬帝楊廣雖然信得過太史令袁充，但爲求進一步瞭解天文星占的眞象，還是格外要求袁充代其訓練一批能解天文星占的宮人：

> 煬帝又遣宮人四十人，就太史局，別詔袁充，教以星氣，業成者進
> 內，以參占驗云。〔註110〕

楊廣此舉與後趙的石虎，頗有異曲同工之妙，藉由訓練一批懂天文占驗但不涉入政治的女宮人，確切掌握天象吉凶的意涵與解釋權，避免遭天文官所欺矇。也可警惕天文官們，在從事天象觀測與解釋時，不可馬虎行事。唐代曾在司天監之外，另於與帝王關係近密的翰林院設有「翰林占星」，〔註111〕應該也是爲求制衡天文機構，確保天文占驗爲己所用的作爲。

這種體制外的天文機構或天文官的設置，在中古時期，多屬少數帝王的個人作爲，官方組織上並不納編這類機構與人員，從史料上來觀察，多數帝王還是可以信得過體制內的天文職官。不過，這種萌生於中古時期的少數帝王，將天文機構分內、外，以收相互監督制衡之效的觀念，到了宋代，卻成爲一種定制，在皇城內設翰林天文院，司天監則另設於皇城之外。兩單位互不隸屬，依規定，不得互通聲息，觀測所得與占候紀錄，各別封送宮中，以考校其虛實。〔註112〕可見此等濫觴於中古時期的內、外太史觀念，有其深遠的歷史影響，雖非正式機構仍不宜加以忽視。

〔註109〕見《南齊書》卷五十三〈虞愿傳〉，頁915。
〔註110〕見《隋書》卷十九〈天文志上〉，頁505。
〔註111〕之所以得知唐代設有翰林占星一職，乃源自於《舊唐書》卷十四〈順宗本紀・
　　　　貞元二十一年二月丙午〉條云：「罷翰林醫工、相工、占星、射覆、冗食者四
　　　　十二人」（頁405），這些伎術人員是否常設，不得而知，但顯然功能不大，
　　　　徒食俸祿，順宗才會一即位就急於將其斥罷。
〔註112〕有關這一方面的研究，其詳可參龔延明〈宋代天文院考〉（《杭州大學學報》
　　　　1984年第2期）。

圖一：唐代肅宗改制前天文機構位置圖

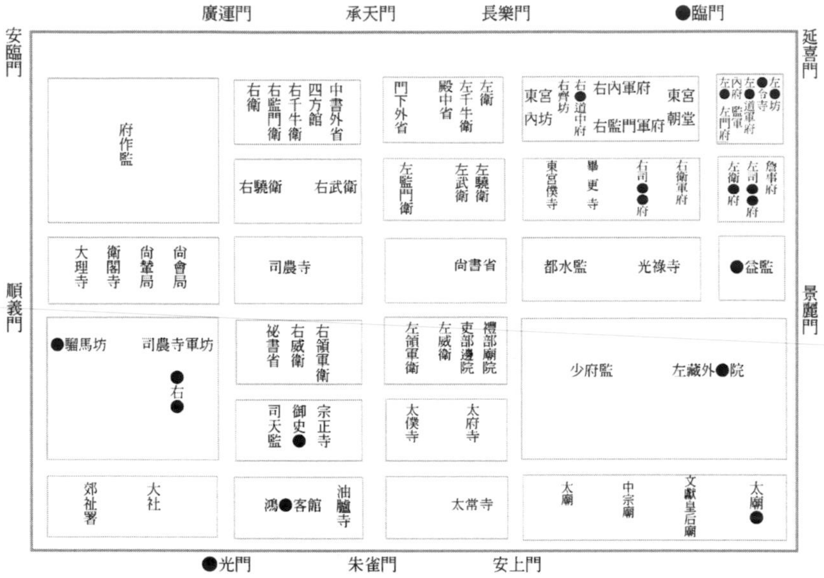

圖二：唐代肅宗改制後天文機構位置圖

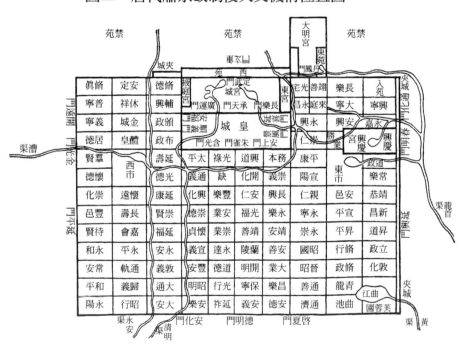

取材自清・徐松《唐兩京城坊考》（台北：世界書局，1984 年）

第三章　天文星占的政治功能

　　中國的傳統天文，向來具有濃烈的政治性格，有人甚至直呼古代中國的天文學是「應用的政治科學」。〔註1〕以王朝建立的過程而言，逐鹿中原時，必須藉天文的玄秘來自抬身價，解釋自己之所以能稱霸天下的天意基礎。王朝建立後，更要藉天文來掌控天下大勢，隨時預知天意所在，避免大命再一次轉移至他人之手。因為相信天象與人事間的密切相關，許多帝王的政治措施，均是秉承天意行事，因日蝕星變而行大赦、避正殿，在中國歷史上，可謂史不絕書。而在歷代的帝位繼承權爭奪與政治人物間的彼此相互傾軋，更是經常假藉天文星變助陣。中古時期政權更替頻仍，在隋唐統一天下之前，就有三國、五胡十六國、南北朝等多元政權並存的時代，各個小王朝如何藉由天文以爭取支持、擄獲民心，證明本身帝位的適法性，是本章第一節所要討論的重點。第二個部份，要討論的是在各個時代中，天文星占如何影響帝王的施政作為。最後，則要探討歷代王朝的帝位爭奪戰與各式政治糾葛中，天文星占所扮演的角色為何。

第一節　天命與正統

　　天命與正統，是在群雄競逐或多國鼎立時，常被提及的政治觀念，其內涵涉及中國自古以來複雜的天人合一的政治思想，不容在此詳述。〔註2〕簡而

〔註1〕 詳參艾伯華（Wolfram Eberhard）著、劉紉尼譯：〈漢代天文學與天文學家的政治功能〉，收入劉紉尼、段昌國、張永堂譯《中國思想與制度論集》（臺北：聯經出版事業公司，1976年）

〔註2〕 天人合一及天命思想，是中國哲學與思想史上的大命題，自古以來討論不斷，近人唐君毅對此有一段精闢扼要的解說謂：「天人合一是中國哲學上的中心觀

言之，天命意即天的任命、天的旨意，在視天爲最高權威的傳統中國政治觀中，是最終的權力來源，也是至高無上的統治法源。而所謂正統，指的是政權本身取代前朝的正當性及其昭告天下的代表性，對內可證明其無可取代的威信，對外則用以宣示天命在己。天命與正統，均無具體表徵，必須經由某些天象符瑞，透過人爲巧妙解釋，才能彰顯其意義。因此，誰能掌握解釋天意的權利，自然就比較容易取得天命的恩寵，在皇權的競逐中，居於有利的地位。這也就是爲甚麼中國歷朝歷代，均設有天文機構與天文官員的重要原因。主要目的即藉由對天象的觀測與紀錄，將其對應於人世間的現象，加以對當權者有利的解釋，以確保天命與正統不會遠離。

一、天文星占與三鼎國立

東漢末年，國家陷入長期動亂，各方群雄競起，打著各種旗號，都想進而一統天下。對應於現實的政局，各種漢室天命已終、當有能應新天命者出的論述，紛紛出籠。曹魏政權，因獨擁挾天子以令諸侯的優勢，最爲天命說

念——這一觀念直接支配中國哲學之發展，間接支配中國之一切社會政治文化的理想。」（《唐君毅全集》卷十一《中西哲學之比較論文集·如何了解中國哲學上天人合一之根本觀念》，頁 128，臺北：臺灣學生書局，1988 年）馮友蘭在談到董仲舒的天人合一論時也說道：「董仲舒的天人感應說的實際的社會意義有兩方面。地主階級以專制主義的君主作爲它的代理人。但是代理人的利益和地主階級的長遠利益有時也是有矛盾的。以皇帝爲中心的君權勢力和其它階層的地主階級勢力也存在著一定的矛盾。因此，地主階級覺得，對於代理人的勢力也需要有適當的限制。可是在他的絕對權威下，什麼力量可以限制呢？這就要用虛構中的『天』的力量。」（見《中國哲學史新編》第三冊，頁 76，臺北：藍燈文化事業公司，1991 年）後人對於這方面的議論頗多，其詳可參以下幾本著作：金忠烈：〈天人和諧論——中國先哲有關天人學說之研究〉（臺北：中國文化學院三民主義研究所博士論文，1974 年）、楊慧傑：《天人關係論》（臺北：水牛圖書出版公司，1989 年）、施湘興：《儒家天人合一思想之研究》（臺北：正中書局，1981 年）。天命思想影響到史學及皇權繼承上的正統論，有關正統論的研究也不少，主要可參考趙令揚：《關於歷代正統問題之爭論》（香港：學津出版社，1976 年），此書附錄有豐富的參考著作，此外還可參考以下資料：傅鏡暉：〈中國歷代正統論研究：依據春秋公羊傳精神的正統論著分析〉（臺北：政治大學政治學研究所碩士論文，1991 年）、謝政諭：〈中國正統思想的本義、爭論與轉型——以儒家思想爲核心的論述〉（《東吳政治學報》第 4 期，1995 年）、楊安華：〈中國正統思想之基礎溯源〉（《臺南家專學報》第 16 期，1997 年）、範立舟：〈從「合天下於一」到「居天下之正」：宋儒正統論之內容與特質〉（《中國文化月刊》第 230 期，1999 年）。

所關注。早在獻帝建安初年，曹操初迎獻帝時，即有天文官向曹操陳說天命：

> 初，天子敗於曹陽，欲浮河東下。侍中太史令王立曰：「自去春太
> 白犯鎮星於牛斗，過天津，熒惑又逆行守北河，不可犯也。」由
> 是天子遂不北渡河，將自軹關東出，立又謂宗正劉艾曰：「前太白
> 守天關，與熒惑會；金火交會，革命之象也。漢祚終矣，晉、魏
> 必有興者。」立後數言于帝曰：「天命有去就，五行不常盛，代火
> 者土也，承漢者魏也，能安天下者，曹姓也，唯委任曹氏而已。」
> 公（按：即曹操）聞之，使人語立曰：「知公忠于朝廷，然天道深
> 遠，幸勿多言。」〔註3〕

王立所言豈是忠於朝廷？只不過是衡度時勢，知漢室終將覆亡，曹氏最有可
能取而代之，而藉天象故作玄虛之論，以謀一旦曹氏政權成立時，為自己求
得安身立命的後路罷了。而從曹操的反應可以看出，其圖謀不軌之心，早已
昭然若揭，只是時機未成熟，不便於行事。但他也知道將來一旦要宣告天命
轉移、取漢室而代之，仍舊需要王立之輩的說詞，以昭信天下人，因此對王
立所言，非但不降罪，還勉勵有加。之後到了獻帝建安二十四年冬，又有孫
權上書論天命：

> 孫權上書稱臣，稱說天命。王（按：指魏王曹操）以權書示外曰：「是
> 兒欲踞吾著爐火上邪？」侍中陳群、尚書桓階奏曰：「漢自安帝已來，
> 政去公室，國統數絕，至於今者，唯有名號，尺土一民，皆非漢有，
> 期運久已盡，曆數久已終，非適今日也。是以桓、靈之間，諸明圖
> 緯者，皆言『漢行氣盡，黃家當興』。殿下應期，十分天下而有其九，
> 以服事漢，群生注望，迄適怨歎，是故孫權在遠稱臣，此天人之應，
> 異氣齊聲。臣愚以為虞、夏不以謙辭，殷、周不吝誅放，畏天知命，
> 無所與讓也。」〔註4〕

從曹操收到孫權上書稱說天命時的訝異表現，到群臣聽聞後的極力推荐，正
反應出天命說的兩個層次：一是形式上，必須由下而上，由臣子們的分析解
說，「提醒」統治者應該順從天命與天意；另一是在實質上，「謙虛」的統治
者，依例要表現在出不敢承受的雍容態度，待滿朝文武齊聲稱頌後，才「不
得已」答應接受。曹操的驚訝或真或假，無從考究，但曹操終其一生，確實

〔註3〕見《三國志》卷一〈魏書・武帝紀〉頁13～14，裴注引張璠《漢紀》。
〔註4〕見《三國志》卷一〈魏書・武帝紀〉頁52，裴注引《魏略》。

未移漢祚。而到其子曹丕時，情勢已經無可再讓，臣子們的天命轉移說，甚囂塵上，使曹丕有機會完整地操作一次天命說的兩個層次，用以建立新政權。當時的左中郎將李伏即上表稱：

> 殿下即位初年，禎祥眾瑞，日月而至，有命自天，昭然著見。〔註5〕

而在李伏上表後，魏王侍中劉廙、辛毗、劉曄、尚書令桓階、尚書陳矯、陳群、給事黃門侍郎王毖、董遇等人也上言：

> 臣伏讀左中郎將李伏上事，考圖緯之言，以效神明之應，稽之古代，未有不然者也……天之所命以著聖哲，非有言語之聲，芬芳之臭，可得而知也，徒縣象以示人，微物以效意也……殿下踐祚未期，而靈象變於上，群瑞應於下，四方不羈之民，歸心向義，唯懼在後。〔註6〕

但不論是天象或符瑞，由諸大臣提出，總不免有溢美之嫌。若是能由專業的天文官員提出，其對世人的說服力，自然不同凡響。果然，不久後，太史丞許芝主動表態，上奏條陳「魏代漢見讖緯於魏王」。許芝以其專業天文技術官的背景，對天命說的解釋，頗具代表性，其意見也屢為其他人所稱引。許芝的這封奏疏，內容龐雜，約略可分成五大部份，第一部份是引用《易傳》所言，說明黃龍見、蝗蟲見、麒麟見為受命之符，而在當時三者皆見。第二部份是解釋各種讖緯學說，證明魏之所以代漢、都許昌等，皆可在讖緯中尋得依據。第三部份是以期運之說，條述自古帝王易姓，以七百二十年為一軌，而自漢高祖起算，至曹丕時已近此數，天之曆數將以盡終，當有新姓起而代之。第四部份則是引用五行理論，說明何以火德衰而土德將興，勸進曹丕代漢，謂其正如黃帝、舜、禹、湯、文、武、漢高祖之相代般，符合天意，無需謙讓推辭。最後一部份，則是從天文星占的角度，說明天降瑞應，其命在曹氏：

> 帝王之興，不常一姓。太微中，黃帝坐常明，而赤帝坐常不見，以為黃家興而赤家衰，凶亡之漸。自是以來四十餘年，又熒惑失色不明十有餘年。建安十年，彗星先除紫微，二十三年，復掃太微。新天子氣見東南以來，二十三年，白虹貫日，月蝕熒惑，比年己亥、壬子、丙午日蝕，皆水滅火之象也。〔註7〕

依五行理論，劉漢為火德，色象赤，代火者為土，色象黃。熒惑（即火星）

〔註5〕見《三國志》卷二〈魏書‧文帝紀〉頁63，裴注引《獻帝傳》。
〔註6〕見同上註。
〔註7〕見同上註，頁64。

本色爲赤,「失色不明十有餘年」,正象徵漢室的衰微。再加上彗星、日蝕等諸多不利於在位帝王的天象示警,似乎都在預告著漢室將滅,新天子將興。而天下又以誰最能應新天命呢?許芝在該奏疏中,再從天文星占的角度,提出他的見解:

> 夫得歲星者,道始興。昔武王伐殷,歲在鶉火,有周之分野也。高祖入秦,五星聚東井,有漢之分野也。今茲歲星在大梁,有魏之分野也。而天之瑞應,並集來臻,四方歸附,祇負而至,兆民欣戴,咸樂嘉慶。《春秋大傳》曰:「周公何以不之魯?蓋以爲雖有繼體守文之君,不害聖人受命而王。」周公反政,《尸子》以爲孔子非之,以爲周公不聖,不爲兆民也。京房作《易傳》曰:「凡爲王者,惡者去之,弱者奪之。易姓改代,天命應常,人謀鬼謀,百姓與能。」〔註8〕

歲星即木星,因其「歲行一次,十二年一周天。與太歲相應,故日歲星。人主之象,主仁,主義,主德。」〔註9〕傳統天文爲求人事與天文相對應,自古即有所謂「分野觀」,即將天上星宿與人間國度相對照,再依天象吉凶,來判斷其對應的人間國度,當在何地,古來各家分野說不同,綜合可見下表所示。

表二:中古以前典籍中所見天文分野一覽表〔註10〕

出處典籍／十二星次	周禮·保章氏	呂氏春秋·十二紀 宿次	分野	史記·天官書 宿次	分野	淮南子·天文訓 宿次	分野	漢書·地理志 宿次	分野	晉書·天文志 宿次	分野	乙巳占 宿次	分野	開元占經 宿次	分野	靈臺秘苑 宿次	分野
		斗	吳	斗	吳	斗、牛	越	斗	吳								
星紀	吳、越	牛、女	越	牛、女		女	揚州	女	吳	牛、女	粵	南斗12-女7度	吳、越;揚州	南斗12-女度	吳、越	南斗牛11-女7度	吳、越
玄枵	齊	虛、危	齊	虛、危	青州	虛、危	齊	虛、危	齊	女8-危15度	齊、青州	女、虛女8-危15度	齊	女8-危15度	齊、青州	女、虛、危;女7-危16度	齊

〔註8〕見同上註,頁65。
〔註9〕見唐·瞿曇悉達《開元占經》卷二十三〈歲星占一〉,頁351(收入李零主編、伊世同點校《中國方術概觀·占星卷》北京:人民中國出版社,1993年)。
〔註10〕本表之製作,係參考李勇〈中國古代的分野觀〉(《南京大學學報·哲社版》1990年第5、6期)一文而來。

星次																	
娵訾	衛	室、壁	衛	室、壁	井州	室、壁	衛	室、壁	衛	危16-奎4度	危、室壁;危奎16-4度	衛	危奎16-4度	衛;井州	危奎16-4度	室、壁;危奎16-4度	衛
降婁	魯	奎、婁	魯	奎、婁、胃	徐州	奎、婁	魯	奎、婁	魯	奎5-胃6度	魯;徐州	奎、婁;奎5-胃16度	魯	奎5-16度	魯;徐州	奎、婁4-胃6度	魯
大梁	趙	胃、昂、畢	趙	昂、畢	冀州	胃、昂、畢	魏	昂、畢	趙	胃7-畢11度	趙;冀州	胃昂;胃7-畢11度	趙	胃7-11度	趙;冀州	胃昂、畢;胃6-畢11度	趙
實沉	晉	觜、參	魏、晉	觜、參	益州	觜、參	趙	觜、參	魏	畢12-井15度	魏;益州	畢、觜參;畢12-井15度	晉、魏	畢12-15度	魏;益州	觜、參;畢11-井10度	晉、魏
鶉首	秦	井、鬼	秦	井、鬼	雍州	井、鬼	秦	井、鬼;井10-柳3度	秦	井16-柳8度	秦;雍州	井、鬼;井16-柳8度	秦	井16-8度	秦;雍州	井、鬼;井15-柳8度	秦
鶉火	周	柳、星、張	周	柳、星、張	三河	柳、星、張	周	柳、星、張;柳3-張12度	周	柳9-張16度	周;三河	柳、星、張;柳9-張16度	周	柳9-17度	周;三河	柳、星、張;柳8-張16度	周
鶉尾	楚	翼、軫	楚	翼、軫	荊州	翼、軫	楚	翼、軫	楚	張17-軫11度	楚;荊州	翼、軫;張17-軫11度	楚	張18-11度	楚;荊州	翼、軫;張16-軫12度	楚
壽星	鄭	角、亢、氐	韓、鄭	角、亢、氐	兗州	角、亢	鄭	角、亢、氐;亢6度;井6-亢6度	韓、鄭	軫12-氐4度	鄭;兗州	角、亢;軫12-氐4度	鄭	軫12-4度	鄭;兗州	角、亢;軫12-氐4度	鄭
大火	宋	房、心	宋	房、心	豫州	氐、房、心	宋	房、心	宋	氐5-尾9度	宋;豫州	氐、房、心;氐5-尾9度	宋	氐5-9度	宋;豫州	氐、房、心;尾9-斗11度	宋
析木	燕	尾、箕	燕	尾、箕	幽州	尾、箕	燕	尾、箕	燕	尾、箕;尾4-斗6度	燕;幽州	尾南斗10-11度	燕	尾南斗10-11度	燕;幽州	尾、箕;尾斗9-11度	燕

　　依照中國傳統的星占觀念，歲星所在的分野之國，確實得天之佑，在唐人瞿曇悉達所輯的《開元占經》中，即有多種相關說法，如：

　　石氏曰：「歲星所在之國，不可伐，可以伐人。」

　　甘氏曰：「邦將有福，歲星居留之。」

　　《淮南子》曰：「歲星之所居，五穀豐昌，其對為沖，歲乃有殃。」

　　《荊州占》曰：「歲星所居之宿，其國樂，所去宿，其國飢。又曰所
　　從野，有慶，所去，起兵。」又：「歲星居次順常，其國不可以加兵，
　　可以伐無道之國，伐之必克。」又曰：「歲星所留之舍，其國五穀成
　　熟。」〔註11〕

因歲星十二年方循環一次，其輪值到的宿次，所對應的人間國度，自來為占
星家所重視。許芝先舉周、漢為例，說明其得天下時的歲星現象，再將其導
引至當時的歲星在大梁之次，依天文分野觀而論，於魏有利。其結論是：「伏
維殿下體堯舜之盛明，膺七百之禪代，當湯武之期運，值天命之移受，河洛
所表，圖讖所載，昭然明白，天下學士所共見也。臣職在史官，考符察徵，
圖讖效見，際會之期，謹以上聞。」許芝這篇奏疏，可稱得上是當時多篇勤
進奏疏中的典範之作，點明了自古以來天文星占所包含的繁複內涵，除去最
直接相關的天文星象之外，也涵括符端、讖緯、曆數、陰陽五行等相關學門。
因此在討論天文星占的歷史影響時，同時也必須兼顧及這幾個有關的項目。
許芝以其專業身份的背景，所言具有公信力，其內容更常為其他大臣所徵引，
〔註12〕或者甚至加以補充解釋，〔註13〕足見天文官在討論天命移轉過程中，
有其一定的權威與地位。獻帝在下詔禪位時也說：「仰瞻天文，俯察民心，炎
精之數既終，行運在乎曹氏」，曹丕在幾次形式上的推讓不成之後，最後終於
以「天命不可以辭拒，神器不可以久曠，群臣不可以無主，萬幾不可以無統」
〔註14〕為由，在群臣一片擁戴聲中，取劉氏而代之，完成其策劃已久的禪代
大業，天文與天文官在此過程中的運作痕跡，處處可見。

〔註11〕俱同上註9。
〔註12〕如當時的侍中辛毗、劉曄、散騎常侍傅巽、魏臻、尚書令桓階、尚書陳矯、陳
　　　　群、給事中傳士騎都尉蘇林、董巴等奏曰：「伏見太史丞許芝上魏國受命之符，
　　　　令書懇切，允執謙讓，雖舜、禹、湯、文，義無以過。」以下才是一番天命轉
　　　　移如何如何之類的勤進之詞。又如督軍御史中丞司馬懿、侍御史鄭渾、羊秘、
　　　　鮑勛、武周等人上言有道：「伏讀太史丞許芝上符命事，臣等聞有唐世衰，天命
　　　　在虞，虞氏世衰，天命在夏；然則天地之靈，曆數之運，去就之符，惟德所在。」
　　　　相國華歆、太尉賈詡、御史大夫王朗及九卿等上言道：「臣等被召到，伏見太史
　　　　丞許芝、左中郎將李伏所上圖讖、符命，侍中劉廙等宣敘眾心，人靈同謀。」（以
　　　　上引文分見《三國志》卷二〈魏書・文帝紀〉頁63～66，裴注引《獻帝傳》。）
〔註13〕如給事中蘇林、董巴就在許芝之後，針對其所言「天有十二次以為分野，王
　　　　公之國，各有所屬，周在鶉火，魏在大梁」（見《三國志》卷二〈魏書・文帝
　　　　紀〉頁70，裴注引《獻帝傳》。）一事，再上表深論。
〔註14〕見《三國志》卷二〈魏書・文帝紀〉頁75，裴注引《獻帝傳》。

　　相對於魏，蜀、吳二國的臣屬，自然也必須爲其主子，尋繹一套天命在我的理論，來解釋即帝位的正當性，這當然還是得靠天文星占與天文官的幫忙。

　　就在曹丕稱號改元的同時，消息傳到蜀漢，劉備向以漢室正統自居，怎肯屈居人下？先是劉豹、向舉、譙周等人上言，稱引符瑞，繼由許靖、諸葛亮等再作勸進。綜合其前後兩番勸進奏疏的內容來看，大體上仍不脫上述魏太史丞許芝所言的符瑞、圖讖、天文星占等範疇。只是各爲其主的結果，對於天象所示究竟天命在誰一事，彼此間有著截然不同的看法：

> 臣父群未亡時，言西南數有黃氣，直立數丈，見來積年，時時有景雲祥風，從璿機下來應之，此爲異瑞。又二十二年中，數有氣如旗，從西竟東，中天而行，《圖》、《書》曰『必有天子出其方』。加是年太白、熒惑、填星，常從歲星相追。近漢初興，五星從歲星謀，歲星主義，漢位在西，義之上方，故漢法常以歲星候人主。當有聖主起於此州，以致中興。時許帝尚存，故群下不敢漏言。頃者熒惑復追歲星，見在胃昴畢；昴畢爲天綱，《經》曰『帝星處之，眾邪消亡』。聖諱豫睹，推揆期驗，符合數至，若此非一。臣聞聖王先天而天不違，後天而奉天時，故應際而生，與神合契。願大王應天順民，速即洪業，以寧海內。〔註15〕

相傳曹丕即位時，曾有五星聚宿之事，而傳統星占觀認爲，五星聚於一宿，乃帝王將興的瑞應，依其所聚之宿，在天文分野中，所對應的人間國度，來判斷何人常天下。最出名的例子，即劉邦入關中時，五星會於東井之事。〔註16〕而同一天象，到了蜀國臣子的手中，則成了四星聚宿，到底何者爲眞，頗難分辨。〔註17〕而即使聚星現象爲眞，天文專家仍舊可以因所依據資料的不同，對於同

〔註15〕 見《三國志》卷三十二〈蜀書・先主傳〉頁 887～888。

〔註16〕 Huang Yi-long（黃一農），"A Study on FivePlanet Conjunctions in Chinese History.", *Early China*, 15, 1990, PP.97-112.

〔註17〕 請再參上註。據《宋書》卷二十五〈天文志三〉云：「建安二十二年，四星又聚。二十五年而魏文受禪，此爲四星三聚而易行矣。……魚豢云：『五星聚冀方，而魏有天下』。」（頁 736）足見到了南朝時，對於魏文帝即位時，究係五星聚宿或四星聚宿，即有相當分岐的看法。其實歷史上很多五星聚合的瑞應，均是臣子假造以奉承主上的。據黃一農在前註引文中所論，西漢以後至清朝之間，五星聚合現象，總共發生過七次，但其中並未有三國時代的這一次，顯然魚豢所言大有問題。或許也正因其本是臣下造假以爲勸進之資，才會有

一天象，作出南轅北轍的判讀。許芝等人以歲星在大梁，屬冀州，於廿八宿爲胃昴畢，天文分野在魏，而主魏王應有天下。但在蜀國識天文者的解釋下，歲星在胃昴畢，卻象徵分野在益州，主「當有聖主起於此州，以致中興」，蜀國眾臣於是引用此一四星聚合現象爲劉備之應，勸進他要儘速稱帝。〔註18〕

　　面對魏、蜀兩國，一方以禪代繼統，一方以中興漢室爲名，都競相徵引各種天文瑞應，強化其帝位的合法性。偏居東南的孫權，因爲不易尋得眾人信服的著力點，在這方面略顯吃虧。不過，在得知曹丕、劉備相繼稱帝後，孫權自然也不甘雌伏，史載：

> 權聞魏文帝受禪而劉備稱帝，乃呼問知星者，己分野中星氣何如？
> 遂有僭意。〔註19〕

雖然在史料中未見孫權稱帝時的天文事應，但從孫權呼問知星者，希望探知自己的分野中，究竟有無稱帝的徵兆看來，如何能以天文來證明自己稱帝的正當性，仍是其最重視者。而其在黃龍元年登基時的告天文中，也說明了對天命說的信念：

> 權生於東南，遭值期運，承乾秉戎，志在平世，奉辭行罰，舉足爲
> 民。群臣將相，州郡百城，執事之人，咸以爲天意已去於漢，漢氏
> 已絕祀於天，皇帝位虛，郊祀無主。休徵嘉瑞，前後雜沓，曆數在
> 躬，不得不受。權畏天命，不敢不從。〔註20〕

在一個多國鼎立的時代中，不同國度的人，所見其實是同樣的天象，但爲了證明本身的正統地位，不論天象所示爲何，都必須朝對自身政權有的方向作解釋，甚至不惜假造天象。有時連統治者也不禁要懷疑，究竟甚麼樣的天文徵應，才是眞正可以採信的？魏初就曾經發生這麼一件事例：

> 魏明帝問（黃）權：「天下鼎立，當以何地爲正？」權對曰：「當以
> 天文爲正。往者熒惑守心而文皇帝崩，吳、蜀二主平安，此其徵也。」
> 〔註21〕

黃權本是蜀國人，蜀亡後降入魏，魏明帝有此一問，自是想測試其忠誠

　　四星聚、五星聚等不同的説法。
〔註18〕有關魏蜀兩國對於同一天象的差異解釋，其較詳細的討論，可參范家偉〈受禪與中興：魏蜀正統之爭與天象事驗〉（《自然辯證法通訊》，1996年6月）
〔註19〕見《三國志》卷四十七〈吳書·吳主傳〉頁1123，裴注引《魏略》。
〔註20〕見《三國志》卷四十七〈吳書·吳主傳〉頁1135，裴注引《吳錄》。
〔註21〕見《三國志》卷四十三〈蜀書·黃權傳〉頁1045，裴注引《蜀記》。

度如何，而其回答應該甚合魏明帝之意。不過，黃權的回答，多少也反應出，三國時代，人們對於如何以天文驗證政權正統性的觀念。「熒惑守心」，自古以來，便是一個極不利於統治者的天象。一旦發生，通常象徵帝王或國家，將有重大災難，在漢代，甚至有不惜將丞相賜死以禳災的舉動。〔註22〕但此一凶險的天象，到了黃權的口中，卻成了解釋王國鼎立的時代中，何者方爲正統的有利工具，魏文帝應了此一凶象而過世，正是魏國爲人間正統的天象表徵。天文在妙用正在此，解釋者只要能投主所好，任何天象均不乏於己有利的一面，像黃權這般，既可避免自己先後爲蜀、魏兩個敵對政權服務，身份轉換上的尷尬，也同時滿足了魏明帝想以正統自居的企圖，可謂一舉兩得。一句「當以天文爲正」，正說明了天文在正統攻防戰中的特殊地位。

　　不過，此處仍要指出的是，黃權所言，大概也只是應和當時一般星象的說法，眞僞究竟如何，有待事實的考驗。早在唐代李淳風編撰《晉書・天文志》時，即曾對此事發出質疑稱：「案三國史並無熒惑守心之文，疑是入太微」，〔註23〕李氏記道：

> （黃初）六年五月壬戌，熒惑入太微，至壬申，與歲星相及，俱犯
> 右執法，至癸酉乃出。占曰：「從右入三十日以上，人主有大憂。」

〔註24〕

從星占學來看，熒惑入太微也是一個「人主有大憂」的天象，與熒惑守心相彷，但何以會有兩種不同的天象版本？其原因恐怕就在於，天象原本不曾發生，乃出自天文官的僞造，才會有時人說法與史料記載不一的扞格情況出現。可以見出，當時人們雖然信服天文星占之說，但是眞正能以科學態度面對者並不多。對於政治人物而言，天文是爲其塑造利於己身政治處境的工具，只要運用得當，即可將其導引向於己有利的方向，至於天象的眞僞如何，往往並非其關切重點。

〔註22〕 有關熒惑守心現象的歷史研究，其詳可參張嘉鳳、黃一農〈中國古代天文對政治的影響——以漢相翟方進自殺爲例〉（《清華學報》新二十卷第二期，1990年）及黃一農〈星占、事應與僞造天象——以“熒惑守心”爲例〉（《自然科學史研究》第 10 卷第 2 期，1991 年）

〔註23〕 見《晉書》卷十三〈天文志下〉頁 362。而事實上，根據黃一農在上註所引文中的科學驗證，這一次的熒惑守心現象根本未曾發生，極可能是當時的天文官僞造以取悅明帝者。

〔註24〕 見《晉書》卷十三〈天文志下〉頁 361～362。不過，在《三國志》卷二〈魏書，文帝紀〉頁 85 中，則是將此次「熒惑入太微」的史事記在黃初五年五月壬戌日，與李淳風所記前後差整整一年。

二、天文與南北朝的政權更替

（一）南　朝

在一個政權更替頻仍的時代中，如何向世人昭告，自身政權乃天命所在的正統政權，是解釋政權正當性，相當重要的步驟之一。尤其南朝四個政權，都是在朝將臣取前代帝王而代之，天意是接受禪讓的基礎，天文與負責解釋天文的天文官，於此就更顯現其地位的特殊與重要。

東晉末年，劉裕實際上早已大權在握，隨時可以取晉恭帝而代之。但為免落人口實，仍舊要刻意地導演一齣齣謙讓的戲碼，由前朝皇帝親口坦承天命的轉移，乃不可避免之事，方才放心。恭帝在看過劉裕預擬的禪位詔書後，不感歎地「謂左右曰：『桓玄之時，天命已改，重為劉公所延，將二十載。今日之事，本所甘心。』」〔註25〕事實上，局勢已是如此，不甘心又能奈何？結果在宣佈禪位璽書後，劉裕仍然作態地推辭，史云：

> 王（按：指劉裕，時為宋王）奉表陳讓，晉帝已遜琅邪王第，表不
> 獲通。於是陳留王虞嗣等二百七十人，及宋臺群臣，並上表勸進。
> 上猶不許。太史令駱達陳天文符瑞數十條，群臣又固請，王乃從之。
>
> 〔註26〕

要特別注意的是，太史令駱達在過程中，所扮演的關鍵角色。為甚麼最後是由太史令「陳天文符瑞數十條」，緊接著「王乃從之」？因為其他王公大臣的推舉，猶可能被人解讀為阿諛奉承，劉裕自然認為如此不足以服人心，若輕易應允，豈不自曝其欲禪實篡的狼子野心？所以非得等到具天文專業背景的太史令出面，以神秘的天文符瑞，鄭重向天下人宣告，天象示意天命在劉裕。有此保證，方能杜世人收收之口，劉裕也才願意放心地接受禪讓。此處史家並未明言駱達所陳的天文符瑞為何事何物，但從《宋書・天文志》在東晉安帝到恭帝之間，劉裕掌權時期的天文星占記載來看，仍可見出當時所錄下的天象，是如何地有利於劉裕的禪代大業：

1. 義熙九年三月壬辰，歲星、熒惑、填星、太白聚於東井，從歲星也。……初，義熙三年，四星聚奎，奎、婁，徐州分。是時慕容超僭號於齊，侵略徐、兗，連歲寇抄，至於淮泗。姚興、譙縱僭偽秦、蜀。盧循、木未，南北交侵。五年，高祖（按：即劉裕）北殄鮮卑，是四星聚奎

〔註25〕見《宋書》卷二〈武帝紀〉頁 46。
〔註26〕見同上註，頁 48。

之應也。九年，又聚東井。東井，秦分。十三年，高祖定關中，又其應也……。《星傳》曰：「四星若合，是謂太陽，其國兵喪並起，君子憂，小人流。五星若合，是謂易行，有德受慶，改立王者。」……案太元十九年、義熙三年九月，四星各一聚，而宋有天下，與魏同也。（頁 735～736）

2. （義熙十一年）五月甲申，彗星出天市，掃帝座，在房、心。房、心，宋之分野。案占，得彗柄者興，除舊佈新，宋興之象。（頁 737）

3. （義熙）十二年五月甲申，月犯歲星，在左角。占曰：「為飢。留房、心之間，宋之分野，與武王伐紂同，得歲者王。」于時晉始封高祖為宋公。（頁 737）

4. （義熙）十四年五月壬子，有星孛於北斗魁中，占曰：「有聖人受命。」（頁 738）

5. （義熙十四年）七月癸亥，彗星出太微西，柄起上相星下，芒漸長至十餘丈，進掃北斗紫微中台。占曰：「彗出太微，社稷亡，天下易王。入北斗紫微，帝宮空。」一曰：「天下得聖主。」（頁 738）

6. （義熙十四年）八月癸酉，填星入太微，犯右執法，因留太微中，積二百餘日乃去。占曰：「填星守太微，亡君之戒，有徙王。」（頁 738）

7. （義熙十四年）九月丁巳，月入太微，占曰：「大人憂。」（頁 738）

8. 自義熙元年至是，太白經天者九，日蝕者四，皆從上始。革代更王，臣民失君之象也。（頁 739）

　　以上這幾條資料中，第一條是事後補記，其解釋歷史上的聚星現象，與前述三國時代許芝等人對聚星現象的解釋，如出一轍，講的無非就是以歷史事實，來說明劉裕得位的天象徵兆。至於另外七條資料，其所記天象之真偽，在此姑且不論，但從其所對應的占詞來看，顯然每一條都對司馬氏政權十分不利，且是朝著有利於劉裕的方向作解釋。天文機構本是專屬帝王的機密單位，有關的天文占驗密奏，也是只有帝王方能親覽，但從這些明顯大逆不道的占詞看來，恐怕這些天文密奏並非上送皇室，而是直達宋王府中。劉裕早就知道這些有利於己的天文機密，只是礙於體制，不能隨意聲張，且須將其作為取得政權的最後一張王牌。但是如果一直秘不示人，又要如何收服天下人心？因此，我們見到早已是劉裕集團成員的太史令駱達，才會在最後的關鍵時刻，出示這些不為人知的天文密件，並以其專業天文官的特殊地位，為

劉裕背書，讓劉裕的禪代，成爲順天應人的美事。

宋齊之際，蕭道成欲取劉宋而代之，其奪權模式，與劉裕當年取代司馬氏時所爲，也相去不遠。宋順帝在冊封蕭道成爲齊王的詔書中就說道：「惟我祖宗英叡，勳格幽顯，從天人而齊七政，凝至德而撫四維。末葉不造，仍世多故，難滅星謀，日蝕星隕，山淪川竭。」〔註27〕而在其禪位璽書中，則說到之所以禪位的原因之一，是由於「玄象垂文，保章審其度，鳳書表肆類之運，龍圖顯班瑞之期。」〔註28〕均強調禪位的天文因素。當然，這些詔書並非出自宋帝本意，不過也可見出，這是昭告世人時，不可或缺的要素。而蕭道成本人，一如劉裕當年，先是依例上演謙辭的戲碼，待壓軸時，又是勞動天文官出面勸進：

> 太祖三辭，宋帝王公以下固請。兼太史令、將作匠陳文建奏符命曰：
> 「六，亢位也。後漢自建武至建安二十五年，一百九十六年而禪魏；
> （魏）自黃初至咸熙二年，四十六年而禪晉；晉自太始至元熙二年，
> 一百五十六年而禪宋；宋自永初元年至昇明三年，凡六十年；成以
> 六終六受。六，亢位也。驗往揆今，若斯昭著。敢以職任，備陳管
> 穴。伏願順天時，膺符瑞。」……太祖乃許焉。〔註29〕

陳文建所言，關乎神秘天機，但何以逢六必有鼎革之事，他並未作太多的解釋，想必也是源自於某種神秘的術數。另外，陳文建又洋洋灑灑地，列舉了從宋孝武帝孝建元年到宋順帝昇明三年，曾經發生的天文星變共計二十六項，次數在五十次以上。〔註30〕幾乎每一次特殊天象發生後的占詞，都對皇室不利，尤其到了順帝昇明年間的天象占卜，更是如此，如：

> 昇明二年十月一日，熒惑守輿鬼。三年正月七日，熒惑守兩戒間，
> 成句己。占曰：「尊者失朝，必有亡國去王。」

〔註27〕見《南齊書》卷一〈高帝紀上〉，頁21。

〔註28〕見同上註，頁22。

〔註29〕見同上註，頁23。

〔註30〕依據《南齊書》卷十二〈天文志上〉頁203～204中所記，陳文建所陳的天文變共計爲「日蝕有十」、「太白經天五」、「太白犯房心五」、「奔星出入紫宮有四」、「天再裂」、「月入太微」二次、「太白入太微八」、「熒惑入太微六」、「太白熒惑經羽林各三」、以及至少發生過一次的「熒惑守南斗」、「塡星熒惑辰星合于南斗」、「太白犯塡星于斗」、「太白塡星合于危」、「熒惑守太微」、「白氣見西南、東西半天」、「白氣又見東南，長、塡星合于二丈，並形狀長大，猛過彗星」、「太白犯塡星于胃」、「太白歲星塡星合于東井」、「塡星守太微宮」、「熒惑太白辰星合于翼」、「歲星守斗建」、「熒惑守輿鬼」、「熒惑守兩戒間」、「辰星孟效西方」、「歲星在虛、厄，徘徊玄枵之野」等等。

昇明三年正月十八日，辰星孟効西方，占曰：「天下更王。」

昇明三年四月，歲星在虛危，徘徊玄枵之野，則齊國有福厚，爲受
慶之符。〔註31〕

事實上，此時朝政已掌控在蕭道成手中，朝野早有易朝換代的準備，陳
文建所陳，只不過是錦上添花，藉以加強說明，天意也贊同宋帝禪位而已。
而其所陳諸多天象究竟眞僞如何，實難以確知，其占詞更令人有「何患無詞」
之感。以上舉第三條來看，虛、危所應之地固是在齊國，但傳統星占學所指
的齊國，乃在青州之地，此時是屬於北魏所統治，與被封爲齊王的蕭道成何
干？強加解釋，莫此爲甚！

類似的政治過程，也發生在齊、梁鼎革之際，齊和帝三番兩次下詔讓位，
但梁高祖蕭衍猶懼天意不許，最後仍需太史令的臨門一腳：

高祖抗表陳讓，表不獲通。於是，齊百官豫章王元琳等八百一十九
人，及梁臺侍中臣雲等一百一十七人，並上表勸進，高祖謙讓不受。

是日，太史令蔣道秀陳天文符讖六十四條，事並明著，群臣重表固
請，乃從之。〔註32〕

太史令蔣道秀所陳爲何，因欠缺史料佐證，無法在此細論，但應不脫傳統的天
文符命範疇。蕭衍是中國中古史上，少數能精通天文星占之學的帝王之一，他
博學多聞，「六藝備閑，棋登逸品，陰陽緯候，卜筮占決，並悉稱善。」〔註33〕
而從他登基前一段與天文相關的記載，也可以見出他的天文星占素養不俗：

（齊明帝）建武末，（張）弘策從高祖宿，酒酣，徙席星下，語及時
事。弘策因問高祖曰：「緯象云何？國家故當無恙？」高祖曰：「其
可言乎？」弘策因曰：「請言其兆。」高祖曰：「漢北有失地氣，浙
東有急兵祥，今冬初，魏必動；若動則亡漢北。……明年都邑有亂，
死人過於亂麻，齊之歷數，自茲亡矣。梁、楚、漢當有英雄興。」
弘策曰：「英雄今何在？爲已富貴，爲在草茅？」高祖笑曰：「光武
有云，『安知非僕』。」弘策起曰：「今夜之言，是天意也，請定君臣

〔註31〕俱見同上註，頁204。
〔註32〕見《梁書》卷一〈武帝紀上〉，頁29。
〔註33〕見《梁書》卷三〈武帝紀下〉，頁96。有關梁武帝蕭衍與傳統天文之間的關係，
可詳參以下兩篇論文的討論：江曉原〈天學史上的梁武帝〉(《中國文化》第十
五、十六期，1997年)、山田慶兒〈梁武帝的蓋天說與世界庭園〉(收入氏著《山
田慶兒論文集‧古代東亞哲學與科技文化》，瀋陽：遼寧教育出版社，1996年)

之分。」〔註34〕

蕭衍所言，暢論天下大勢與帝位鼎革，其所據天象為何，不得詳知。但從其頗富自信的言談來看，若真是根據天文緯象而來，則已不啻是位天文星占專家。且可確知，當時身為雍州刺史的蕭衍，早有圖謀帝位之企圖。以如此識天文的蕭衍，自然不會不知天文符瑞在禪過程中的重要性。因為世人對於篡奪與禪讓的論斷區別，往往在於一者是以武力強行取得，一者則是憑藉天意，得天命而行事，所以不到太史令蔣道秀出面陳示天文圖讖於世人，蕭衍是絕不肯輕易點頭即大位的。天文與天文官，在此又再一次顯現出其在帝位繼禪過程中的特殊地位。

至於南朝的最後一個假禪讓之名而立的陳氏政權，高祖陳霸先雖不似蕭衍般明習天文，惟其禪代，也不能不求諸天文符瑞之助。梁朝末帝永嘉王蕭莊，在禪位詔書中即稱：「長彗橫天，已徵布新之兆，璧日斯既，實表更姓之符。」〔註35〕而陳霸先在臣僚的三催四請下，稱帝後也在其即位詔書中稱道，自己之所以接受禪讓，是由於「煙雲表色，日月呈瑞，緯聚東井，龍見譙邦，除舊布新，既彰玄象，遷虞事夏，且協謳訟，九域八荒，同布衷款，百神群祀，皆有誠願。」〔註36〕顯見即使未見天文官出面為其押陣的記載，但是天文符瑞，仍是其昭告世人，天命轉移的極重要憑藉。

（二）北　朝

南北朝時期，雙方雖在政治與軍事上，處於長期對抗狀態，但卻也同時在不同歷史舞臺上，上演相似的帝位禪讓戲碼。

北魏末造，六鎮亂事興，國家陷於動盪不安，最後政權落入領兵平定六鎮之亂的大將高歡之手。高歡一如三國時的曹操，本人雖未正式取元魏政權而代之，但早在他掌權之前，即有不少有利於他的天文瑞應的相關記載：

> （北魏節閔帝）普泰元年十月，歲星、熒惑、鎮星、太白聚於觜、
> 參，色甚明。太史占云：當有王者興。是時，神武（按：即高歡）
> 起於信都，至是而破（爾朱）兆等。〔註37〕

〔註34〕見《梁書》卷十一〈張弘策傳〉，頁205～206。
〔註35〕見《陳書》卷一〈高祖紀上〉，頁23。
〔註36〕見《陳書》卷二〈高祖紀下〉，頁31。
〔註37〕見《北齊書》卷一〈神武紀上〉，頁8。此處標點本《北齊書》將其斷句為「太白聚於觜，參色甚明。」顯然是誤解了原意，觜、參二宿分別是傳統天文西方白虎七宿中的第六宿與第七宿，屬現代天文學中的獵戶座，點校者不明於

四星聚於觜、參，依天文分野說來看，其兆應可能在趙、魏或者益州（請參表二所示），與出身渤海蓨縣的高歡，幾乎可說是風馬牛不相及。但天文官卻硬是將其解釋爲，高歡起兵於舊屬趙地的信都，〔註38〕因此此一四星聚於觜、參的瑞應，高歡可當之。果然，高歡因平亂之大功，進而入掌朝政，日後雖因宇文氏之反撲，致使北魏王朝一分爲二，東魏雖有魏帝名號，但世人盡知，實際掌權者，乃是高歡集團。高歡一生雖未行禪讓之舉，但意識上早已以帝王自居，對於天象變化也十分在意：

> （東魏孝靜帝武定）五年正月朔，日蝕，神武曰：「日蝕其爲我耶？
> 死亦何恨！」丙午，陳啓於魏帝，是日，崩於晉陽〔註39〕

元日日蝕，本是極不利於君主之天象，而當時北方有東西魏並存，再加上南北朝相對立，因此，能符應此一極凶惡兆的政治人物，可能正如前文所言，三國時代黃權對魏明帝論述的，是眞正擁有天命的眞命天子。此一信念令高歡臨死猶無遺憾；相對於此，其他遇元日日蝕而無恙的國家元首或政治人物，恐怕就不得不深自警惕。天文觀念入人心之深，使高歡死而無恨，其子高澄卻因不信天文而慘遭橫死：

> 初梁將蘭欽子京爲東魏所虜，王（按：即時爲東魏丞相的齊王高澄）
> 命以配廚。欽請贖之，王不許。京再訴，王使監廚蒼頭薛豐洛杖之，
> 曰：「更訴當殺爾。」京與其黨六人謀作亂。……太史啓言宰輔星甚
> 微，變不出一月。王曰：「小人新杖之，故嚇我耳。」〔註40〕

不信天文警訊的高澄，過了不久，果眞就慘死在蘭京等人的謀殺之下。而眞正禪代登極的高洋，即位後的頭一件事，也如前代帝王般，「升壇柴燎告天」，宣示天命的轉移。

在另一方面，宇文氏在扶植成立西魏政權後，除掌控朝政大權外，也積極謀求禪代，至孝閔帝宇文覺時，終成其事。魏帝在禪位的詔書中稱：「玄象徵見於上，謳訟奔走於下，天之曆數，用實在焉。予安敢弗若？」〔註41〕而宇文覺則依例要先行推讓一番，再由天文官宣示天象符瑞，才肯謙虛受禪：

此，令人讀來頗感不解，因此此處筆者直接將原文重作標點。
〔註38〕據《漢書》卷二十八〈地理志下〉頁1632「信都國」條云，其轄內有信都縣，舊屬趙地，漢時屬冀州。
〔註39〕見《北齊書》卷二〈神武紀下〉，頁24。
〔註40〕見《北齊書》卷三〈文襄紀〉，頁37。
〔註41〕見《周書》卷三〈孝閔帝紀〉，頁46。

魏帝臨朝，遺民部中大夫、濟北公元迪致皇帝璽綬。固辭。公卿百
辟勸進，太（史）陳祥瑞，乃從之。〔註42〕

時移勢轉，舊事重演，北周末造，外戚隋王楊堅欲取而代之，周帝在禪位詔
書中也同樣說道：

木行已謝，火運既興，河、洛出革命之符，星辰表代終之象。煙雲
改色，笙簧變音，獄訟咸歸，謳歌盡至。且天地合德，日月貞明，
故以稱大爲王，照臨下土。……今便祇順天命，出遜別宮，禪位於
隋。〔註43〕

當然，楊堅也是在幾番虛情假意的謙辭之後，才在群臣的勸進簇擁下即位，
其中又以太史庾季才的一番話，最具關鍵效用：

（北周靜帝）大定元年正月，季才言曰：「今月戊戌平旦，青氣如樓
闕，見於國城之上，俄而變紫，逆風西行。《氣經》云：『天不能無
雲而雨，皇王不能無氣而立』，今王氣已見，須即應之。……昔周武
王以二月甲子定天下，享年八百，漢高帝以二月甲午即帝位，享年
四百，故知甲子、甲午爲得天數。今二月甲子，宜應天受命。」上
從之。〔註44〕

當然，從日後的歷史發展來看，國祚修短其實與何日登基並無絕對關係。不
過，庾季才的話，倒是給了楊堅一個取周帝而代之的有力藉口，正確與否並
不重要，可以此向世人宣告自己禪代的正當性，才是最要緊的。

史家曾批評楊堅爲人「天性沉猜，素無學術，好爲小數，不達大體」，「又
雅好符瑞，暗於大道」，〔註45〕但或許也正因如此，楊堅對於天文星占之學，
可不是一無所知，史載：

（郭）榮少與高祖（按：即楊堅）親狎，情契極歡，嘗與高祖夜坐
月下，因從容謂榮曰：「吾仰觀玄象，俯察人事，周歷已盡，我其代
之。」榮深自結納。宣帝崩，高祖總百揆，召榮，撫其背而笑曰：「吾
言驗未？」。〔註46〕

這段對話，與前文所述梁武帝蕭衍與張弘策之間的對話，何其相似？顯見楊

〔註42〕見同上註。
〔註43〕見《隋書》卷一〈高祖紀上〉，頁11～12。
〔註44〕見《隋書》卷七十八〈庾季才傳〉，頁1766。
〔註45〕見《隋書》卷二〈高祖紀下〉，頁54～55。
〔註46〕見《隋書》卷五十〈郭榮傳〉，頁1320。

堅對於天象所顯現的天命在己的信念，相當強烈，否則也不致在他人面前，爲此大逆不道之論。爲了取得天命在己的認同，楊堅自然也不會放過以天象變異，來合理化自己的禪代過程的機會。《隋書‧天文志下》中，就有多則與楊堅的興起有關的天文占詞，茲舉數例如下：

1. 周自宣政元年，熒惑、太白從歲星聚東井。大象元年四月，太白、歲星、辰星又聚井。十月，歲星守軒轅。其年，又守翼。東井，秦分，翼，楚分，漢東爲楚地，軒轅后族，隋以后族興於秦地之象，而周之后妃失勢之徵也。（頁611）

2. （北周靜帝大象）二年四月乙丑，有星大如斗，出天廚，流入紫宮，抵鉤陳乃滅。占曰：「有大喪，兵大起，將軍戮。」又曰：「臣犯上，主有憂。」其五月，帝崩，隋公執國政，大喪、臣犯主之應。（頁611）

3. （北周靜帝大象二年）十二月癸未，熒惑入氐，守犯之三十日。占曰：「天子失其宮。」又曰：「賊臣在內，下有反者。」又曰：「國君有繫饑死，若毒死者。」靜帝禪位，隋高祖幽殺之。（頁611）

4. 靜帝大定元年正月乙酉，歲星逆行，守右執法，熒惑掩房北第一星。占曰：「房爲明堂，布政之宮，無德者失之。」二月甲子，隋王稱尊號。（頁611）

若仔細觀察這幾條星占史料，再與之前所舉南朝宋劉裕禪代之前的天文占詞相比較，可以發現沈約在處理《宋書‧天文志》的態度上，與編寫《隋書‧天文志》的李淳風大有不同。沈約因係劉宋遺臣，而人處蕭梁朝班，爲求突顯宋禪齊、齊禪梁的適法性與正當性，有必要將劉裕的禪代，描述成順天應人之事，方有利於本身皇權的正統性。而當時或許因天文機構早已掌控在劉裕的手中，天文官的占辭，自然都朝向有利於劉裕繼禪的方向作解釋，沈約原文照錄的可能性較大。而唐朝的江山，乃是從馬背上得之，太宗李民更常將楊堅、楊廣的秕政與缺失，引爲己戒，若一味稱美周、隋之間的禪讓，則無異否認本身的正統性。李淳風在編修《隋書‧天文志》時，應該也注意到了這一點，其所錄的天象變異，或有可能是當時的天文機構所遺的資料，但觀察其占辭與解釋，則似乎不能不令人懷疑，已含有李淳風的個人意見在內。否則，以當時楊堅已能掌控天文機構的情況來看，類似「臣犯主」、「賊臣在內」這一類占辭的出現，不免有些兒難以理解。

事實上，對於一心想要登上帝位的楊堅而言，天文徵兆如何，只不過是

增加他說服世人的籌碼而已，並不會影響到他奪位的企圖心。當時他跟太史庾季才之間，曾有這麼一段對話：

> 及高祖爲丞相，嘗夜召季才而問曰：「吾以庸虛，受茲顧命，天時人事，卿以爲何如？」季才曰：「天道精微，雖可意察，切以人事卜之，符兆已定。季才縱言不可，公豈復得爲箕、潁之事乎？」高祖默然久之，因舉首曰：「吾今譬猶騎獸，誠不得下矣。」因賜雜綵五十匹、絹二百段，曰：「愧公此意，宜善爲思之。」〔註47〕

可見即使像庾季才這樣專業自主性高，且能得當權者尊重的天文官，所言也不足以撼動有心者奪權的決心，更遑論其他自主性低的天文官。在天命與正統的爭奪戰中，天文星占是用以收服人心的工具，而天文官則更經常要無奈地扮演助人奪權的打手角色。

在三國鼎立的時代，黃權曾答覆魏明帝，檢驗何者才是正統政權、天命所在，「當以天文爲正」；而在南北朝時期的對立中，檢驗眞正代表天命所在的政權的標準又是甚麼呢？答案也是天文。前文言及高歡以其死應日蝕而沾沾自喜，即爲其例，梁武帝蕭衍在位時，更曾發生這麼一件天文趣聞：

> 先是，熒惑入南斗，去而復還，留止六旬。上以諺云：「熒惑入南斗，天子殿走。」乃跣而下殿以禳之。及聞魏主西奔，慚曰：「虜亦應天象耶！」〔註48〕

此事發生的時代背景是，北魏丞相高歡總攬朝政，與孝武帝元脩形同水火，最後雙方終於公開決裂。元脩選擇離開洛陽，西奔長安投靠宇文泰，高氏則另外扶植元善見爲傀儡皇帝，並將首都由洛陽遷至鄴，以利於其掌控大局，北魏自此分爲東西二國。在星占學上，「南斗爲廟」，〔註49〕是代表太廟的所在，火星守之，自是不祥，漢及三國時代都曾有過相關的記載，〔註50〕天文

〔註47〕見《隋書》卷七十八〈庾季才傳〉，頁1766。

〔註48〕見《資治通鑑》卷一百五十六〈梁紀十二‧武帝中大通六年八月甲寅〉條，頁4853。此事亦見於《北史》卷五〈北魏本紀〉頁173，原文是「是歲（按：北魏孝武帝永熙三年）二月，熒惑入南斗，眾星北流，群鼠浮河向鄴。梁武跣而下殿，以禳星變，及聞帝之西，慚曰：『虜亦應天乎？』。」

〔註49〕見《史記》卷二十七〈天官書〉，頁1310。

〔註50〕如《漢書》卷二十六〈天文志〉，頁1306云：「元鼎中，熒惑守南斗。占曰：『熒惑所守，爲亂賊喪兵；守之久，其國絕祀。南斗，越分也。』其後越相呂嘉殺其王及太后，漢兵誅之，滅其國。」又如《宋書》卷二十三〈天文志一〉頁688云：「吳主孫權赤烏十三年五月，日北至，熒惑逆行入南斗。……

占星書中對此一天象有極凶的預卜：

> 火入斗若守之，所守之國當誅。……火守斗，爲亂爲賊，爲喪爲兵；
> 守之，其國絕嗣。〔註51〕

又云：

> 熒惑守南斗，留二十日，大人憂……熒惑守南斗，且有廢臣，天下
> 大亂。〔註52〕

足見熒惑守南斗爲極不利於人君的天象，國君必須有所祈禳，方能消災解厄。因此社會上才會有「熒惑守南斗，天子下殿走」的俗諺，意即至少天子要藉著跣足下殿奔走，來表示其對天象變異的敬懼，藉以弭息天怒，贏回天心。梁武帝本人深諳天文，自然明白此事的嚴重性。按照天文分野觀來看，斗宿所對應的人間國度應是吳、越之地，蕭衍顯然自以爲是眞命天子、正統皇權所在，且其所在地又最近於吳越，因此認爲「熒惑守南斗」的天象變異，理應是應在他身上。所以虛情假意地赤著腳、步下金鑾殿奔走一番，雖略失體統，但既可消弭天災，又能昭告世人，自己才是能應天象的天子代表，其實是一舉多得。怎奈歷史事實的發展，不與其願望相符，他是故意做作地回應天象，但在北方的元脩，卻是被迫不得不離開京城，倉惶西奔，是名符其實地應了「天子下殿走」的俗諺。若是依據傳統星占觀念來看，元脩人在中原，並非斗宿徵應之地，但發生在他身上的史實，卻正符合天象變異的景況。反倒是自以爲是天下共主的梁武帝的行爲，顯得十分尷尬與造作，無怪乎蕭衍在得知事實後，也不得不感歎天道之無常與難測，而要發出「虜亦應天象乎」的驚歎了！

　　在一連串的史實討論之後，可以發現，在天下紛亂或政權更替頻仍的時代，統治者爲了取信於民，往往假藉天意來自抬身價，贏取世人的認同。中古時期，許多奪權行爲，均被美化爲上古禪讓政治的再現，爲了要使世人相信天命的轉移，以及政權繼承的適法性，天文成了最後的說明工具，負責解釋天文的天文官，更經常要扮演政權合法化與促成者的角色。天文很少作純粹的科學用途，倒是在解釋天命與正統上，有著難以取代的政治地位。天文

按占，熒惑入南斗，三月，吳王死。一曰：『熒惑逆行，其地有死君。』太元
二年權薨，是其應也。」

〔註51〕見唐，李淳風《乙巳占》〈熒惑入列宿第二十九〉，頁88（收入李零主編，伊
世同點校《中國方術概觀·占星卷》，北京：人民中國出版社，1993年）。

〔註52〕見《開元占經》卷三十二〈熒惑占三〉，頁428。

官通常也不是單純的科學家，而是用天文來解釋人間事物的政治學者，有人直稱古代中國的天文學是「應用的政治科學」，雖稍嫌苛刻，卻也不無道理。在一個群雄並起、政權分立的時代，誰能掌握天文的解釋權，便自然能控有較多的政治籌碼，若是天文徵驗不利於自己時，也可以及時採取有效的應變措施。因此每一個朝代，不論統治面積大小、國祚長短，均不乏天文機構與天文官員，其原因在此。世人深信，天意是人間事務最後的裁決者，人世間的爭議，可視天意來判斷是非，所以當天下出現多國多位君王時，檢驗誰是真正天命所在或者真正的正統王權的標準，就是看誰能符應天文變異。高歡為了自己能應日蝕之變，而感到死有榮焉，蕭衍為了應「熒惑守南斗，天子下殿走」的天文徵驗，不惜犧牲形象，而致換來一段天文史的笑譚。凡此皆可看出，天文觀念入人之深，雖然多數時候，它只是當權者操弄的政治工具，但事實上，它可能也是當權者內心真正恐懼的制裁工具。操作得當，自然有利於政權的建立與運作，操作不當，卻也可能反受其害。天文這種具備雙面利刃的複雜特性，連帶也使天文官員在政治上的地位，格外顯得特殊。在政權鼎革的時刻是如此，以下的討論中，還將見到在政權成立後的運作過程中，天文星占與天文官的角色，亦是如此。

第二節　天文星占與皇權統治——以日蝕與星變為討論中心

既然帝王取得天下都號稱是順天之命、憑天之意，如何使天命常在、天意不移，便成為得天下後，必須致力的工作。只不過，天象是不斷變動的，其變化自然不會依照人的主觀意志，同樣的凶象變異，在得天下之前，尚可解釋為對既存政權不利、對自身有利。但是如果發生在自己的王朝建立之後，又該如何應對，才能確保皇權統治的安穩久固呢？除了繼續掌控天文變異的解釋權之外，還必需對變異所可能帶來的災難，預作祈禳與補救措施，天文對中國政治的特殊影響，在這方面表現得十分明顯。

在眾多的天文變異中，與太陽有關的變異，最為傳統天文所重視。所謂「天無二日，地無二王」，太陽是天最顯明的象徵，其獨一與無可取代性，正如帝王在人間國度的地位，天子是天在人間的代表，其與在天上的太陽，自古就被聯想成彼此間有互動的關係存在。李淳風在《隋書・天文志》中對於

太陽的相關解釋，可為此種天人相應觀作一註腳：

> 《傳》云：「日為太陽之精，主生養恩德，人君之象也。」又人君有
> 瑕，必露其應，以告示焉。故日月行有道之國則光明，人君吉昌，
> 百姓安寧。（頁554～555）

這是對太陽象徵性意義的一般敘述，既然太陽是人君之象的代表，一旦發生變異時，又顯現出甚麼意義呢？李淳風接著說道：

> 日變色，有軍軍破，無軍喪侯王。
>
> 其君無德，其臣亂國，則日赤無光。
>
> 日失色，所臨之國不昌。
>
> 日晝昏，行人無影，到暮不止者，上刑急，下人不聊生，不出一年
> 有大水。日晝昏，烏鳥群鳴，國失政。
>
> 日中烏見，主不明，為政亂，國有白衣會。
>
> 日中有黑子、黑氣、黑雲，乍三乍五，臣廢其主。
>
> 日食，陰侵陽，臣掩君之象，有亡國，有死君，有大水。日食見星，
> 有殺君，天下分裂，王者修德以禳之。（俱見《隋書・天文志》，頁
> 555）

幾乎所有與太陽有關的變異，都是不祥的象徵，其中尤其以日蝕最為嚴重，自古以來即為統治者所重視，必須有所作為以答天變。李淳風所謂的「修德以禳之」，在實際的政治運作上，通常分成兩個層次：一是形式上的救禳儀式，一是實務上的政治改革。

一、有關日蝕的救禳儀式

先來討論形式上的救禳儀式的相關問題。

自上古時代，就有所謂「合朔代鼓」的救日儀式，後代相沿不墜。〔註53〕據《晉書・禮志上》云：

> 漢儀，每月旦，太史上其月曆，有司侍郎尚書見讀其令，奉行其正。
> 朔前後二日，牽牛酒至社下以祭日。日有變，割羊以祠社，用救日
> 變，執事者長冠，衣絳領袖緣中衣，絳袴襪以行禮，如故事。自晉
> 受命，日月將交會，太史乃上合朔，尚書先事三日，宣攝內外戒嚴。

〔註53〕其詳請參《通典》卷七十八〈禮典三十八・沿革三十八・軍禮三・天子合朔代鼓〉條中，對於中古以前的歷代救日儀式，有頗詳盡的敘述。

挚虞《決疑》曰：「凡救日蝕者，著赤幘，以助陽也。日將蝕，天子素服避正殿，內外嚴警。太史登靈臺，伺候日變，便伐鼓於門。聞鼓音，侍臣皆著赤幘，帶劍入侍。三臺令史以上皆各持劍，立其戶前。衛尉卿驅馳繞宮，伺察守備，周而復始。亦伐鼓於社，用周禮也。又以赤絲爲繩以繫社，祝史陳詞以責之。社，勾龍之神，天子之上公，故陳辭以責之。日復常，乃罷。」（卷十九，頁594）

挚虞是西晉時「才學通博、著述不倦」〔註54〕的大儒，曾多次參與朝中有關禮制的廷議，他所寫的《決疑》一書中，關於日蝕救護儀式的敘述，應是當時頗具公信力的說法。依挚虞的描述，晉朝君臣上下，爲了救日蝕、避天遣，可說是全體動員、如臨大敵，先由太史令依曆法推算，並上報將發生日蝕的日期與時辰，再由尚書在三天前宣佈戒嚴。日蝕當天，除了天子須素服避正殿外，文武大臣則須著紅袍、戴赤冠、佩劍待命，太史令登靈臺觀候日變。一旦日蝕開始，即擊鼓爲號，通告內外，朝中上下則須擊鼓相應，並帶劍在宮廷內外繞奔，以求驅走食日的惡靈。而用以祭土神的社廟，也要擊鼓驅惡，並繫紅絲繩以壯陽氣，並由祝史人員陳詞以責勾龍之神，以其未善盡護日之責也。所有的救護行動，要到日蝕結束，太陽恢復正常狀況，才宣告解嚴，大功告成。

　　南北朝時期，南方各朝大體是依循晉朝留下的體制行事，至於北方各朝的救日儀式，內容稍有變動，但大體與晉朝相去不遠。目前北朝留下較完整資料的是北齊：

北齊制，日蝕，則太極殿西廂東向，東堂東廂西向，各設御座，群官公服。畫漏上水一刻，內外皆嚴。三門者閉中門，單門者掩之。蝕前三刻，皇帝服通天冠，即御座，直衛如常，不省事。有變，聞鼓音，則避正殿，就東堂，服白裌單衣。侍臣皆赤幘，帶劍，升殿侍。諸司各於其所，赤幘，持劍，出戶向日立。有司各率官屬，並行宮內諸門、掖門，屯衛太社。鄴令以官屬圍社，守四門，以朱絲繩繞繫社壇三匝。太祝令陳詞責社，太史令二人，走馬露版上尚書，門司疾上之。又告清都尹鳴鼓，如嚴鼓法。日光復，乃止，奏解嚴。

〔註55〕

〔註54〕見《晉書》卷五十一〈挚虞傳〉，頁1419。
〔註55〕見《通典》卷七十八〈禮典三十八・沿革三十八・軍禮三・天子合朔伐鼓〉

南北朝政權對立嚴重，但仔細觀察其救護日蝕的內容與程序，卻幾乎是如出一轍。不過，在北齊，除了帝王與朝中重臣之外，屬於地方官體系的首都市長（鄴令），也須率所屬加入救護的行列。到了唐朝，這套傳承已久的救日儀式，發展出更複雜詳密的內容：

> 其日合朔，前二刻，郊社令及門僕各服赤幘絳衣，守四門，令巡門監察。鼓吹令平巾幘、袴褶，帥工人以方色執麾旒，分置四門屋下，龍蛇鼓隨設於左。東門者立於北塾，南面；南門者立於東塾，西面；西門者立於南塾，北面；北門者立於西塾，東面。隊正一人著平巾幘、袴褶，執刀，帥衛士五人執五兵於鼓外，矛處東，戟在南，斧鉞在西，稍在北。郊社令立攢於社壇四隅，以朱絲繩縈之。太史官一人著赤幘、赤衣，立於社壇北，向日觀變。黃麾次之；龍鼓一面，次之在北；弓一張，矢四隻，次之。諸工鼓靜立候。日有變，史官曰：「祥有變。」工人齊舉麾，龍鼓齊發聲如雷。史官稱「止」，工人罷鼓。其日廢務，百官守本司。日有變，皇帝素服，避正殿，百官以下皆素服，各於廳事前重行，每等異位，向日立。明復而止。
> 〔註56〕

除了官員服色及待命位置略有不同外，與西晉、北齊制度上並無太大差異，可以說貫穿整個中古時期，都有著類似的救日儀式。而且，唐代不只是中央政府必須如此，甚至連地方政府，也要因地制宜地加入救日的行列，可以稱得上是全國總動員：

> 諸州伐鼓：其日見日有變則廢務，所司置鼓於刺史廳事前。刺史及州官九品以上俱素服，立於鼓後，重行，每等異位，向日，刺史先擊鼓，執事代之。明復俱止。〔註57〕

　　關於救日的相關事宜，有兩個細部問題值得再深入探討。其一是，根據現代天文學知識可知，發生日蝕的一個必備條件，是月球必須介於太陽與地球之間，且排列成一直線，這只有在朔日（每個月初一）時，才有可能發生。〔註58〕但是每個月的朔日，往往也正是國家舉辦各種禮典儀式的時候，尤其

條，頁2118。

〔註56〕見《通典》卷一百三十三〈禮典九十三・開元禮纂類二十八・軍禮二・合朔代鼓〉條，頁3419～3420。

〔註57〕見同上註，頁3420。

〔註58〕有關日蝕發生的原因與推算，可詳參《中國大百科全書　天文學》冊「月食」

是開年的正月初一，更是天子祭天頒曆的重要日子。萬一正好遭逢日蝕，究竟是要廢朝務以救日，或是要依舊行禮如儀呢？自古以來，對此即有頗多爭議。孔子與老子在此事上就有過一番討論。〔註 59〕東漢獻帝建安年間，有一次元旦朝會，就正好發生日蝕，為此群臣之間也起了一些廢禮與否的爭議：

> 將正會，而太史上言，正旦當日蝕，朝士疑會否？共諮尚書令荀彧。時廣平計吏劉邵在坐，曰：「梓慎、禆竈，古之良史，猶占水火，錯失天時。《禮》，諸侯旅見天子，入門不得終禮者四，日蝕在一。然則聖人垂制，不為變異豫廢朝禮者，或災消異伏，或推術謬誤也。」或及眾人咸善而從之，遂朝會如舊，日亦不蝕。邵由此顯名。〔註 60〕

劉邵的意見，可說是從比較正面務實的角度來看問題，一則他不完全相信天文官有關日蝕的推步，能做到百分之百地正確，所以不須為不一定會發生的日蝕，停止朝會大典。二則他認為即使當真發生日蝕，朝禮也應該照常舉行，如此既不廢人事，又可能因此使上天動容，消災弭禍，其功效遠甚於動輒取消朝會大典。也碰巧這一次的日蝕果是誤測，並未如預期般發生，正應了劉邵所說的，既奉行人事又不違天意，他因此而從地方計吏，一躍而為朝中知名人士。後世遇日蝕應否行禮如儀時，也常會拿他的看法，作為討論的依據。晉康帝建元元年（343）時，太史上奏元日合有日蝕，朝臣們也為了是否要取消元旦朝會，起了一番爭執。輔政的庾冰，將當年劉邵的意見，交由八座大臣討論，以定可否。當時有人認為劉邵所言「不得禮意，荀彧從之，是勝人之一失。」但司徒蔡謨則認為如此批評，於劉邵、荀彧皆不公平，在他的長篇大論中，以為劉邵的見解，有其可肯定處，如以人事消災伏異的觀念，符

條，頁 272～274（北京：中國大百科全書出版社，1980 年）

〔註 59〕在《禮記》卷十八〈曾子問第七〉中，曾子問孔子：「諸侯旅見天子，入門，不得終禮，廢者幾？」孔子曰：「四」，其中一項就是日蝕，他說道：「如諸侯皆在而日食則從天子救日。」認為救護日蝕要更重於正常禮典（頁 24）。而在《禮記》卷十九〈曾子問〉中，記述老子與孔子有一次為人料理喪事，靈柩行到半途，正巧發生日蝕，老子認為應該暫停喪禮：「止柩就道右，止哭以聽變，既明反而後行，曰禮也。」但孔子卻為此感到疑惑不解，問老子道：「夫柩不可以反者也，日有食之，不知其已之遲數，則豈如行哉？」老子的解釋是：「夫柩不蚤出，不莫宿。見星而行者，唯罪人與奔父母之喪者乎？日有食之，安知其不見星也。」孔穎達在《禮記正義》中注釋這一條時則同意老子的看法謂：「唯罪人及奔父母之喪見星而行，今若令柩見星而行，便是輕薄親人，與罪人同。」（頁十八～十九，臺北：藝文印書館十三經注疏本，1989 年）。

〔註 60〕見《晉書》卷十九〈禮志上〉，頁 594。

合儒家的教誨，但也說劉邵認爲「聖人垂制，不爲變異豫廢朝禮」是謬誤的。《禮記》早有記載古聖人中，老子主張日蝕時應暫停喪禮候變而行，孔子也主張日蝕發生時，諸侯見天子無須終禮，應先行救日。二事皆是古聖人認爲應該廢禮以應日蝕變異的例子，劉邵所論乃「棄聖賢之成規」。最後「（庾）冰從眾議，遂以卻會」。這樣的日蝕卻元會的規矩，延續了一段時間之後，到了晉穆帝永和年間，殷浩輔政時，「又欲從劉邵議不卻會」。但是廷尉王彪之「據咸寧、建元故事」，認爲「《禮》云諸侯旅見天子，不得終禮而廢者四，自謂卒暴有之，非爲先存其事而僥倖史官推術謬誤，故不豫廢朝禮也。」最後仍從王彪之的意見，元會暫停。〔註61〕

宋因晉制，到了南朝蕭齊時，又爲日蝕應否廢郊社禮起爭議：

> 齊武帝永明元年十二月，有司奏：「今月三日，臘祠太社稷。一日合朔，日蝕既在致齋內，未審於社祠無疑不？曹檢未有前準。」
> 尚書令王儉議：「《禮記・曾子問》：『天子嘗禘郊社五祀之祭，簠簋既陳』，唯大喪乃廢。至於當祭之日，火及日蝕則停。尋伐鼓用牲，由來尚矣，而簠簋初陳，問所不及。據此而言，致齋初日，仍值薄蝕，則不應廢祭。按漢初平中，士孫瑞議以日蝕廢冠而不廢郊，朝議從之。王者父天親地，郊社不殊，此則前準，謂不宜廢。」詔可〔註62〕

元日之會在傳統皇權統治中，有極具象徵性的「一元復始，萬象更新」的意義在，其日逢日蝕，既是對君王不利，更是對國家不利，是否應罷廢人事以應天變，自然成爲議論焦點。歷代對此一問題的討論不斷，正顯示出皇權統治下，對於日蝕變異的重視。但應注意的是，傳統中國的士人階層，對此一問題的討論，出發點與天文星占關聯並不大，反而自古以來，便是從是否合於禮，作爲論述的依據，至中古時期猶是如此。足見日蝕此一天文現象，已非單純的科學知識可以解釋，它不只在天文星占中，爲人所重視，也已經深深融入中國人傳統政治生活中，成爲國家禮典的重要成份。

另一個與日蝕救護有關的問題是，既然朝廷如此重視日蝕的發生，每次

〔註61〕 以上有關晉朝日蝕廢朝會與否的討論，俱參自《晉書》卷十九〈禮志上〉，頁594～596。
〔註62〕 見《通典》卷七十八〈禮典三十八・沿革三十八・軍禮三・天子合朔代鼓〉條，頁2118。

都要這般慎重其事、如臨大敵般地救護日蝕，但以當時的曆法技術而論，天文官的推步並不一定百分百準確。況且中國地大，推測出日蝕或許並不在京師地區可見的範圍之內，勞師動眾地救日，一旦日蝕未如預期般地發生，又該做何處置？按理說，預報出差錯的天文官，應接受相當處份；但換一個角度看，日蝕本是於君國不利的天文變異，預測不準、沒有發生，表示天譴未成眞，似乎也不是甚麼壞事，天文官不應受罰。中古歷朝對於應如何看待日應蝕而未蝕，也有過一番熱烈的討論。

曹魏高貴鄉公年間，就曾有一次太史報有日蝕將至，主事者也奏請救日，但屆時卻並未發生日蝕的事件。對於天文官應負起甚麼樣的責任，朝臣之間起了一番爭執，情況如下：

> 魏高貴鄉公正元二年，太史奏：「三月一日寅時合朔，去交二度，恐相附近。」主者奏，宣敕有司，爲救日蝕。備既，時過而不蝕。大將軍曹爽推史官不驗之負，空設合朔之期，以疑上下。光祿大大領太史令邕（按：其姓不詳）言：「典曆者按曆術推交會之期，候者伺遲疾之度，當朔，事無有違錯耳。」重問典曆周晁等，對曰：「曆候所掌，推步遲速。可以知加時早晚，度交緩急；可以知薄蝕淺深。合朔之時，或有月掩日，則蔽障日體，使光景有虧，故謂之日蝕。或日掩月，則日從月上過，謂之陰不侵陽，雖交無變。至於日月相掩，必蝕之理，無術以推。是以古者諸侯旅見天子，日蝕則廢禮；嘗禘郊社，日蝕則接祭。是以前代史官，不能審日蝕之數，故有不得終禮。自漢故事以爲日蝕必當於交，每至其時，申警百官，以備日變。甲寅詔書，有備蝕之制，無考負之法。」〔註63〕

太史令與典曆，算是專業的天文官員，其下技術部門推日蝕不驗，自然他們必須負責，但由邕與周晁的自我辯解中，似乎並不認爲自己有錯。邕的看法是，按曆術所推出的日蝕，如果沒有發生，責任在製曆者，不在推曆者，若眞有過失，典曆身兼製曆與推曆工作，自應負全責，不干太史令的事。典曆周晁則辯稱，「日月相掩，必蝕之理，無術以推」，典曆所能知的，只是日月交會的日期時辰，至於是日掩月或月掩日，本就無從得知，不應因此致罪。這樣解說日蝕，以現代科學觀念來看，自然顯得有些荒謬，但傳統中國的宇

〔註63〕　《通典》卷七十八〈禮典三十八・沿革三十八・軍禮三・天子合朔伐鼓〉條，頁 2116。

宙觀，認為地球不動，日與月繞地球而行，天文官才會有這樣的說詞，倒也不算是甚麼大錯。就天文專業而言，一般官員，可能無法駁倒天文官，但在行政責任上，就不見得人人都能接受他們的說法。邕與周晁辯解完，立即就有人提出反對意見：

> 侍中鄭小同議：「史官不務審察晷度、謹綜疏密，謬準交會，以為其兆。至乃虛設疑日，大警內外。其有不效，則委於差晷度，禁縱自由，皆非其義。按《春秋》，昭公三十一年十二月辛亥日蝕，晉史墨以庚午之日，日始有謫。自庚午至辛亥四十二日，日蝕之兆，固形於前矣。此為古有明法，而今不察。是守官職惰，考察無效，此有司之罪。」
>
> 〔註64〕

鄭小同的意見，比較接近一般人對於天文官推斷日蝕應有專業素養、不可冒然預報的觀點，他舉《春秋》為例，認為日蝕之不驗，乃是天文官怠忽職守、推步失靈，無可免責。不過，最後在無前例可循的情況下，對於天文官的處置，卻是不了了之：

> 又答：「古來皇帝、顓頊、夏、殷、周、魯六曆，皆無推日蝕法，但有考課疏密而已。負坐之條，由本無術可課，非司事之罪。」乃止。
>
> 〔註65〕

對於天文官推步日蝕不驗，並不給予懲罰，從此一中古早期案例的討論中來看，似是長期以來的成規，歷史上也只能找到史官因為未能預報日蝕被罰，〔註66〕而鮮見史官因預測日蝕錯誤致罪的例子。〔註67〕到了唐代，則非但不見天文官因誤測日蝕遭罪，社會上甚至還流行一種「賀日不蝕」的奇特政治文化。《全唐文》中收錄頗多這一類與日不蝕相關的祝賀表狀，茲集一表如下：

〔註64〕 見同上註，頁 2116～2117。

〔註65〕 以上有關這次日蝕預報失準，應否處罰天文官的討論，俱見於《通典》卷七十八〈禮典三十八・沿革三十八・軍禮三・天子合朔代鼓〉條，頁 2116。

〔註66〕 其例見於《尚書》卷七〈胤征〉篇，胤侯奉夏王之命討伐義和，原因是義和「沉亂於酒，畔官離次」，未能善盡天文官的基本職責，預報日蝕的來臨，所謂「乃季秋月朔辰弗集於房，瞽奏鼓、嗇夫馳、庶人走。義和尸厥官，罔聞知。昏迷於天象，以干先王之誅。政典曰：先時者，殺無赦；不及時者，殺無赦。」（頁八～十一，臺北：藝文印書館十三經注疏本，1989 年）。

〔註67〕 唐代曾流傳一個李淳風差一點因日蝕預測而被罰的故事，詳見《太平廣記》卷七十六〈方士一・李淳風〉條，（臺北：文史哲出版社，1987 年）

表三：唐代賀日不蝕相關之表狀一覽表

篇　名	作　者	出　處
答張九齡賀太陽不虧批	唐玄宗	《全唐文》卷三七，頁 404
集賢院賀太陽不虧表	張　說	《張說之文集》卷十五，頁 100（臺北：臺灣商務印書館四部叢刊本）
賀太陽不虧狀	蘇　頲	《全唐文》卷二五六，頁 2589
賀太陽不虧狀	張九齡	《曲江張先生文集》卷十四，頁 89（臺北：臺灣商務印書館四部叢刊本）
賀太陽當虧不虧表	獨孤及	《毘陵集》卷四，頁 20（臺北：臺灣商務印書館四部叢刊本）
中書門下賀日當蝕不蝕表	常　袞	《全唐文》卷四一五，頁 4253
賀歲降日太陽不虧表	常　袞	《全唐文》卷四一五，頁 4254
賀太陽不虧狀	韓　愈	《韓昌黎集》卷八，頁 367（臺北：河洛圖書公司，1982）
賀雲生不見日蝕表	白居易	《白居易集》卷六十一，頁 1280（北京：中華書局點校本，1979）
太陽合朔不虧賦	楊　發	《全唐文》卷七五九，頁 7885
賀太陽合虧不虧表	杜光庭	《全唐文》卷九三〇，頁 9690

　　這些賀表賀狀的內容大同小異，多半是藉此以歌頌帝王功德，說日不蝕是天心為帝王修行所感，值得慶賀。先來看玄宗時張九齡的〈賀太陽不虧狀〉：

> 右今月朔太史奏，太陽不虧。據諸家曆，皆蝕十分已上仍帶蝕。出者今日日出，百司瞻仰，光景無虧。臣伏以日月之行，值交必蝕，算數先定，理無推移。今朔之辰，應蝕不蝕。陛下聞日有變，齋戒精誠，外寬刑政，內廣仁惠，聖德日慎，災祥自弭，若無表應，何謂大明？臣等不勝感慶之至。

憲宗時，任京兆尹的一代文宗韓愈也曾上〈賀太陽不虧狀〉：

> 司天臺奏今月一日太陽不虧。右。司天臺奏今日辰卯間，太陽合虧，陛下敬畏天命，克己修身，誠發於中，災銷於上，自卯及巳，當虧不虧。雖隔陰雲，轉更明朗，比於常日，不覺有殊。天且不違，慶孰為大？臣官忝京尹，親睹殊祥，欣感之誠，實倍常品，謹奉狀賀以聞。

其它的賀狀賀表，大概也不外此類內容，無須一一贅舉。先是說明由天文機構所奏得知日蝕時間，而屆時應蝕未蝕，原因當然是帝王的聖德修明，誠感

動天，故能超越曆術推步與天體自然循環之上，免去一場日蝕可能帶來的災禍。而帝王本人對於這樣的恭維，也感到受之無愧，可以列入史冊。唐高宗有一次跟霍王李元軌談起太陽當虧不虧之事時道：

> （唐高宗儀鳳三年）秋七月丁巳，宴近臣諸親於咸亨殿，上謂霍王元軌曰：「……太史奏，七月朔，太陽合虧而不虧，此蓋上天垂祐，宗社降靈，豈虛薄所能致此？」〔註68〕

唐玄宗在〈答張九齡賀太陽不虧批〉中道：

> 一昨有司奏太陽當虧，執云交分亦繫休咎，朕之薄德，用是責躬，應蝕不蝕，且符至願。昔漢家日蝕之變，則舉賢良、招直諫，蓋思補過以答其咎也。曷若勤於未兆，預以圖之，招諫登賢，以先天意。當與卿等夙夜為心，所請付史館者，依。

從「應蝕不蝕，且符至願」一語，即可看出，在帝王的主觀意識上，原本就不希望日蝕當真發生。因此天文機構測候不準，反倒能帶給帝王意外的驚喜，即使準確，也還有它相關的措施可資補救，不準確正可藉此展現皇權統治的威信，必須大事慶祝，載入史冊，永世流傳。臣子們又奉承上意，投帝王所好，於是造成此一中古時期獨特的「賀日不蝕」風氣。不過，這種完全不顧曆法客觀性與科學性的作法，在唐代雖然不見有人提出批評，後世卻不輕易放過，司馬光就直言，此等連名相姚崇也不能免俗的作為，根本就是誣天侮君之舉：

> 臣光曰：「日食不驗，太史之過也，而君臣相賀，是誣天也。采偶然之文以為符命，小臣之諂也；而宰相因而實之，是侮其君也。上誣於天，下侮其君，以明皇之明、姚崇之賢，猶不免於是，豈不惜哉！」
> 〔註69〕

不過，司馬光以宋人的眼光，所作批評雖無不當，卻稍嫌嚴苛，以唐朝一般士大夫對於天文曆法的基本知識而言，他們讓後人看來似是諂媚與無知的行為，在當時卻可能被認為是合情合理的。這從唐人文獻中，並無對此賀太陽

〔註68〕 見《舊唐書》卷五〈高宗紀下〉，頁103。

〔註69〕 見《資治通鑑》卷二百一十七〈唐紀二十七・玄宗開元二年八月乙酉〉條，頁6704。司馬光之所對玄宗君臣發出和如此嚴詞批評，是因為同卷的另外兩條史料，令他有感而發：（二月庚寅朔條）「太陽應虧不虧，姚崇表賀，請書之史冊，從之」（頁6696）、（八月乙酉）「太子賓客薛謙光獻武后所製豫州鼎銘，其末云：『上玄降鑒，方建隆基』，以為上受命之符。姚崇表賀，且請宣示史官，頒告中外。」（頁6704）

不虧風氣，提出任何批評的議論，可見一斑。唐玄宗時，有一次還因太陽應蝕未蝕，而引來國際友人的推崇與懾服：

> 開元十三年十二月庚戌朔，於曆當蝕太半，時東封泰山，還次梁、宋間，皇帝徹膳，不舉樂，不蓋，素服，日亦不蝕。時群臣與八荒君長之來助祭者，降物以需，不可勝數，皆奉壽稱慶，肅然神服。〔註70〕

封禪完畢的回程中發生日蝕，當著眾多前來祝賀的八荒君長，實在有失顏面，難怪玄宗要撤樂素服以待之。誰知日蝕最後竟然未如預期般發生，不只李唐君臣轉憂為喜，知情的外國賓使，也都驚歎不可思議，非僅不敢嘲笑中國曆術差錯過甚，甚至還「奉壽稱慶，肅然神服」，令唐玄宗又增添了一道光環，當然也不會有人去計較天文官是否失職。

　　如果說前述那些上奏賀日不蝕的朝廷官員，本身天文曆法的科學知識不足，才會有此看似荒謬的行徑，那專業的天文官又是如何看待自己所推測的日蝕應蝕而未蝕呢？一行禪師是玄宗時，朝廷倚重的天文曆法大家，他一向也被認為是唐代天文科學的代表人物，雖無天文官職，但他的看法，應可視為當時具天文曆法專業知識者的普遍意見。且來看看他在為自己編撰的《大衍曆》，所寫的十二篇〈曆議〉中的第十一篇「日蝕議」中，怎樣闡述他對日應蝕而未蝕的看法：

> ……古之太平，日不蝕，星不孛，蓋有之矣！若過至未分，月或變行而避之；或五星潛在日下，禦侮而救之；或涉交數淺，或在陽曆，陽盛陰微則不蝕；或德之休明，而有小眚焉，則天為之隱，雖交而不蝕。此四者，皆德教之所由生也。……使日蝕皆不可以常數求，則無以稽曆數之疏密。若皆可以常數求，則無以知政教之休咎。〔註71〕

而對開元十三年那次應蝕未蝕的結果，一行的評語則是：

> 雖算術乖舛，不宜如此，然後知德之動天，不俟終日矣！〔註72〕

另一位德宗宗時代的天文官徐承嗣，對於日蝕與帝德之間的關係，也認為人事足以影響天象：

> （唐德宗貞元）八年十一月壬子朔，日有蝕之，上不視朝。司天監徐承嗣奏：「據曆數，合蝕八分，今退蝕三分，計減強半。準占，君

〔註70〕見《新唐書》卷二十七下〈曆志三下〉，頁 626。
〔註71〕見《新唐書》卷二十七下〈曆志三下〉，頁 625～627。
〔註72〕見同上註，頁 626。

盛明則陰匿而潛退。請宣示朝廷，編諸史冊。」詔付有司。〔註73〕連一行、徐承嗣這般眾人公認的天文曆法專家，都有日蝕與否，繫於政教休咎得失的看法，至於其他缺乏足夠科學知識的政府官僚，會競相歌誦日應蝕而未蝕，似乎不足為奇。這種風氣的造成，其關鍵恐怕還在於唐代帝王對此事的認知與態度，既然有心藉此事以宣揚皇威，並且流芳史冊，曆法專家也認為是理所當然，臣子們自然樂於奉承，故能形成此一中國歷史上獨特的政治文化。

二、有關日蝕星變的補救措施

討論完對於日蝕變異的形式救禳後，接著要論述的是，在實務的政治作為上，中古時期的帝王，又會用哪些行為，來回應日蝕或其它天文變異，所可能帶來的天意懲處？

行大赦，是其中常見的一種方式，藉赦罪的恩德，以祈免受天譴，而會促使帝王行赦的天文變異中，日蝕和星變是較常見的。太陽是君王的表徵，發生虧蝕變異，自然被聯想成帝德有虧、政治不清明；同樣地，星象變異所代表的，也是天意對於人間國度的不滿，為免上天更進一步的懲罰，自然必須有所反省檢討。司馬遷所謂「日變脩德、月變省刑、星變結和」〔註74〕是也。自漢代以來，即有諸多因天文變異而行大赦的先例。〔註75〕這種將天文現象附會於人間事務的思考脈絡，延續至中古時期，仍舊處處可見其痕跡。下表所示，即中古時期歷朝因天文變異而施行大赦的紀錄：

表四：中古時期因天文星變行赦一覽表

朝　代		施行時間	措　施	原　因	資　料　來　源
三國·蜀漢	後　主	景耀元年（258）	大　赦	景星見	《三國志》卷三十三〈蜀書·後主傳〉，頁 899。
晉　朝	武　帝	咸寧五年（279）夏四月庚午日	大　赦	三辰謫見	《晉書》卷三〈武帝紀〉，頁 30。
	懷　帝	永嘉二年（308）春正月丁未日	大　赦	日　蝕	《晉書》卷五〈懷帝紀〉，頁 117。

〔註73〕見《唐會要》卷四十二〈日蝕〉條，頁 890。

〔註74〕見《史記》卷二十七〈天官書〉，頁 1351。

〔註75〕據杜欽在〈兩漢大赦研究〉（臺中：東海大學歷史研究所碩士論文，1991 年）一文中所附「兩漢大赦年表」的統計，漢代近兩百次的大赦中，因天文變異而行者共計十一次，其中日蝕有七次，星變有四次。

	愍帝	建興二年（314）春正月丁丑日	大赦	日變	《晉書》卷五〈愍帝紀〉，頁 128。
	成帝	咸康六年（340）三月丁卯日	大赦	星孛於太微	《晉書》卷七〈成帝紀〉，頁 182。
		咸康八年（342）春正月乙丑日	大赦	日蝕	《晉書》卷七〈成帝紀〉，頁 183。
	海西公	太和三年（368）春三月癸亥日	大赦	日蝕	《晉書》卷八〈海西公紀〉，頁 212。
	孝武帝	太元九年（384）冬十月乙丑日	大赦	日蝕	《晉書》卷九〈孝武帝紀〉，頁 234。
南朝·宋	孝武帝	孝建元年（454）秋七月丙辰日	大赦	日蝕	《宋書》卷六〈孝武帝紀〉，頁 115。
南朝·齊	武帝	永明八年（490）秋七月癸卯日	大赦	緯象愆度	《南齊書》卷三〈武帝紀〉，頁 58。
南朝·梁	武帝	普通三年（521）夏五月壬辰朔日	大赦	日蝕	《梁書》卷三〈武帝紀下〉，頁 66。
南朝·陳	宣帝	太建四年（572）秋九月辛亥日	大赦	日蝕	《陳書》卷五〈宣帝紀〉，頁 82。
		太建十一年（579）冬十一月辛卯日	大赦	辰象愆度	《陳書》卷五〈宣帝紀〉，頁 95。
唐朝	則天皇后	天授二年（691）四月丙午日	大赦	日蝕	《新唐書》卷四〈則天皇后紀〉，頁 91。
		長壽元年（692）四月丙申朔	大赦、改元	日食	《新唐書》卷四〈則天皇后紀〉，頁 92。
		長壽二年（693）九月乙未日	大赦	日食	《新唐書》卷四〈則天皇后紀〉，頁 93。
		久視元年（700）五月癸丑日	大赦、改元	日食	《新唐書》卷四〈則天皇后紀〉，頁 101。
	肅宗	乾元三年（760）閏四月己卯日	大赦、改元	有彗星出於西方	《舊唐書》卷十〈肅宗紀〉，頁 259。
	代宗	大曆五年（770）六月己未日	赦天下見禁因徒	彗星滅	《舊唐書》卷十一〈代宗紀〉，頁 297。
	文宗	開成元年（836）正月辛丑朔日	大赦、改元	日食	《新唐書》卷八〈文宗紀〉，頁 237。
	昭宗	大順二年（891）四月甲申日	大赦	彗星入太微	《新唐書》卷十〈昭宗紀〉，頁 287。
		乾寧元年（894）正月乙丑日	大赦、改元	有星孛於鶉首	《新唐書》卷十〈昭宗紀〉，頁 289。

　　當然，天文變異並非行赦的唯一原因，但從歷代屢次因日蝕、星變等而行大赦來看，顯然在帝王心目中，天象與人事，關係密切，其與踐祚、改元等國家大事，同樣具有影響皇權統治的實質意義在。在中古時期因天文而行赦的考量，多半是因應其在天文星占上的不利徵驗，唯獨三國時代的蜀漢這一次因景星見、及唐代宗時因彗星滅而行赦，是屬於帶有慶祝性質的。景星出現所代表的徵兆，據《史記・天官書》云：「景星者，德星也。其狀無常，常出於有道之國。」（頁 1336）《史記正義》的加注稱：「景星狀如半月，生於晦朔，助月爲明。見則人君有德，明聖之慶也。」。但整體而言，因天文變異行赦，還是以避免在天人合一的災異觀念下，不利天象所可能帶來的禍害、祈求上天息怒免禍爲主。中古時期延續漢儒董仲舒等人的災異觀，將天文與其它大自然現象，如旱澇、地震等，皆列入災異祈禳的範圍中，冀望藉由大赦這一類寬恕罪刑的德政，免除上天所可能降下的未知災難。陳宣帝在說明太建十一年十一月辛卯日之所以行赦的原因的詔書中說道：

> ……暑雨祁寒，寧忘咨怨。兼宿度乖舛，次舍違方，若日之誡，責歸元首，愧心斯積，馭朽非懼。即建子令月，微陽初動，應此嘉辰，宜播寬澤，可大赦天下。〔註76〕

對於統治者而言，因爲天文變異對於世道人心，容易造成不良影響，爲免有心者對現存政權或主政者有進一步批評的藉口，進行某些可提振人心的政治變革，是保護皇權的必須手段。大赦只不過是其中一項，其它經常可見的配套措施，還有減膳、避正殿、納諫、招賢良、免賦減稅等等，如陳宣帝在太建四年九月辛亥日宣佈大赦的同時，又下詔曰：

> 舉善從諫，在上之明規：進賢謁言，爲臣之令範，……貴爲百辟，賤有十品，工拙並驚，勸沮莫分，街謠徒擁，廷議斯闕。寔朕之弗明，而時無獻替。永言至治，何迺爽歟？外可通示文武：凡厥在位，風化殊乖，朝政純蠹，正色直辭，有犯無隱。兼各舉所知，隨才明試。其莅政廉穢，在職能否，分別矢言，俟茲黜陟。〔註77〕

　　另外，這些政治施爲，有時並非大赦的配套措施，而是純綷爲了因應天象變異。晉武帝太康七年春正月甲寅朔日，正逢元旦日蝕，對於一個新立未久的政權而言，爲極凶之兆，勢必有所作爲以因應之，隔天（乙卯日）晉武

〔註76〕見《陳書》卷五〈宣帝紀〉，頁 95。
〔註77〕見《陳書》卷五〈宣帝紀〉，頁 82。

帝即下詔曰：

> 比年災異屢發，日蝕三朝，地震山崩。邦之不臧，實在朕躬。公卿
> 大臣各上封事，極言其故，勿有所諱。〔註78〕

到了太康九年春正月壬申朔日，又再度發生元旦日蝕，武帝則趁此機會進行
大規模的吏治改革：

> 興化之本，由政平訟理也。二千石長吏不能勤恤人隱，而輕挾私故，
> 興長刑獄，又多貪濁，煩擾百姓。其敕刺史二千石糾其穢濁，舉其
> 公清，有司議其黜陟。令內外群官舉清能，拔寒素。〔註79〕

這可說是晉武帝藉由天文變異，澄清吏治。同年秋八月壬子「星隕如雨，詔郡
國五歲刑以下決遣，無留庶獄。」〔註80〕東晉成帝咸和六年三月壬戌日，發生
日蝕，旋即在同月「癸未，詔舉賢良直言之士」，〔註81〕哀帝隆和元年十二月戊
午朔日，有日蝕，哀帝下詔曰：「戎旅路次，未得輕簡賦役。玄象失度，亢旱為
患。豈政事未洽，將有板築、渭濱之士邪！其捜揚隱滯，蠲除苛碎，詳議法令，
咸從損要。」〔註82〕到了東晉孝武帝寧康年間，又連續發生天文星變，二
月「丁巳，有星孛於女虛」，同年「三月丙戌，彗星見於氐」。〔註83〕這對於當
時外有權臣桓溫虎視眈眈，在內又是先帝初崩、孤兒寡婦無所依靠的東晉皇室
而言，連續發生星變，正好予人政權轉替的藉口，若不善加應對，司馬氏江山
即有可能不保。因此事隔未久，皇太后即以孝武帝之名下詔曰：

> 頃玄象或愆，上天表異，仰觀斯變，震懼于懷。夫因變致休，自古
> 之道，朕敢不克意復心，以思厥中？又三吳奧壤，股肱望郡，而水
> 旱併臻，百姓失業，夙夜惟憂，不能忘懷，宜時拯恤，救其彫困。
> 三吳義興、晉陵及會稽遭水之縣猶甚者，全除一年租布，其次聽除
> 半年，受振貸者即以賜之。〔註84〕

豈知一連串的恤民德政之後，到了隔年冬十月癸酉朔，竟又發生日蝕，於是
在十二月癸未日時，再度下詔曰：「頃日蝕告變，水旱不適，雖克己思救，未

〔註78〕見《晉書》卷三〈武帝紀〉，頁76。
〔註79〕見《晉書》卷三〈武帝紀〉，頁78。
〔註80〕見同上註。
〔註81〕見《晉書》卷七〈成帝紀〉，頁176。
〔註82〕見《晉書》卷八〈哀帝紀〉，頁207。
〔註83〕見《晉書》卷九〈孝武帝紀〉，頁226。
〔註84〕見《晉書》卷九〈孝武帝紀〉，頁226。

盡其力，其賜百姓窮者米，人五斛。」〔註85〕可是此後卻依然天文變異不斷，如孝武帝太元元年冬十一月己巳朔「日有蝕之，詔太官徹膳」，〔註86〕太元六年夏六月庚子朔日有日蝕，外加揚、荊、江三州大水，同月己巳日，下詔「改制度，減煩費，損吏士員七百人」，〔註87〕以答天譴。

　　非僅中國之君主深受天人合一觀念的影響，重視天文星變的象徵性意義，進而採取各種政治作爲以祈禳之。五胡亂華期間的十六國中，即使是胡人建立的政權，也多遵從此一中國傳統政治的應變模式，如後趙時的石虎（石季龍）：

> 于時大旱，白虹經天，（石）季龍下書曰：「朕在位六載，不能上和乾象，下濟黎元，以致星虹之變。其令百僚各上封事，解西山之禁，蒲葦魚鹽除歲供之外，皆無所固。公侯卿牧，不得規占山澤，奪百姓之利。」又下書曰：「前以豐國、澠池二治初建，徒刑徒配之，權救時務。而主者循爲恆法，致起怨聲。自今罪犯流徒，皆當申奏，不得輒配也。京獄見囚，非手殺人，一皆原遣。」〔註88〕

白虹之出，自來被星占家認爲是極爲不利的天象，占書有云：「白虹，其下有流血。」「白虹者，百殃之事，眾亂之基。」「白虹見城上，其下必大戰，流血。」〔註89〕面對此一凶象，石季龍所採取的，正是傳統儒家強調的修德以禳之，希望藉由解山澤之禁、免除公卿特權，及減免刑罰等措施，來爭取民心，以平息天怒。不料之後白虹經天的天象，又再度出現，石季龍只好又進一步，要求臣屬建言以禳救凶象：

> 時白虹出自太社，經鳳陽門，東南連天，十餘刻乃滅。季龍下書曰：「蓋古明王之理天下也，政以均平爲首，化以仁惠爲本，故能允協人和，緝熙神物。朕以眇薄，君臨萬邦，夕惕乾乾，思遵古烈，是以每下書蠲除徭賦，休息黎元，庶撫懷百姓，仰稟三光。而中年以來，變眚彌顯，天文錯亂，時氣不應，斯由人怨於下，譴感皇天。雖朕之不明，亦群后之不能翼獎之所致也。昔楚相修政，洪災旋弭，鄭卿屬道，氛祲自消，皆股肱之良，用康群變。而群公卿士各懷道

〔註85〕 見同上註，頁 227。
〔註86〕 見同上註，頁 228。
〔註87〕 見同上註，頁 231。
〔註88〕 見《晉書》卷一百六〈石季龍載記〉，頁 2770。
〔註89〕 見《開元占經》卷九十八〈虹蜺占・白虹三〉，頁 941。

迷邦，拱默成敗，豈所望於台輔百司哉！其各上封事，極言無隱。」

於是閉鳳陽門，唯元日乃開。立二時於靈昌津，祠天及五郊。〔註90〕

這種因天文星變而求臣下建言的措施，可說是皇權政治中，君臣關係極有效的調節樞紐。平日高高在上的君王，可輕易將諫言不中聽的臣子，處以極刑。因此在大部份的時間裏，爲臣者只能唯君命是從，能秉直建言而不被罪，多半得靠點兒運氣。天文星變的發生，則爲君臣之間的溝通，提供一極佳之安全媒介。如南朝宋元嘉三十年秋七月辛丑朔（按：元嘉乃宋文帝的年號，繼位的孝武帝劉駿在這一年的四月踐祚，依例次年才改元，故仍沿用元嘉年號），發生日蝕，到同月甲寅日，甫登基未久的孝武帝即下詔曰：

> 世道未夷，惟憂在國。夫使群善畢舉，固非一才所議，況以寡德，
> 屬衰薄之期，夙宵寅想，永懷待旦。王公卿士，凡有嘉謀善政，可
> 以維風訓俗，咸達乃誠，無或依隱。〔註91〕

過了不久，又感到單是如此徵求臣下建言，尚不足以塞眾人之口，維持皇權於不墜，因此在同年同月辛酉日時，又下詔曰：

> 百姓勞弊，傜賦尚繁，言念未乂，宜從約損。凡用非軍國，宜悉停
> 功。可省細作並尚方，雕文靡巧，金銀塗飾，事不關實，嚴爲之禁。
> 供御服膳，減除遊侈。水陸補採，各順時月。官私交市，務令優衷。
> 其江海田地公家規固者，詳所開弛。貴戚競利，悉皆禁絕。〔註92〕

企圖藉由對皇室自身的約束與奢侈用費的減省，來免除人們對於新皇登基，即有日蝕此等不祥徵兆發生的疑慮。

梁武帝蕭衍在普通三年五月壬辰朔日，發生日蝕後，也隨即在癸未日，宣示「赦天下，並班下四方，民所疾苦，咸即以聞，公卿百僚各上封事，連率郡國舉賢良、方正、直言之士。」〔註93〕

陳宣帝太建六年夏四月庚子日有「彗星見」，爲了減除世人對其命師北伐的反感，次日（辛丑日）即緊急頒詔曰：

> ……近命師薄伐，義在濟民，青、齊舊隸，膠、光部落，久患凶戎，
> 爭歸有道，棄彼農桑，忘其衣食。而大軍未接，中途止憩，朐山、

〔註90〕見《晉書》卷一百六〈石季龍載記〉，頁 2775～2776。
〔註91〕見《宋書》卷六〈孝武帝紀〉，頁 112。
〔註92〕見同上註。
〔註93〕見《梁書》卷三〈武帝紀下〉，頁 66。

黃郭，車營布滿，扶老攜幼，蓬流草跋，既喪其本業，咸事遊手，饑饉疾疫，不免流離。可遣大使精加慰撫，仍出陽平倉穀，拯其懸罄，並充糧種。勸課士女，隨近耕種。〔註94〕

另外，在北朝方面，也同樣屢有因天文變異，而行政治上的改革措施。如北魏孝文帝太和十二年九月甲午日，曾因月蝕而下詔曰：「日月薄蝕，陰陽之恆度耳，聖人懼人君之放怠，因之以設誡，故稱『日蝕修德，月蝕修刑』。迺癸巳夜，月蝕盡。公卿已下，宜慎刑罰以答天意。」〔註95〕至北魏孝明帝正光四年八月戊寅日，又因星變及水旱不調而下詔曰：

比雨旱愆時，星運舛錯，政理闕和，靈祇表異，永尋夕惕，載惡於懷。宣詔百司各勤厥職，諸有鰥寡窮疾冤滯不申者，並加矜恤。若孝子順孫、廉貞義節、才學超異、獨行高時者，具以言上，朕將親覽，加以旌命。〔註96〕

在北周的時代，宣帝大成元年夏四月壬戌朔日，「有司奏言日蝕，不視事。過時不食，乃臨軒。」〔註97〕對一個初登基未久的帝王而言，發生日蝕自然是極為不祥的天兆，再加上當時的政治局勢險惡，外戚兼宰輔重臣的楊堅，虎視眈眈，隨時有可能取宇文氏的政權而代之，宣帝自然必需慎為因應。但豈知在日蝕之後，又有一連串的天文星變，弄得朝中人心惶惶，宣帝只好在這一年的年底又再度下詔：

十二月戊午，以災異屢見，帝御路寢，見百官，詔曰：「穹昊在上，聰明自下，吉凶由人，妖不自作。朕以寡德，君臨區寓，大道未行，小信非福。始於秋季，及此玄冬，幽顯殷勤，屢貽深戒。至有金入南斗，木犯軒轅，熒惑干房，又與土合，流星照夜，東南而下。然則南斗主於爵祿，軒轅爲於後宮，房曰明堂，布政所也，火土則憂孽之兆，流星乃兵凶之驗。豈其官人失序，女謁尚行，政事乖方，憂患將至？何其昭著，若斯之甚。上瞻府察，朕實懼焉。將避正寢，齋居克念，惡衣減膳，去飾撤懸，披不諱之誠，開直言之路。欲使刑不濫及，賞弗踰等，選舉以才，宮闈修德。宜宣諸內外，庶盡弼

〔註94〕見《陳書》卷五〈宣帝紀〉，頁87。
〔註95〕見《魏書》卷七〈高祖紀下〉，頁164。
〔註96〕見《魏書》卷九〈肅宗紀〉，頁235。
〔註97〕見《周書》卷七〈宣帝紀〉，頁119。

諧，允叶民心，用消天譴。」〔註98〕

北周宣帝宇文贇，是一個行事作風頗爲奇特的皇帝，他登基未及一年，即傳位給太子（即日後的靜帝宇文衍）。自居太上皇，稱天元皇帝，地位猶在皇帝之上，依然操控朝政大權。他在位時間雖然不長，但宮闈之際風波不斷，史云其：

> 嗣位之初，方逞其欲。大行在殯，曾無戚容，即閱視先帝宮人，逼爲淫亂。纔及踰年，便恣聲樂，采擇天下子女，以充後宮……禁天下婦女皆不得施粉黛之飾，唯宮人得乘有幅車，加粉黛焉。西陽公宇文溫，杞國公亮之子，即帝之從祖兄子也。其妻尉遲氏有容色，因入朝，帝遂飲之以酒，逼而淫之。亮聞之，懼誅，乃反。纔誅溫，即追尉遲氏入宮，初爲妃，尋立爲皇后。〔註99〕

而在他下此天象應變詔書之前的三個月內，的確是各種天文現象不斷：

> 八月辛巳，熒惑犯南斗第五星。

> 九月己巳，太白入南斗。

> 冬十月壬戌，歲星犯軒轅大星。

> 冬十月乙酉，熒惑、鎮星合於虛。

> 十一月己酉，有星大如斗，出張，東南流，光明燭地。〔註100〕

而這些天文變異在星占學上的象徵意義，確如其在詔書中所言那般不利，必需有所行動以趨吉避凶。不過，令人質疑的是，宣帝的詔書是否出自他的本意，或者只是爲了應付輿論的壓力，虛應故事而已。因爲他在下詔後不久，即「舍杖衛、往天興宮。百官上表勸復寢膳，許之。甲子，還宮，御正武殿，集百官及宮人內外命婦，大列妓樂，又縱胡人乞寒，用水澆沃爲戲樂。」〔註101〕絲毫看不出有如詔書中所說，要眞誠悔過的意思。在其本紀的史評中，撰史者批評他的一生道：「窮南山之簡，未足書其過；盡東觀之筆，不能記其罪」，〔註102〕雖知警惕於天文變異，但只是下詔罪己而無實質改革措施，也是無濟於事，最後仍是將江山拱手讓人。唐玄宗時，開元七年五月己丑朔日發生日蝕，玄宗也

〔註98〕見《周書》卷七〈宣帝紀〉，頁121～122。
〔註99〕見《周書》卷七〈宣帝紀〉，頁124～125。
〔註100〕俱見於見《周書》卷七〈宣帝紀〉，頁121。
〔註101〕見《周書》卷七〈宣帝紀〉，頁122。
〔註102〕見《周書》卷七〈宣帝紀〉，頁126。

隨即採取應變措施：「素服、撤樂、減膳、中書門下慮囚。」〔註103〕期望藉由帝王的自我約束以避免上天的懲罰。

　　除了日蝕之外，另一個較受傳統皇權政治重視的天象，是所謂的星變，其中又以彗星的出現，最被視爲大凶之象。其救禳措施，雖不若日蝕那般勞師動眾，但卻也是當權者所不敢忽視的。

　　唐朝太宗貞觀八年八月二十三日時，「有星孛於虛、危，歷於氐，百餘日乃滅」，〔註104〕根據星占學上的說法：「彗出虛、危之間，其國有叛臣，兵大起，將軍出行，國易政。」〔註105〕面對如此嚴重的天象示警，向來勤政愛民的唐太宗，趕緊召來群臣研商對策：

> 太宗謂群臣曰：「天見彗星，是何妖也？」（虞）世南曰：「昔齊景公時有彗星見，公問晏嬰，對曰：『穿池沼畏不深，起臺榭畏不高，行刑罰畏不重，是以天見彗爲公誡耳。』景公懼而修德，後十六日而星沒。臣聞『天時不如地利，地利不如人和』，若德義不修，雖獲麟鳳，終是無補，但政事無闕，雖有災星，何損於時？然願陛下勿以功高古人而自矜伐，勿以太平漸久而自驕怠，慎終如始，彗星雖見，未足爲憂。」〔註106〕

虞世南爲人「性沉靜寡欲，篤志勤學」，「太宗重其博識，每機務之隙，引之談論，共觀經史」，時任太史局主管秘書監的他，對於星占雖非專精，但從儒者觀點，引古論今，重德不重神，也頗能合太宗之意：

> 太宗斂容謂曰：「吾之撫國，良無景公之過。但吾纔弱冠舉義兵，年二十四平天下，未三十而居大位，自謂三代以降，撥亂之主，莫臻於此，……吾頗有自矜之意，以輕天下之士，此吾之罪也。上天見變，良爲是乎？」〔註107〕

唐太宗對於天象變異的敬畏，除了表現在藉此積極自我反省之外，也曾因此而停止對於古代帝王而言，最爲光榮重要的封禪大典。有道是「自古受命帝

〔註103〕見《新唐書》卷五〈玄宗紀〉，頁127。
〔註104〕見《舊唐書》卷七十二〈虞世南傳〉，頁2567。在《唐會要》卷四十二「彗孛」條中也有相關記載，只是內容頗有差異：「有星孛於虛危，歷於元枵，凡十一日乃滅」（頁897）。
〔註105〕見《乙巳占》卷八〈彗孛入列宿占第四十八〉，頁121。
〔註106〕見《舊唐書》卷七十二〈虞世南傳〉，頁2567。
〔註107〕見同上註。

王，曷嘗不封禪？蓋有無其應而用事者矣，未有睹符瑞見而不臻乎泰山者也。」〔註108〕唐太宗李世民自登基以後，臣下即多次奏請封禪泰山，但均為太宗所謙辭，直到貞觀十五年四月，有鑒於「天眷彰於符瑞，人事表於隆平」，〔註109〕太宗才認為時機已經成熟，決定在次年二月到泰山行封禪之禮，並下令群臣集議相關禮儀。孰料到了這一年的六月己酉日，在太宗車駕行至洛陽時，竟發生「有星孛於太微宮犯帝位」〔註110〕的天象。依據傳統星占學的說法，此一天象極為凶惡，有謂：「彗孛於太微，天下亂，有兵喪，大人惡之。」「彗干犯帝座，民大亂，宮朝徙，大臣憂。」〔註111〕甫宣佈將行封禪未久，即發生如此險惡天象，對一向強調順天治民的太宗君臣而言，震撼之大，不言可喻。時任朝散大夫行起居郎的褚遂良即上奏曰：「陛下撥亂反正，功昭前烈，告成升岳，天下幸甚。而行至雒陽，彗星輒見，此或有所未允合者也。且漢武優柔數年，始行岱禮。臣愚伏願詳擇。」〔註112〕太宗也自覺天意不可逆，隨即下詔暫停封禪之禮曰：

> 自古皇王，受天之命，建顯號於封禪、揚功名於竹帛者，莫不功濟夷夏，道協人祇，然後登泰山之高，刊梁甫之石，……今太史奏彗星出於西方，朕撫躬自省，深以戰慄。良由功業之被六合，猶有未著；德化之覃八表，尚多所闕。遂使神祇垂祐，警戒昭然。朕畏天之威，寢興靡措，且曠代盛典，禮數非一，行途之間，勞費不少，冬夏凋弊，多未克復。……非惟上虧天意，亦恐下失人心，解而更張，抑有故實。前以來年二月有事泰山，宜停。〔註113〕

對於自認「三代以降，撥亂之主，未臻於此」的唐太宗李世民而言，在象徵上達天聽的泰山頂峰題石刻字，留作一生不凡功業的紀錄，應是其人生至願。表面上雖然謙辭，到底內心意願極高，豈料在籌備多時之後，竟巧逢彗星之變，迫使他不得不放棄原有的計畫，下詔重新檢討施政上的過失，以上答天譴。連封禪此等國家大事，都要受到天文星變的牽制，傳統天文對於皇權政治的影響力之大，於此可見般。

〔註108〕見《史記》卷二十八〈封禪書〉，頁1355。
〔註109〕見《唐會要》卷七〈封禪〉，頁104。
〔註110〕見同上註。
〔註111〕參《乙巳占》卷八〈彗孛入中外宮占第四十九〉，頁123。
〔註112〕見《舊唐書》卷七〈封禪〉，頁104。
〔註113〕同上註

　　唐高宗龍朔三年時，「秋八月癸卯，彗星見於左攝提。」〔註114〕據占書云：「彗出攝提，天下亂，帝自兵於野，兵起宮中，王者有憂。」〔註115〕五天後的戊申日，高宗有了應變行動：「詔百僚極言正諫。命司元（玄）太常伯竇德賢、司刑太常伯劉祥道等九人爲持節大使，分行天下。仍令內外官五品以上，各舉所知。」到了高宗乾封三年，又有天文變異：「夏四月丙辰，有彗星見於畢、昂之間。」〔註116〕占書有云：「彗、孛犯畢，邊疆大戰，中原流血。」〔註117〕又云：「彗星出昂，大臣爲亂，君弱臣強，邊兵大起，天子憂之，人民驚恐，國有憂主。」〔註118〕一般推測，這是一個可能將與鄰國發生衝突戰爭的徵兆，而且結果極可能對國君不利，爲此高宗憂心忡忡：

　　乙丑，上避正殿，減膳，詔內外群官各上封事，極言過失。於是群臣上言：「星雖孛而光芒小，此非國眚，不足上勞聖慮，請御正殿，復常饌。」帝曰：「朕獲奉宗廟，撫臨億兆，譴見於天，誠朕之不德也，當責躬修德以禳之。」群臣復進曰：「星孛於東北，此高麗將滅之徵。」帝曰：「高麗百姓，即朕之百姓也。既爲萬國之主，豈可推過於小番！」竟不從所請。乙亥，彗星滅。〔註119〕

高宗的憂心並非杞人憂天，因爲當時唐、麗之間正在交戰，彗星雖說是出自東北方，可依群臣所言，解釋爲位處東北的高麗，將會兵敗民喪的象徵。不過，高宗的憂慮似乎比臣下更進一層，以普天之下莫非王土的觀念而論，即使高麗，也要算是大唐王土的一部份，高麗人民更要視若大唐子民，加以愛護。若因天象不吉，即將其兆應推與外邦，他日若面對東北方發生吉祥天象時，又當如何自處？高宗所言，顯然是深刻明白天象徵兆，對於大唐皇權關係非輕，才會有此論述。其後到了高宗上元三年時，「秋七月，彗起東井，指

〔註114〕見《舊唐書》卷四〈高宗紀上〉，頁85。
〔註115〕見《乙巳占》卷八〈彗孛入中外宮占第四十九〉，頁123。
〔註116〕見《舊唐書》卷五〈高宗紀下〉，頁91。《新唐書》卷三〈高宗紀〉記此則星變略有差異：「（總章元年四月）丙辰，有彗星出於五車，避正殿、減膳、撤樂，詔內外官言事。」（頁66～67）乾封三年實即總章元年，所記應是同一彗星之變，據占書云：「彗星出五車，兵大起，車騎行，有攻戰，糴大貴，人民飢。」（《開元占經》卷九十〈彗孛占下·彗孛犯石氏中官一·彗孛犯五車三十六〉條，頁876），同樣屬於凶惡之兆。
〔註117〕見《乙巳占》卷八〈彗孛入中外宮占第四十八〉，頁122。
〔註118〕見《開元占經》卷八十九〈彗孛犯西方七宿七·昂·彗孛犯昂〉條，頁864。
〔註119〕見《舊唐書》卷五〈高宗紀下〉，頁91～92。

北河，漸東北，長三丈，掃中台，指文昌宮，五十八日方滅。」〔註120〕據占書云：「彗星出三臺，有陰謀，奸軌起；一曰宮中火起，一曰臣害君，禍大起。」又曰：「彗星出中臺司中，奸臣有謀，兵大起。」又云：「彗星出而弗文昌，天下大亂政。」〔註121〕都是十分不利的徵兆。於是到了八月庚子日，高宗又爲了這次的星變，進行了一連串平息天怒、保護皇權的措施：「以星變，避殿、減膳，放京城繫囚，令文武官各上封事言得失。」〔註122〕

唐文宗開成二年的二月至三月間，曾有一連串的彗星之變，預示各種不祥的徵兆，計有：

1. （二月）丙午夜，彗出東方，長七尺，在危初，西指。
2. （二月）辛酉夜，彗長丈餘，直西行，稍南指，在虛九度半。
3. （二月）壬戌夜，彗長二丈餘，廣三尺，在女九度，自是漸長闊。
4. （三月）乙丑夜，彗星長五丈，歧分兩尾，其一指氐，其一掩房。
5. （三月）丙寅夜，彗長六丈，尾無歧，在亢七度。
6. （三月）戊辰夜，彗長八丈有餘，西北行。東指，在張十四度。〔註123〕

在這幾次的星變記載中中，文宗自第三次起，作相對的回應。據占書云：「彗孛干犯須女，其邦兵起，女爲亂，若妾遷爲后，王者無信大亂……退女所親，天下安寧。」〔註124〕面對此一與女性有關的天象，文宗的因應之道，是在兩天後的三月甲子朔日「出音聲女妓四十八人，令歸家」。〔註125〕第四次的星變，其徵應據占書云：「彗孛起氐中，天子不安，宮移徙，失德易政。彗星房出，天子行爲無道，諸侯舉兵守國。彗孛實房，王室大亂。」〔註126〕文宗爲求免禍，約束自己在隔天（丙寅日）「罷曲江宴」。〔註127〕豈知就罷宴當天，又見彗星犯亢，據占書云：「彗出亢，天下大饑，其國有兵喪，人民多疫，人相食……彗出亢，天子失德，天子大亂，有大水兵疫。」〔註128〕再度面對

〔註120〕見《舊唐書》卷五〈高宗紀下〉，頁102。
〔註121〕參《開元占經》卷九十〈彗星占下・彗孛犯石氏中官一〉條、〈彗孛犯三臺五十二〉條、〈彗孛犯文昌五十五〉，頁879～880。
〔註122〕見《舊唐書》卷五〈高宗紀下〉，頁102。
〔註123〕以上六則資料俱見於《舊唐書》卷十七下〈文宗紀下〉，頁568。
〔註124〕見《乙巳占》卷八〈彗孛入列宿占第四十八〉，頁121。
〔註125〕見《舊唐書》卷十七下〈文宗紀下〉，頁568。
〔註126〕見《乙巳占》卷八〈彗孛入列宿占第四十八〉，頁121。
〔註127〕見《舊唐書》卷十七下〈文宗紀下〉，頁568。
〔註128〕見《乙巳占》卷八〈彗孛入列宿占第四十八〉，頁121。

此等攸關國計民生的不利天象，文宗在罷宴之餘，又「敕尚食使，自今每一日御食料分為十日，停內修造。」〔註129〕希望藉由節縮宮中開支與帝王個人享樂，以祈禳國泰民安。偏偏天不從人願，兩天後彗星又犯張宿，占書言其徵應是：「彗干犯張，其國內外用兵，主徙宮，天下半亡。彗出張，大旱，穀石三千。」〔註130〕如此凶象，文宗持續縮減宮廷的浮華享樂，三天後（辛未日）下令「宣徽院法曲樂宮放歸」。儘管在歷次星變之後，皆有相應措施以祈禳之，但稍後文宗仍自覺不安，唯恐連續多次彗星犯宿，會帶來不可預知的大難。於是在三月壬申日，下了一道罪己澤民之詔，以昭告天下謂：

> 朕嗣丕構，對越上玄，虔恭寅畏，于今一紀……然誠未格物，謫見於天，仰愧三靈，俯慚庶彙，思獲攸濟，浩無津涯。……載軫在予之責，宜降恤辜之恩，式表殷憂，冀答昭誠。天下死罪降從流，流已下並釋放，唯故殺人、官典犯贓、主掌錢穀賊盜、不在此限。諸州遭水旱處，並蠲租稅。中外修造並停，五坊鷹隼悉解放。朕今素服避殿，徹樂減膳。近者內外臣僚，繼貢章表，欲加徽號。夫道大為帝，朕膺此稱，祗愧已多，矧鍾星變之時，敢議名揚之美？非懲既往，且儆將來，中外臣僚，更不得上表奏請。表已在路，並宜速還，在朝群臣，方岳長吏，宜各上封事，極言得失，弼違納誨，副我虛懷。〔註131〕

文宗是一個對於天文星變十分重視的帝王，他在位期間，因為天文星變而發的改革詔書，尚不止於此。開成三年「十一月乙卯朔，是夜，彗孛東西竟天。」七天後的壬戌日下詔曰：

> 上天蓋高，感應必由乎人事；寰宇雖廣，理亂盡繫於君心。從古以來，必然之義。朕嗣膺寶位，十月三年，常克己以恭虔，每推誠於眾庶……而德有所未至，信有所未孚，災氣上騰，天文謫見，再周期月，重擾星躔。當求衣之時，觀垂象之變，兢懼惕厲，若蹈泉谷。是用舉成湯之六事，念宋景之一言，詳求譴告之端，採聽銷禳之術。必有精理，蘊於眾情，冀屈法以安人，爰恤刑而原下。應京城諸道見繫囚，自十二月八日已前，死罪降流，已下遞減一等，十惡大逆、殺人劫盜、官

〔註129〕見《舊唐書》卷十七下〈文宗紀下〉，頁 568。
〔註130〕見《乙巳占》卷八〈彗孛入列宿占第四十八〉，頁 121。
〔註131〕見《舊唐書》卷十七下〈文宗紀下〉，頁 568～569。

典犯贓不在此限。今年遭水蝗蟲處，並宜存撫賑給。〔註132〕

這兩份詔書，是中古時期帝王對於星變的應對，所留較爲完整的資料。其內容大致上可分成三個部份，首先是帝王的自我反省，說明自己就任以來如何兢兢業業、用心治理，無愧於天下蒼生。二是既然仍有星變發生，即帝王所爲有不足之處，祈求上天加以諒解。最後一部份，也是最有實質內容的一部份，通常帝王會宣示其對於自我的要求，如避正殿、減膳、停修造等等，另外還有對外的相關行政措施，如減刑、賑恤、納諫招賢良等。到了唐武宗會昌元年時，「十一月壬寅，有彗星出於營室」，〔註133〕這當然不是個吉利的星象，〔註134〕史書上更不乏將其與政治變異相附會的例子。〔註135〕爲此，武宗在九天後的辛亥日，以「避正殿、減膳、理囚、罷興作」等作爲，上答天譴。

唐朝晚年，在內有宦官蠹政、外有強藩虎視的交相逼迫下，朝綱不振，政權隨時有交替的可能，帝王對於天文星變，更是不敢掉以輕心。昭宗時，大順二年「四月庚辰，有彗星入於太微」〔註136〕，依占書所言，此兆甚爲不祥：「彗星弗於太微，天下亂。」、「彗星干入太微，帝宗后族爲亂，亡社稷。」、「彗星入太微庭中，臣謀主，有兵起，王者災社稷，其國憂。」〔註137〕對於當時皇權威信已經極其薄弱的李唐皇室而言，無異是個雪上加霜的警訊。昭宗自然不敢大意，急忙四天後的甲申日，對外宣佈改革措施：「大赦，避正殿，減膳，徹樂。賜兩軍金帛，贖所略男女還其家。民年八十以上及疾不能自存者，長吏存郵。訪武德功臣子孫。」〔註138〕至哀帝時，大權實已落入大藩朱全忠之手，皇帝也被迫移居洛陽，皇權岌岌可危，此時若是對於天文星變的

〔註132〕見《舊唐書》卷十七下〈文宗紀下〉，頁575～576。

〔註133〕見《新唐書》卷八〈武宗紀〉，頁241。

〔註134〕據《開元占經》卷八十九〈彗星占中・營室・彗犯室〉條言：「彗星出營室，天下兵大起。」「彗星出營室，天下亂，易政。」，（頁862）。

〔註135〕如《宋書》卷二十三〈天文志一〉云「（曹魏）嘉平三年十一月癸未，有星孛於營室，西行積九十日滅。占曰：『有兵喪。室爲後宮，後宮且有亂。』……正元元年二月，李豐、豐弟袞州刺史翼、后父光祿大夫張緝等謀亂，皆誅，皇后亦廢。九月，帝廢爲齊王，高貴鄉公代立。」（頁689），星變與廢立之事前後相隔兩年多，將其扯上關連，不免有附會之意，但其事置於天文志中，對於讀史者而言，不免仍有引爲前鑑的警惕作用。

〔註136〕見《新唐書》卷十〈昭宗紀〉，頁287。

〔註137〕參《開元占經》卷九十〈彗星占下・彗孛犯石氏中官一〉條、〈彗孛犯太微四十六〉條，頁878。

〔註138〕見《新唐書》卷十〈昭宗紀〉，頁287。

應對稍有不慎，即極有可能被引爲奪權的藉口。哀帝天祐二年四月時，「甲辰夜，彗起北河，貫文昌，其長三丈，在西北方。」〔註139〕七天後，「辛亥，以彗字譴見，德音放京畿軍鎮諸司禁囚，常赦不原外，罪無輕重，遞減一等，限三日內疏理聞奏。」隔天壬子日，哀帝猶感如此尚不足以杜眾人悠悠之口，再下詔責己：「敕：『朕以沖幼，克嗣丕基，業業兢兢，勤恭夕惕。彗星譴見，罪在朕躬。雖已降赦文，特行恩宥，起今月二十四日後，避正殿、減常膳，以明思過，付所司。』」六天後的戊午日，哀帝又爲此「敕：『朕以上天譴見，避殿責躬，不宜朔會朝正殿。其五月一日朝會，宜權停。』」到了五月一日，哀帝依舊深感不安，下詔採取更多的補救措施：

> 五月己未朔，以星變不視朝。敕曰：「天文變見，合事祈禳，宜於太清宮置黃籙道場，三司支給齋料。」壬戌，敕：「法駕遷都之日，洛京再建之初，慮懷土有類於新豐，權更名以變於舊制。妖星既出於雍分，高閌難劾於秦餘，宜改舊門之名，以壯卜年之永。延喜門改爲宣仁門，重明門改爲興教門，長樂門改爲光政門，光範門曰應天門，乾化門曰乾元門，宣政門曰敷政門，宣政殿曰貞觀殿，日華門曰左延福門，月華門曰右延福門，萬壽門曰萬春門，積慶門曰興善門，含章門曰膺福門，含清門曰延義門，金鑾門曰千秋門，延和門曰章善門，保寧殿曰文思殿。其見在門名，有與西京門同名者，並宜復洛京舊門名，付所司。」〔註140〕

自古以來，在傳統星占學的觀念中，彗星的出現，所代表的就是「除舊佈新，改易君上」的意思，有云「凡彗字見，亦爲大臣謀反，以家坐罪，破軍流血，死人如麻，哭泣之聲遍天下；臣殺君，子殺父，妻害夫，少凌長，眾暴寡，百姓不安，干戈並興，四夷來侵，國兵不出饑疾死亡之事。」〔註141〕在過往的歷史上，更不乏因彗星見而引起臣下圖謀不軌的案例。〔註142〕對於當時處於極度弱勢的李唐皇室而言，若對彗星之變不妥爲因應，不免給予有心人「除

〔註139〕見《舊唐書》卷二十下〈哀宗紀〉，頁792。

〔註140〕以上所引俱見同上註，頁793～794。

〔註141〕見《乙巳占》卷八〈彗字占第四十七〉，頁120。

〔註142〕如《史記》卷一百一十八〈淮南厲王劉長傳〉中，即載劉長謀反前的星變曰：「建元六年，彗星見，淮南王心怪之。或說王曰：『先吳軍起時，彗星出，長數尺，然尚流血千里。今彗星長竟天，天下兵當大起。』王心以爲上無太子，天下有變，諸侯並爭，愈益治器械攻戰具，積金錢略遺郡國諸侯游士奇材⋯⋯謀反滋甚。」（頁3082）

舊佈新、改易君上」的藉口，也因此哀帝才要如此這般大費周章地，又是降赦旨，又是避正殿、減御膳、撤朔會，最後還要動用宗教的力量設道場祈讓、改城門名以應變。雖然哀帝已頗盡力弭災，但上天似乎是故意與李唐皇室爲難，就在取消五月朔會之後沒幾天，到了五月「乙酉夜，西北彗星長六、七十丈，自軒轅大角及天市西垣，光輝猛怒，其長竟天。」〔註143〕這次的星變，幸而在一場陰雨之後暫告消失，但也已讓哀帝嚇出一身冷汗：

> （天祐二年五月）乙亥，……司天奏：「旨朔已前，星文變見，仰觀垂象，特軫聖慈。自今月八日夜已後，連遇陰雨，測候不得。至十三日夜一更三點，天色暫晴，景緯分明，妖星不見於碧虛，災沴潛消於天漢者。」敕曰：「上天譴見，下土震驚，致夙夜之沉憂，恐生靈之多難。不居正殿，盡報常羞，益務齋虔，以申禳禱。果致玄穹覆祐，孛彗消除，豈罪己之感通，免貽人於災沴，式觀陳奏，深慰誠懷。」〔註144〕

只不過，哀帝的誠敬事天，並未得到上天太多的庇蔭，他仍在天祐四年（907）爲朱全忠所弒，李唐近兩百年的江山，則早在他遇弒前即已易主。

　　因爲天象變異而進行的保護皇權措施，除了祈禳、行赦、帝王自省、招賢納諫等之外，另有一個也經常被採行的措施是改元。年號對於位帝王具有極高的象徵意義，通常以能表現帝王的文治武功或皇權威信爲主，天文徵兆的吉凶，攸關皇權存在的正當性與帝王施政績效的良窳，改變年號以應之，自然被認爲是有效的方法之一。唐高宗永隆二年（681）時，「九月丙申，彗星見於天市，長五尺」，〔註145〕天文占書中有云：「彗星出天市，豪傑內外俱起，執令者死，大臣有誅。」〔註146〕是相當不吉利的天象，而在這一年的「冬十月丙寅朔，日有蝕之」。〔註147〕連續的天象變異，似乎在預示某些不祥的人事。爲免遭受天譴，高宗特在日蝕發生之後的第七天（乙丑日），改永隆二年爲開耀元年，彗星示變、日蝕無光，藉由改元爲開耀，祈使國運能重見光明。武則天可說是年號改動頻繁的女皇，其中自然也不乏因天文變異而改動者，如長壽元年四月丙申朔日發生日蝕，隨即宣佈「大赦，改元如

〔註143〕見《舊唐書》卷二十下〈哀宗紀〉，頁794。
〔註144〕見同上註，頁795。
〔註145〕見《舊唐書》卷五〈高宗紀下〉，頁108。
〔註146〕見《開元占經》卷九十〈彗星占下·彗孛犯天市十三〉，頁871。
〔註147〕見《乙巳占》卷八〈彗孛占第四十七〉，頁120。

意」，〔註148〕祈求國泰民安、萬事如意，事實上長壽此一年號用了還不到一年，但爲了應付天文變異，所可能導致的人心思變，也只好不惜一切，頻頻改元。到了久視元年五月己酉朔日，又有日蝕發生，武則天不厭其煩地在四天之後，將久視此一使用未及一年的年號捨棄，在癸丑日宣佈「大赦，改元」。〔註149〕唐肅宗乾元三年，四月「丁巳夜，彗出東方，在婁、胃間，長四尺許。」同年「閏四月辛酉朔，彗出西方，其長數丈」，〔註150〕據占書言，「彗出婁，國有大兵，四時絕祀，有亡國，先旱後水，人民亂，餓死，五穀大貴，糴無價。」「彗出胃，大臣爲亂，天下兵起，五穀不登，人民饑，京都國倉，悉皆空虛。」〔註151〕如此星變，不只關乎政治，更關涉到國計民生，勢必有所行動以應之，於是肅宗在閏四月己卯日時，「以星文變異，上御明鳳門，大赦天下，改乾元爲上元。」〔註152〕

其實，政治的良窳，當然不能全繫於天文星變所帶來的警惕而進行的臨時性措施，但是如果連上天的變異所宣示的警訊，都無法喚醒執政者的覺悟，那國家自然就岌岌可危。關乎此，白居易一首名爲〈司天臺〉的諷諭詩，有著十分貼切的描述：

> 司天臺，仰觀俯察天人際。羲和死來職事廢，官不求賢空取藝。昔聞西漢元成間，上陵下替謫見天。北辰微暗少光色，四星煌煌如火赤。耀芒動角射三台，上台半滅中台坼。是時非無太史官，眼見心知不敢言，明朝趨入明光殿，唯奏慶雲壽星見。天文時變兩如斯，九重天子不得知。不得知，安用臺高百尺爲？〔註153〕

第三節　天文星占與政治鬥爭

帝王對於皇權的維護，除了罪己之外，還可以責人。因天文災異而責免三公等的政府高官，是中國傳統政治倫理上常見的現象，兩漢時尤其盛行，官員不僅必須爲帝王受咎而去職，甚至有代爲受死者。〔註154〕此一政治傳統，

〔註148〕參《新唐書》卷四〈則天皇后紀〉，頁 92。
〔註149〕見同上註，頁 101。
〔註150〕見《舊唐書》卷十〈肅宗紀〉，頁 258。
〔註151〕見《乙巳占》卷八〈彗孛占第四十七〉，頁 122。
〔註152〕見《舊唐書》卷十〈肅宗紀〉，頁 259。
〔註153〕見《白居易集》（北京：中華書局點校本，1979 年）卷三，頁 64。
〔註154〕有關這一方面的討論，可詳參日人影山輝國〈漢代における災異と政治——

102

在進入中古時期之後，有了改變，帝王因天文星變而歸罪大臣的事例，雖仍時有所見，但除非君臣之間嫌隙極深，否則一般帝王，絕少因此而逼迫大臣走上絕路，甚至連罪責三公都不願意。如曹魏文帝曹丕之對太尉賈詡：

> （黃初二年六月）戊辰晦，日有食之，有司奏免太尉，詔曰：「災異之作，以譴元首，而歸過股肱，豈禹、湯罪己之義乎？其令百官各虔厥職，後有天地之眚，勿復劾三公。」〔註155〕

顯見當時此一因天文災異而罪免三公的制度猶存，只是實行與否，得視當時的政治環境與君臣關係而定。黃初二年時，文帝登基未久，天下尚未完全平復，貿然因天文變異而處份重臣，對於政局的安定，勢必造成傷害，是文帝不願意輕舉妄動的原因之一。另外，就曹丕與當時的太尉賈詡的關係而論，在之前曹丕與其弟曹植的皇儲爭奪戰中，賈詡曾有力保之功，〔註156〕登基後正思有所回報，自然不致因此輕易降罪於賈詡。〔註157〕

遇上明理的帝王或者君臣之間無重大嫌隙者，通常天文變異發生時，即使臣子自行請罪，帝王也會加以優容，如晉武帝時，司空衛瓘曾因為日蝕，上表請求與太尉汝南王司馬亮、司徒魏舒共同免職以示負責，但晉武帝並未允許。〔註158〕又如後秦時的姚興，在罪責三公一事上，也是採取較為寬容的態度：

> 時客星入東井，所在地震，前後一百五十六。（姚）興公卿抗表請罪，興曰：「災譴之來，咎在元首，近代或歸罪三公，甚無謂也。公等其悉冠履復位。」〔註159〕

南朝宋時的劉義慶，也曾因天文變異而自請處份，但也獲得免責的優遇：

宰相の災異責任を中心に〉（《史學雜誌》第90編第8號，1981年）及張嘉鳳、黃一農〈中國古代天文對政治的影響——以漢相翟方進自殺為例〉（《漢學研究》第11卷第2期，1990年）

〔註155〕見《三國志》卷二〈文帝紀〉，頁78。

〔註156〕據《三國志》卷十〈賈詡傳〉云，曹操曾因是否廢立太子之事心煩不已，有一次獨召賈詡問及此事，「詡默然不對。太祖（曹操）曰：『與卿言而不答，何也？』詡曰：『屬適有所思，故不即對耳。』太祖曰：『何思？』詡曰：『思袁本初、劉景升父子也。』太祖大笑，於是太子遂定。」（頁331）

〔註157〕相類的例子也發生在西晉的賈充身上，據見《晉書》卷四十〈賈充傳〉（頁1169）云，晉武帝咸寧三年時，「日蝕於三朝」，時任太尉的賈充因此請求遜位，但武帝不許。賈充在魏晉之交曾有擁立之大功，其女且是太子妃，與武帝關係非比尋常，武帝自然也不會因為天文變異而歸罪於他。

〔註158〕其詳可參《晉書》卷三十六〈衛瓘傳〉，頁1057。

〔註159〕見《晉書》卷一百十八〈姚興載記下〉，頁2996。

（文帝元嘉）八年，太白星犯右執法，義慶懼有災禍，乞求外鎮。太祖詔譬之曰：「玄象茫昧，既難可了，且史家諸占，各有異同，兵星王時，有所干犯，乃主當誅。以此言之，益無懼也。鄭僕射亡後，左執法嘗有變，王光祿至今平安。日蝕三朝，天下之至忌，晉孝武初有此異，彼庸主耳，猶竟無他。天道輔仁福善，謂不足橫生憂懼。兄與後軍，各受內外之任，本以維城，表裏經之，盛衰此懷，實有由來之事。設若天必降災，寧可千里逃避邪？既非遠者之事，又不知吉凶定所，若在都則有不測，去此必保利貞者，豈敢苟違天邪？」〔註160〕

占書有云：「（太白）金（星）犯左右執法，執法者誅，若有罪。」〔註161〕對於時任尚書左僕射的劉義慶而言，此一天象極可能應在自己身上。因此不待帝王降罪，即自請他調以避禍。但因其平日君臣關係良好，反倒換來文帝的慰留與安撫。

　　隋朝初年，文帝楊堅的建國功臣高熲，也曾因畏於天文星變而自請處份：

時熒惑入於太微，犯左執法。術者劉暉私言於熲曰：「天文不利宰相，可修德以禳之。」熲不自安，以暉言奏之。上厚加賞懸。〔註162〕

事實上，高熲與楊堅的關係不差，其之所以不自安的主因，應該是來自於與楊廣之間的關係不睦。早在伐陳平天下時，其即與楊廣因命斬陳國美姬張麗美一事，而種下心結。日後又因功高震主、頻遭讒言，在發生熒惑入太微的變異之前，即有「右衛將軍龐晃及將軍盧賁等，前後短熲於上」、「尚書都事姜曄、楚州行參軍李君才並奏稱水旱不調，罪由高熲，請廢黜之」〔註163〕等情事，再加上當時楊堅已有意廢太子楊勇，另立楊廣為太子，更加深高熲內心的恐慌。這次的天文星變雖不一定準確，對他而言卻是個不小的警訊，幸虧楊堅並不以為意，才未因此罹禍。隋煬帝時的大臣楊素，對於楊廣的繼位，有著不小的功勞，但楊廣對他卻猜忌頗甚，亟思藉天文星變除之而後快：

（楊）素雖有建立之策及平楊諒功，然特為帝所猜忌，外示殊禮，內情甚薄。太史言隋分野有大喪，因改封於楚，楚與隋同分，欲以此厭當之。〔註164〕

〔註160〕見《宋書》卷五十一〈劉義慶傳〉，頁1476。
〔註161〕見《乙巳占》卷六〈太白入中外星官占第三十六〉，頁102。
〔註162〕見《隋書》卷四十一〈高熲傳〉，頁1182。
〔註163〕參同上註見，頁1181。
〔註164〕見《隋書》卷四十八〈楊素傳〉，頁1292。

楊廣雖然對楊素猜忌，但是沒有足夠理由，也不敢輕舉妄動。太史令所言，正好提供一個極佳的藉口，隋之分野若有大喪，其應自然落在楊廣身上。為求免災，將楊素改封於與隋同一分野的楚地，企圖讓天文災異應在楊素身上，其居心可知。或許是巧合，楊素果真在改封楚公的那一年卒於官，楊廣也算藉天文變異，除去一心腹大患。

　　不過，既然因天文而罪免三公的觀念與制度猶在，如果遇上君臣之間關係不和諧，卻也是經常會被拿來當作政治迫害的藉口，表面裡由雖是天文變異，揆諸實際，通常都是因為彼此間的怨隙所致。整個中古時期，這一類的案例層出不窮，有時甚至會因天文官的進言，而進行對特定人物的政治報復。後趙的不季龍之於王波，正是此類選擇性罪免三公的例子：

> 會熒惑守房，（太史令）趙攬承（石）宣（筆者按：宣時為太子）旨言於季龍曰：「昴者，趙之分也，熒惑所在，其主惡之。房為天子，此殃不小。宜貴臣姓王者當之。」季龍曰：「誰可當者？」攬久而對曰：「無復貴於王領軍也。」季龍既惜（王）朗，且猜之，曰：「更言其次。」攬曰：「其次唯中書監王波耳」。季龍乃下書追波前議遣李宏及笞梠矢之怨，腰斬之，及其四子投於漳水，以厭熒惑之變。〔註165〕

天文占書有云：「熒惑守房，大臣為亂，王圍於野，天下作兵」、「熒惑守房，天下更政」、「熒惑守房，有應與喪」，〔註166〕皆是極為凶惡的徵兆，誅貴臣以禳救，向來被相信是有效的方法之一。石季龍及其太子石宣，正好趁此機會剷除異己。原本石宣的意思是要藉太史令趙攬之口，建議除去王朗，不料王朗素與石季龍關係良好，反倒是與石季龍曾有嫌隙的中書監王波，遭到石季龍的挾怨報復。其背後的內幕是，太子石宣因「荒酒內游」、「淫虐日甚」屢興工役，而遭領軍王朗向石季龍陳報，要求其阻止太子役使數萬民伐砍材，以應宮殿修建需要的不人道舉動。石宣為此懷恨在心，「怒欲殺之而無因」。〔註167〕這次熒惑守房的星變，恰好提供了一個可誅殺大臣的「因」，石宣便託詞於太史令趙攬，欲藉石季龍之手，以去自己心頭之恨。不料石季龍素與王朗和睦，並無相害之意，且頗猜疑趙攬何以指名道姓要殺王朗，是否與之前王朗奏參太子有關？於是要求趙攬另思其人，王波於是成了此次星變的實際受害者，其幕後當然也有

〔註165〕見《晉書》卷一百六〈石季龍載記〉，頁 2775。
〔註166〕見《開元占經》卷三十一〈熒惑占二‧熒惑犯房四〉，頁 421。
〔註167〕詳參《晉書》卷一百六〈石季龍載記〉，頁 2774～2775。

著一段他與石季龍之間的仇隙。原來當時位處巴蜀的李漢政權，其主李壽的部下李宏，前來投靠石季龍。李壽來函要求將李宏送回，其函稱石季龍爲「趙王石君」，未尊稱其爲帝，頗有不臣之心，令石季龍十分不悅，遂召集朝臣，議處對策。時任中書監王波認爲，應該依其所請放回李宏，讓他回去召集族人，一齊投靠後趙，可收更大利益。且認爲李壽只是在一方稱霸，縱在文書稱呼上不敬，也不過是夜郎自大式的無知行徑，不須與其計較，更要示以寬大，「宜書答之，並贈以楛矢，使壽知我邈荒必臻也。」此一建議乍聽之下，冠冕堂皇，頗可展現後趙的大國風範，石季龍爲之心動，而接受此一建議，遣人以禮護送李宏返蜀。不料事與願違，非僅李宏並未如約與其族人集體投奔，李壽也不領受石季龍盛情，反而向其國人誇稱「羯使來庭，獻其楛矢」。〔註168〕傳統中國自來便有外夷向天下共主，獻楛矢以表服從的說法。〔註169〕以當時的軍事實力而言，李壽可能不是石季龍的對手，但卻藉著此一事件，在外交上打了勝仗，貶損了石季龍的威信。石季龍知道自己裏子面子盡失之後，憤怒之情可想而知，遂「黜王波以白衣守中書監」，對他略施薄懲，但心中恨意並未全消。趙攬洞悉石季龍與王波之間的怨隙，在無法順太子之意除去王朗後，便進而模擬石季龍之意，藉星變除去王波，以解石季龍心頭之恨。事後石季龍也自知理虧，「尋愍波之無罪，追贈司空，封其孫爲侯」，足見之前的確是藉機進行政治迫害。在此一案例中，尤其值得注意的是太史令趙攬的行爲。按理天文官在天文星變中，只是扮演提供訊息與解釋訊息的角色，但在石季龍殺害王波的過程中，趙攬的行徑卻遠超乎此一角色所需的中立性。他先是奉承太子石宣的意旨，將此次天文星變的徵應，解釋爲對後趙有害，〔註170〕還指稱須王姓貴臣應災，這在一般天文官解釋災應時是極少見的。而在謀陷王朗不成後，趙攬也深懼石季龍猜疑他太子合謀陷害王朗，於是趕緊改口建議，以與石季龍有過不愉快的王波應之。事實上王波當時只是白衣領中書監，稱不上是貴臣，正是欲加之罪，何患無詞！石季龍爲了維護其皇權的尊嚴與威信，不惜因私怨而殺害臣子，天文官趙攬在此一過程中，恰恰扮演了政治打手的角色。

不惟石季龍如此，前秦國君苻生，也擅於藉天文變異剷除異己。苻生生而

〔註168〕以上所述王波事，請詳參《晉書》卷一百六〈石季龍載記〉，頁2770～2772。

〔註169〕據《後漢書》卷八十五〈東夷列傳〉云：「武王滅紂，肅慎來獻石砮、楛矢。」（頁2808）

〔註170〕依照傳統的分野觀念，「熒惑守房」的房宿，乃是宋之分野，與趙地無關，趙攬卻硬是將其與後趙國運混爲一談，頗有誤導人嫌。

獨眼，自幼不爲父祖所喜，其之所以能繼承大位，主要還拜太子符萇戰死沙場
所賜。因此他在登基之後，對於前朝大臣防範頗甚，即使是皇后也被猜忌：

> 中書監胡文、中書令王魚言於（符）生曰：「比頻有客星孛於大角，
> 熒惑入于東井。大角爲帝坐，東井秦之分野，於占，不出三年，國
> 有大喪，大臣戮死。願陛下遠追周文，修德以禳之，惠和群臣，以
> 成康哉之美。」生曰：「皇后與朕對臨天下，亦足以塞大喪之變。毛
> 太傅、梁車騎、梁僕射受遺輔政，可謂大臣也。」於是殺其妻梁氏
> 及太傅毛貴、車騎、尚書令梁楞、左僕射梁安。未幾，又誅侍中、
> 丞相雷弱兒及其九子、二十七孫。〔註171〕

另外，符生也曾因其嬖臣董榮的讒言，誅其司空王墮以應日蝕之災：

> （壽光）二年正月，嬖臣右僕射董榮言於生曰：「日蝕之災，應以貴
> 臣應之。」生曰：「唯有大司馬，國之懿戚不可，其在王司空。」生
> 從之，誅司空王墮，以應日蝕之災。〔註172〕

雖云應日蝕之災，實際上卻仍是彼此間的政治恩怨所致。王墮爲人「性剛峻
疾惡，雅好直言，疾董榮、強國如仇讎，每於朝見之際，略不與言。」〔註173〕
董榮是符生的佞臣，強氏乃外戚，公然得罪權貴，又遇上不明之君，遭受
報復自是難免。王墮本人「博學有雄才，明天文圖緯」，大概也瞭解誅三公以
應日蝕之變的成規，只是沒想到大禍會降臨在自己身上。從符生平日天文星
變的應對態度上來看，他可謂極度不尊重天文官的專業地位，太史令康權即
因奏請其修德以禳星變而遭撲殺，〔註174〕有時對於天文變異的反應又極其幼
稚可笑，〔註175〕顯然誅殺大臣以應天文災異，只不過是其借刀殺人的堂皇藉
口而已。眞正的原因，恐怕還在於其彼此之間的仇隙，天文反倒成了符生操
弄政治的工具，其可任意將災異朝於己有利、於人有害的方向作解釋，誅殺
臣子成爲理所當然。一旦對天象變異的解釋不合其意，即使太史令也難逃一
死，傳統天文的工具性格，在符生手上，可謂發揮得淋漓盡致。

〔註171〕見《晉書》卷一百十二〈符生載記〉，頁2872～2873。

〔註172〕見《十六國春秋》卷三十二〈前秦錄・符生〉，頁246。

〔註173〕見《晉書》卷一百十二〈符生載記〉，頁2880。

〔註174〕參見《晉書》卷一百十二〈符生載記〉，頁2873。

〔註175〕據《晉書》卷一百十二〈符生載記〉云：「有司奏：『太白犯東井，秦之分也；
太白罰星，必有暴兵起于京師。』（符）生曰：『星入井者，必將渴耳，何所
怪乎？』」（頁2878）。

北魏太祖拓跋珪天賜六年時「天文多變，占者云『當有逆臣伏屍流血』。太祖惡之，頗殺公卿，欲以厭當天災。」此時曾企圖謀刺拓跋珪不成的宗室拓跋儀，先前雖遭赦免，但聞知太祖欲殺公卿以厭天災之後，感到十分不安，深恐太祖之前的寬恕變卦、藉機報復，因此連夜單騎遁逃，果不其然，「太祖使人追執之，遂賜死。」〔註176〕

北齊的高氏政權，在文宣帝高洋之後，爲了爭奪帝位與維護皇權，也曾發生數次以天文星變爲由的血腥屠殺與政治迫害。先是高洋在天保十年十月暴崩後，由其長子高殷繼位，是爲廢帝，高洋之母弟常山王高演則握權輔政，朝政皆決於己。廢帝即位不到一年，高演與太后及平秦王歸彥等密謀廢位，設計除去忠於廢帝的楊愔、燕子獻等人，再逼迫太皇太后下詔廢帝爲濟南王，高演入繼大統，是爲孝昭帝。由於高演得位不正，頗憂濟南王高殷日後爲患，於是有意假藉天文變異斬草除根：

> （孝昭帝）皇建二年秋，天文告變，歸彥慮有後害，仍白孝昭，以王當咎，乃遣歸彥馳驛至晉陽宮殺之。王薨後，孝昭不豫，見文宣爲祟，孝昭深惡之，厭勝術備設而無益也。……初文宣命邢卲帝名殷字正道，帝從而尤之曰：「殷家弟及，『正』字一止，吾身後兒不得也。」卲懼，請改爲。文宣不許曰：「天也！」因謂孝昭帝曰：「奪但奪，愼勿殺也。」〔註177〕

天文告變，爲求確保自己辛苦掙得的帝位，高演不惜違背高洋生前的叮囑，殺害親侄，而這樣假藉天文變異行政治謀殺的人間悲劇，在北齊的歷史上，很快就又再度上演，這回則是報應在高演的後人身上。原來高演在謀害高殷之後，內心不得自安，經常夢見高洋、高殷、楊愔等人，化爲鬼魅前來索命，過了不久竟也一命嗚呼哀哉。死前高演深知，若讓其子高百年繼位，則其諸弟難保不師其故技。爲免子孫受累：臨死前特地手詔，改由其弟右丞相高湛繼位，是爲武成帝，還懇求高湛曰：「百年無罪，汝可以樂處置之，勿學前人。」可惜報應不爽，高湛也未能謹遵他對高演的承諾，很快就又以天文變異爲藉口，殺害高百年：

> 河清三年五月，白虹圍日再重，又橫貫而不達。赤星見，帝以盆水承星影而蓋之，一夜盆自破。欲以百年厭之，……使召百年……遣

〔註176〕見《魏書》卷十五〈拓跋儀傳〉，頁372。
〔註177〕見《北齊書》卷五〈廢帝紀〉，頁76。

> 左右亂捶擊之，又令人曳百年繞堂且走且打，所過處血皆遍地，氣
> 息將盡，曰：「乞命，願與阿叔作奴。」遂斬之。〔註178〕

帝王為了保護自己辛苦爭取來的政權，不惜血腥屠殺政治異己，或對自己有
威脅的皇親國戚，天文在此成了殺人的幫兇，北齊諸帝的例子，可說是其中
尤其殘酷者。

　　天文災異的威力，有時連聖明君王也不得不防，例如號稱英明的唐太宗
李世民，也曾為應術數變異而濫殺無辜：

> 貞觀初，太白頻晝見，太史占曰：「女主昌。」又有謠言：「當有女
> 武王者。」太宗惡之。時（李）君羨為左武衛將軍，在玄武門。太
> 宗因武官內宴，作酒令，各言小名。君羨自稱小名「五娘子」，太宗
> 愕然，因大笑曰：「何物女子，如此勇猛！」又以君羨封邑及屬縣皆
> 有武字，深惡之。會御史奏君羨與妖人員道信潛相謀結，將為不軌，
> 遂下詔誅之。天授二年，其家屬詣闕稱冤，則天乃追復其官爵，以
> 禮改葬。〔註179〕

事實上若非天文官李淳風的適時勸阻，因「女武當王」一事而無辜受牽連者，
可能還不止李君羨一人。〔註180〕李君羨因其官名、小名、屬縣中皆有武字，
徒然蒙受不白之冤，可以說是代武則天受死。從其家屬日後申冤且獲平反來
看，李君羨當年並無謀反事實，只不過因其名應天文謠讖，令李世民心生芥
蒂，深感不安。正好御史參奏其與術士之流來往，意圖不軌，便順勢而為，
將李君羨誅除以絕後患。

　　帝位的繼承，表面上看起來只是皇帝的家務事，但因國家機器不可能全
由一人操縱，誰能在承平時期繼位為帝，其背後往往牽涉龐大的政治利益，
極容易引發各種政治糾紛。一場帝位繼承戰，往往也是一場各方勢力較勁的
政治鬥爭，天文正如其在爭奪天下時，所扮演的角色般，經常發揮其鼓動人
心或臨門一腳的功用。而一般官員彼此之間的政治爭軋，為求擊倒對方，也
經常藉由天文徵應之力，作為打擊異己的籌碼。整個中古時期的政治鬥爭場
合中，天文星占在其中運作的痕跡，歷歷可見。

〔註178〕見《北齊書》卷十二〈高百年傳〉，頁76。
〔註179〕見《舊唐書》卷六十九〈李君羨傳〉，頁2524～2525。
〔註180〕有關李淳風對太宗的勸誡，可詳參《舊唐書》卷七十九〈李淳風傳〉，頁2718
　　　　～2719。

三國時代的曹魏政權，在明帝之後，陷入動盪不安之中，齊王曹芳在位期間，宗室曹爽與大將軍司馬懿，爭軋十分劇烈。最後是司馬懿設計除去曹爽，有人因此對齊王曹芳無法擺平大臣間的糾紛很不滿意，有意另尋楚王曹彪爲帝：

> （太尉王）凌、（兗州刺史令狐）愚密協計，謂齊王不任天位，楚王
> 彪長而才，欲迎立彪都許昌。嘉平元年九月，愚遣將張式至白馬，
> 與彪相問往來。凌又遣舍人勞精詣洛陽，語子廣。廣言：「廢立大事，
> 勿爲禍先。」其十一月，愚復遣式詣彪，未還，會愚病死。二年，
> 熒惑守南斗，凌謂：「斗中有星，當有暴貴者。」〔註181〕

此事據裴松之引《魏略》補充道：

> 凌聞東平民浩詳知星，呼問詳。詳疑凌有所挾，欲悅其意，不言吳
> 當有死喪，而言淮南楚分也，今吳楚同占，當有王者興。故凌計遂
> 定。〔註182〕

此次密謀擁立楚王曹彪的事件，最後在楊弘與黃華的密告下，被司馬懿迅速弭平，相牽連者均遭族滅。王凌雖然也想以天文變異，作爲擁立新主的藉口，但顯然在對天文星占所知有限的情況下，爲知星者浩詳所愚弄，而且準備不足，爲人密告，終致種下敗因。

擁立新主需有天文爲助，若能得到天文專家的背書，自然是如虎添翼，有心篡奪帝位者，更不會放棄尋求天文專家的支持，如東晉時的桓溫父子：

> 時溫有大志，追蜀人知天文者至，夜執手問國家祚運修短。答曰：「世
> 祀方永。」溫疑其難言，乃飾辭云：「如君言，豈獨吾福，乃蒼生之
> 幸。然今日之語自可令盡，必有小小厄運，亦宜說之。」星人曰：「太
> 微、紫微、文昌三宮氣候如此，決無憂虞。至五十年外不論耳。」
> 溫不悅，乃止。〔註183〕

知星者所論，對於有謀反者而言，縱使無法阻絕其謀逆的行動，但至少也在心理面造成一些影響，使其不致貿然逆天而行。桓溫之子桓玄日後也有意篡位，從其登基到被劉裕擊垮的期間，天象也一直有某些徵兆：

> 初，玄在姑孰，將相星屢有變；篡位之夕，月及太白，又入羽林，

〔註181〕見《三國志》卷二十八〈魏書・王凌傳〉，頁758。
〔註182〕見同上註，頁759。
〔註183〕見《晉書》卷八十二〈習鑿齒傳〉，頁2152。

玄甚惡之。及敗走，腹心勸其戰，玄不暇答，直以策指天。〔註184〕

占書上有謂：「月蝕太白，國君亡，臣弒主。」〔註185〕又稱：「月宿羽林，軍兵大起。」，〔註186〕這些大致都可以解釋為不利當權者的訊息。從桓玄敗走時以策指天、不願再作困獸之鬥的舉動來看，顯然他也是認同天象所展現的天意，知道自己大勢已去。

取代東晉王朝的劉宋政權，帝位繼承始終不太穩定，繼劉裕之後的少帝劉義符，無才無德、不孚人望，顧命大臣徐羨之、博亮等人密謀廢立，皇太后被迫下詔改立宜都王劉義隆，是為宋文帝。文帝之繼位，因非嫡長，弟兄間不免有人不滿，雖然其施政頗得民心，然而其在位期間，卻仍有人試圖另立新主，其中又以彭城王劉義康，是最受矚目的人選。當時有一位在官場素不得志的魯人孔熙先，「博學有縱橫之志，文史星算，無不兼善」，且「素善天文」，曾大膽預言「太祖（文帝）必以非道晏駕，當由骨肉相殘。江州應出天子。」以為劉義康即新天子人選。於是他糾合了一批術數之士，暗中聯合有意拱劉義康稱帝的臣子，密謀造反。可惜起事之前，即遭人密告而形跡敗露，結果孔、范等人遭族滅，劉義康被廢。但孔熙先在臨死之前，仍依其所知的天文星占之學，明言「所陳並天文占候，讖上有骨肉相殘之禍，其言深切。」〔註187〕令人感歎的是，孔熙先雖死，然其生前所作文帝將死於非命、之後骨肉相殘的預言，竟然不幸而言中。先是文帝晚年時，因天文變異而心生畏懼，加重太子劉劭兵權，不料卻因此伏下殺身之禍：

> 先是（元嘉）二十八年，彗星起畢、昴，入太微，掃帝座端門，滅翼、軫。二十九年，熒惑逆行守氐，自十一月霖雨連雪，太陽罕曜。三十年正月，大風飛霰且雷。上憂有竊發，輒加劭兵眾，東宮實甲萬人。車駕出行，劭入守，使將白直隊自隨。〔註188〕

稍後劉劭在宮廷含章殿預埋文帝芻像，以巫術厭之，不料竟為人所發。於是

〔註184〕見《晉書》卷九十九〈桓玄傳〉，頁2598。

〔註185〕見《乙巳占》卷二〈月與五星相干犯占第八〉，頁42。

〔註186〕見《乙巳占》卷二〈月干犯中外宮占占第十〉，頁48。

〔註187〕詳參《宋書》卷六十九〈范曄傳〉，頁1820～1827。

〔註188〕見《宋書》卷九十九〈劉劭傳〉，頁2426。有關這幾次星變，載於《宋書》卷二十六〈天文志四〉中：「元嘉二十八年五月，彗星見卷舌，入太微，逼帝座，犯上相，拂屏，出端門，滅翼、軫。翼、軫，荊州分。」（頁749）、「元嘉二十九年正月，太白晝見，經天，明年，東宮弒逆。」（頁749）不過，《宋書》卷六十九〈范曄傳〉，頁1820～1827。未見熒惑守氐的記載。

一不作二不休，乾脆趁廢立令未行之前，領軍直入宮中，手弒文帝，佯稱暴斃，由自己繼位登基。如此行徑自然引來各方討伐，最後被繼位的孝武帝劉駿推翻，接著則是一連串較北齊政權，有過之而無不及的宗室骨肉相殘。不過，因其無關乎天文，恕不在此多談。

　　隋朝初年的帝位繼承戰中，天文星占與天文官也扮演了重要的角色。當時太子楊勇不為獨孤皇后所喜，其內寵昭訓雲氏，也不得獨孤后歡心。有心爭奪皇儲寶座的晉王楊廣，則與楊素等人相結合，製造各種不利於太子的事端，在獨孤后的慫恿及臣子的有心播弄之下，漸漸使隋文帝楊堅萌生廢儲的念頭。然而大臣之中如高熲之輩，則力持反對意見。楊堅也自知廢長立幼必生亂源的道理，因此對於廢立與否，猶豫了好一陣子，最後終因太史令袁充的一席話，決定了楊勇被廢的命運：

　　　　（楊）素又發洩東宮服玩，似加琱飾者，悉陳之於庭，以示文武群
　　　　官，為太子之罪。高祖遣將諸物示勇，以誚詰之。皇后又責之罪。
　　　　高祖使使責問勇，勇不服。太史令袁充進曰：「臣觀天文，皇太子當
　　　　廢。」上曰：「玄象久見矣，群臣無敢言者。」〔註189〕

《隋書》卷二十一〈天文志下〉補充解釋此一「玄象」稱：

　　　　（文帝仁壽）二十年十月，太白晝見。占曰：「大臣強，為革政，為
　　　　易王。」右僕射楊素，熒惑高祖及獻后，勸廢嫡立庶。其月乙丑，
　　　　廢皇太子勇為庶人。明年改元，皆陽失位及革政易王之驗也。（頁
　　　　612～613）

太白晝見即使有革政易王之徵，但要如何解釋其與人間事務的關聯性，仍繫於天文官的職業道德與解釋時的心態，不一定就是改立太子之事。所謂「父子之間，人所難言」，袁充此舉，與其說是因天文而勸廢太子，不如說是因為他對政治現實的投機心態使然：

　　　　（袁）充性好道術，頗解占候，由是領太史令。時上將廢皇太子，
　　　　正窮治東宮官屬，充見上雅信符應，因希旨進曰：「比觀玄象，皇太
　　　　子當廢。」上然之。〔註190〕

袁充相準了楊堅夫婦廢立之間的猶豫，正在於找不到足以服天下人心的理由，廢儲其實只是時間早晚的問題而已。因此敢以天文變異大膽進言，對於

〔註189〕見《隋書》卷四十五〈楊勇傳〉，頁1236。
〔註190〕見《隋書》卷六十九〈袁充傳〉，頁1610。

一向「好爲小數」、「雅好符瑞」的楊堅來說，太史令此話一出，更加堅定其廢儲的信念，也爲廢儲尋得充足的藉口。天意難違，一場宮廷儲位政爭，便就此拍板定案。

　　隋文帝晚年因廢儲而引發諸子間的鬥爭，其中蜀王楊秀與漢王楊諒，均對改立楊廣爲太子一事，深感不滿。楊廣「恐秀終爲後變，陰令楊素求其罪而譖之」，「太子陰作偶人，書上及漢王姓字，縛手釘心，令人埋之華山下，令楊素發之。」以此誣陷楊秀，再加上在楊秀的封地，發現其私製不應有的渾天儀，種種罪狀相加，楊秀終不免遭到被廢，並禁錮至死的下場。〔註191〕另一位漢王楊諒則是在楊廣登基時，即深感不安，進而發兵稱反，且不忘尋求天文星占相助：

> 會熒惑守東井，儀曹郎人傅奕曉星曆，諒問之曰：「是何祥也？」對曰：「天上東井，黃道所經，熒惑過之，乃其常理，若入地上井，則可怪也。」〔註192〕

傅奕本身乃一天文曆法專家，其所應對之言詞，一望即知是敷衍之辭，誠如胡三省在此條下所註云：「奕知諒有異圖，詭對以自免於禍」。因爲若依傳統占書所論，「熒惑守東井」，多半的徵應，是顯示國之將亂，天下將趨於動盪不安，如云：「熒惑守東井，貴（人）相戮」、「熒惑守東井間，有逐王」、「熒惑守東井，大人憂」、「熒惑守東井，天下不安」、「熒惑守東井，天子爲軍自守」、「熒惑出入留舍東井，三十日不下，必有破國死王」。〔註193〕楊諒正想藉知天文的傅奕之口，以昭告世人，此爲發兵討楊廣的天賜良機，豈知傅奕竟回答得如此風馬牛不相及，當然要引發楊諒不悅。

　　其實傅奕並非不知熒惑守東井的代表意義，其之所以不願意助楊諒爲逆，主要恐怕還在於其對楊諒的起兵，缺乏信心。不但師出無名，而且楊諒素無遠略，難成大事，若以天文相助，無異自取其辱，不如敷衍以避之。然而他在唐朝初年的另一場帝位爭奪戰──李建成與李世民之爭中的表現，卻與其對楊諒的態度，有截然不同的轉變。

　　李建成與李世民兄弟鬩牆之爭，最後終於導致玄武門事變的流血衝突，

〔註191〕有關楊秀被楊廣謀陷及其被廢的經過，可詳參《隋書》卷四十五〈楊秀傳〉（頁 1241～1244），以及《資治通鑑》卷一百七十九〈隋紀三·文帝仁壽二年三月己亥〉條（頁 5590）。

〔註192〕見《資治通鑑》卷一百八十〈隋紀四·文帝仁壽四年七月乙卯〉條（頁 5606）。

〔註193〕參《開元占經》卷三十四〈熒惑占五·熒惑犯東犯井一〉，頁 444。

其事早為讀史者熟知，此處僅討論在爭位過程中，天文星占與天文官所扮演的角色。李世民在玄武門舉事之前，內心十分猶豫，甚至還有找人卜卦定吉凶的舉動。〔註194〕此時若能有天文星象，示以吉凶禍福，則更能令人堅定信念，也可在事後用以說服世人。天文星占與天文官的關鍵角色，當在此有所發揮。先來看看事變前天文官的表現：

> （武德九年）六月，丁巳，太白經天。

> （武德九年六月）己未，太白復經天。（太史令）傅奕密奏：「太白見秦分，秦王當有天下。」上以其狀授世民。於是世民密奏建成、元吉淫亂後宮，且曰：「臣於兄弟無絲毫負，今欲殺臣，似為（王）世充、（竇）建德報仇。臣今枉死，永違君親，魂歸地下，實恥見諸賊。」上省之，愕然。〔註195〕

「太白經天」此一天象，在傳統星占學上具有多重意義，如云：

> 太白主秦國，主雍、涼二州。太白大，秦、晉國與王者，兵強得地，王天下……太白晝見，亦為大秦國強，各以其宿占其國有兵。〔註196〕

> 凡太白不經天，若經天，天下革政，民更主，是謂亂紀，人民流亡。

> 太白經天，見午上，秦國王，天下大亂。〔註197〕

從占書上的記載來觀察，太白晝見，對被封為秦王的李世民，似乎可以作較為有利的解釋。但占書上也提到，可能連帶引起兵戎大興、天下大亂，不全然是個吉兆。我們仔細觀察太史令傅奕，在此一天文星變的解釋中，顯然偏向將其解釋為對李世民有利。因此敢在建成、世民兄弟相爭甚劇之時，公然向李淵講出「秦王當有天下」，如此大膽的推測，直視太子建成為無物。李淵的態度，也頗曖昧，既知兄弟相爭，又將太史令的天文密奏授與李世民，天文密奏本是帝王與天文官之間才能交換意見的最高機密，如果讓李世民也知道天文密奏的內容，則無異告訴李世民，天意屬意於他，未嘗不可放手一搏。

〔註194〕據《舊唐書》卷六十八〈張公謹傳〉云：「太宗將討建成、元吉，遣卜者灼龜占之。公謹自外來見，遽投於地而進曰：『凡卜筮者，將以決嫌疑、定猶豫，今既事在不疑，何卜之有？縱卜之不吉，勢不可已，願大王思之。』太宗深然其言。」（頁2506）

〔註195〕俱見《資治通鑑》卷一百九十一〈唐紀七・高祖武德九年六月丁巳〉條，頁6003。

〔註196〕見《乙巳占》卷六〈太白占第三十四〉，頁98。

〔註197〕見《開元占經》卷四十六〈太白占二・太白經天晝見三〉，頁531。

此時大概李淵心中，以爲世民才是理想之繼位人選，但卻找不到可以說服世人的廢長立幼理由，傅奕洞悉李淵心中的矛盾，才提出如此偏頗的天象占驗解釋。從李淵並未加以責難的態度來看，顯見其心中早有此意。因此在玄武門事件發生之後，當建成與元吉被殺，高祖在得知兄弟相殘的消息後，反應竟是：「善，此吾之夙心也。」〔註198〕若對照他之前獨將天文密奏示以李世民的用心，則對他的反應，就不致感到太意外。至於傅奕，其與李世民之間的交情如何，不得詳知。但從他之前拒絕在隋煬帝時爲漢王楊諒的謀反，作天文解釋上的背書，而在李氏兄弟鬩牆之際，他卻願意挺身而出，爲李世民作有利解釋的表現來看，顯然他是胸有成竹，認爲不論從李淵的心態或者個人功績、朝野聲望來看，押寶李世民應該有比較大的勝算。否則他應該明白，萬一李建成登基，他之前向李淵所言「秦王當有天下」之語，會得到甚麼樣的下場。從李世民登基後，對傅奕所講的一番話，也可知道，這位太史令在此次繼位爭軋中，立場確是偏向李世民：

> （武德九年十二月）上召傅奕，賜之食，謂曰：「汝前所奏，幾爲吾
> 禍（原註：事見上卷是年六月）。然凡有天變，卿宜盡言皆如此，勿
> 以前事爲懲也。」〔註199〕

原先還猶豫不決的李世民，在得知天文密奏的內容後，可說像是吃了一顆定心丸，知道天意與父意的動向，更加強其發動事變、奪取皇儲地位的決心。太史令傅奕在這場政治鬥爭中，算是站對了邊，保住其太史令的職位，也再一次向世人展示，天文星占與天文官在政治鬥爭中，不容小覷的影響力。

　　唐代的另一次傳位之爭，發生在唐玄宗繼統之前，天文星占在其中也扮演了重要的角色。自從武則天駕崩之後，政權雖然重回李氏之手，但政治上一直籠罩在嚴重的宮廷政爭陰影下。先是韋后及其黨羽試圖控管朝政，李隆基於是聯合太平公主，以清君側、肅宮闈爲名，除去韋后集團的勢力。之後太平公主又仗其聲勢，有意當武則天第二，結合附和她的朝臣，共同傾軋太子李隆基。

〔註198〕見《資治通鑑》卷一百九十一〈唐紀七‧高祖武德九年六月庚申〉條，頁6011。
　　　　　不過，這一段記事是否完全屬實，史家有相當的疑問，李樹桐在〈玄武門之
　　　　　變及其對政治的影響〉（收日氏著《唐史考辨》頁153～191，臺北：臺灣中
　　　　　華書局，1965年）一文中，即曾指出高祖之所以將傅奕奏狀示予太宗，意乃
　　　　　在儆其知所進退，不意竟適得其反。所謂「此吾之夙心也」的說法，有可能
　　　　　是後世修史者對太宗的溢美之詞。
〔註199〕見《資治通鑑》卷一百九十二〈唐紀八‧高祖武德九年十二月己巳〉條，頁
　　　　　6029。

太平公主自然也不會放棄利用天文星變，以實現其政治目的的機會：

> （玄宗先天元年）秋，七月，彗星出西方，經軒轅入太微，至於大角。〔註200〕

> （玄宗先天元年）太平公主使術者言於上（按：指睿宗）曰：「彗所以除舊布新，又帝座及心前星皆有變（原註：帝座在中宮華蓋之下，心三星，中星爲明堂，天子位，前星爲太子），皇太子當爲天子。」上曰：「傳德避災，吾志決矣！」太平公主及其黨皆力諫，以爲不可，上曰：「中宗之時，群奸用事，天變屢臻。朕時請中宗擇賢子立之以應災異，中宗不悅，朕憂恐數日不食。豈可在彼則能勸之，在己則不能邪？」太子聞之，馳入見，自投於地，叩頭請曰：「臣以微功，不次爲嗣，懼不克堪，未審陛下遽以大位傳之，何也？」上曰：「社稷所以再安，吾之所以得天下，皆汝力也。今帝座有災，故以授汝，轉禍爲福，汝何疑邪？」〔註201〕

對於有心取李隆基而代之的太平公主而言，這次因應天文星變的表現，前後頗有矛盾之處。先是使術者向睿宗建言，皇太子當爲天子，等到睿宗眞的決定傳位給李隆基，她與其黨羽又力諫不可，足見原先其本意並非如此。據《新唐書‧張說傳》云：

> 景雲二年，帝謂侍臣曰：「術家言五日內有急兵入宮，爲我備之。」左右莫對。說進曰：「此讒人謀動東宮耳。陛下若以太子監國，則名分定、姦膽破，蜚禍塞矣。」帝悟，下制如說言。明年，皇太子即帝位。（卷一百二十五，頁4406）

景雲二年實即先天元年，按時間先後的推斷，這兩次事件當爲同一事件，所謂「術者」，無非就是受太平公主指使，散播太子將不利於睿宗訊息的天文技術官。張說因不附於太平公主，勇於出面爲李隆基緩頰，竟因而得到睿宗的認同，反促成李隆基的提前即位。事情的發展，可謂完全出乎太平公主的預料之外，本以爲可利用這次天文星變，以離間睿宗父子感情，沒想到反而幫了李隆基。太平公主的錯估情勢，實與睿宗的自知之明有關。睿宗很清楚，當年若非李隆基與太平公主，在中宗死後，剷除韋后黨羽，並力拱自己上臺，

〔註200〕見《資治通鑑》卷二百一十〈唐紀二十六‧玄宗先天元年秋七月乙亥〉條，頁6673。
〔註201〕見同上註，頁6674。

否則帝位根本與其無緣。而當時李隆基與太平公主兩人各結派系，相互傾軋，他又無力制之。為不使宗室相殘的憾事，再度發生，藉這次天文星變的機會，順勢傳位給太子，一方面是應星變，二方面也保住政權的安定，並為自己免禍。太平公主雖弄巧成拙，但對政治的野心，仍未稍歇。在睿宗退位為太上皇、玄宗正式登基之後，猶一心想要攬權。仗著睿宗的恩寵，許多大臣也都依附於她，當時「宰相七人，五出公主門」、「軍國大政，事必參決，如不朝謁，則宰臣就第議其可否」，〔註202〕聲勢囂天，視玄宗如無物。玄宗豈是庸弱之輩，只是在伺機而動。果然在即位的次年，玄宗採取大規模的反制搜補行動，一舉勦滅太平公主的黨羽，太平公主對這次天文星變的利用，可說是完全適得其反。

　　除了像帝位之爭，如此關乎皇權存續的政治糾紛，須要借天文之力外，一般大臣之間的政治傾軋，經常也要藉由天文星變，作為勦除異己、鞏固自身權位的工具。

　　十六國時期，南燕國的慕容垂，因不見容於新嗣燕主慕容暐，率同其子慕容全及一干族人，集體投奔前秦的苻堅政權。前秦丞相王猛勸苻堅謂，慕容垂及其諸子，均非池中之物，需趁機勦除，免貽後患，但不為苻堅所納。日後苻堅擒服慕容暐，慕容垂一族因戰功，而擢升高位。前秦諸臣的不滿之聲，也愈來愈大，天文星變，又被引為慕容氏將不利於前秦政權的理由：

> 其後天鼓鳴，有彗星出於尾箕，長十餘丈，名蚩尤旗，經太微，掃東井，自夏乃秋冬不滅。太史令張孟言於堅曰：「彗起尾箕，而掃東井，此燕滅秦之象。」因勸堅誅慕容暐及其子弟。堅不納，更以暐為尚書，垂為京兆尹，沖為平陽太守。苻融聞之，上疏於堅曰：「臣聞東胡在燕，曆數彌久，逮於石亂，遂據華夏，跨有六州，南面稱帝。陛下爰命六師，大舉征討，勞卒頻年，勤而後獲，本非慕義懷德歸化。而今父子兄弟列官滿朝，執權履職，勢傾勞舊，陛下親而幸之。臣愚以為猛獸不可養，狼子野心。往年星異，災起於燕，願少留意，以思天戒。」……堅報之曰：「汝為德未充而懷是非，立善未稱而名過其實……夫天道助順，修德則禳災，苟求諸己，何懼外患焉。」〔註203〕

〔註202〕見《舊唐書》卷八十三〈太平公主傳〉，頁 4739。
〔註203〕見《晉書》卷一百十三〈苻堅載記上〉，頁 2896。

當時的苻堅政權，在王猛等人的用心輔佐之下，國力富盛，「關隴清晏，百姓豐樂，自長安至於諸州，皆夾路樹槐柳，二十里一亭，四十里一驛，旅行者取給於途，工商貿易販於道。」〔註204〕一片政治清明、天下太平的景象。苻堅自然對自己充滿自信，況且苻堅連漢人王猛都敢用為宰相，又豈會懷疑同具胡人血統的慕容氏？誠如苻堅所言，前秦諸臣實是胸襟不足，至少慕容氏在苻堅兵敗淝水之前，的確為前秦政權立下不少汗馬功勞。至於之後的背叛，乃是客觀情勢的演變所致，非人力所能臆測。苻融等人的說法，衡諸當時的政治局勢，與其說有遠見，倒不如說是因妒生恨，企圖藉天文星變，進行一次異姓間的政治鬥爭。

唐玄宗時，戶部尚書楊慎矜，是隋代齊王楊暕的後裔，因父祖屢為唐室建功，素得玄宗器重。但卻因此引來一心想獨攬大權的李林甫不悅，於是藉機聯合另一位原為楊慎矜所提拔，但因楊慎矜「以子姓蓄之」而心生不滿的御史中丞王鉷，共同誣陷楊慎矜入罪，天文術數竟又被派上用場：

> 明年，慎矜父冢草木皆流血，懼，以問所善胡人史敬忠。敬忠使身
> 桎梏，裸而坐林中厭之；又言天下且亂，勸慎矜居臨汝，置田為後
> 計。會婢春草有罪，將殺之，敬忠曰：「勿殺，賣之可市十牛，歲耕
> 田十頃。」慎矜從之。婢入貴妃姊家，因得見帝。帝愛其辯惠，留
> 宮中，寖侍左右。帝常問所從來，婢奏為慎矜所賣。帝曰：「彼乏錢
> 邪？」對曰：「固將死，賴史敬忠以免。」帝素聞敬忠挾術，間質其
> 然。婢具言敬忠夜過慎矜，坐廷中，步星變，夜分乃去，又白厭勝
> 事。帝怒。而婢漏言於楊國忠，國忠、鉷方睦，陰相語。始，慎矜，
> 奪鉷職田，辱詬其母，又嘗私語讖書，鉷銜之，未有發也。至聞國
> 忠語，乃喜，且欲嘗帝以取驗。異時奏事，數稱引慎矜，帝悖然曰：
> 「爾親邪，毋相往來！」知帝惡甚，後見慎矜，輒侮慢不為禮，慎
> 矜怒。鉷乃與林甫作飛牒，告慎矜本隋後，蓄讖緯妖言，與妄人交，
> 規復隋室。〔註205〕

玄宗聞訊後，大怒可期，命杖責史敬忠，賜楊慎矜死，籍沒其家子女悉流放嶺南。這一椿政治冤案，很明顯是王鉷等人，藉公法以報私仇，故意傾陷楊慎矜。而其之所以能夠成功，一方面固然是因為楊慎矜有楊隋皇室之後的特殊身份，

〔註204〕參同上註，頁 2895。
〔註205〕見《新唐書》卷一百三十四〈楊慎矜傳〉，頁 4563。

更重要的，是他觸犯了一般帝王最忌諱的事：擅請術士觀天文、步星變、行厭勝之事，即使不涉及謀反，也爲帝王所不允，才會釀成這次的慘禍。

中國傳統皇權政治制度的設計，固然不無其適應傳統中國政治與經濟環境需要的優點，然而其最大的缺失則是在於，對於帝王的行爲，幾乎沒有任何約束力，只能憑藉帝王的自制。這使得傳統中國政治的清明與否，常帶有相當大的運氣成份，「好皇帝」可遇不可求，皇權政治的良窳，往往繫於皇帝一心之間。爲求彌補此一缺陷，政治學者便努力發展出，各種足以導正帝王行爲的理論與方法，在人們普遍能接受天人合一觀的基礎上，以天文變異來約束帝王的不當行爲，成了最不被帝王排斥的有效方法之一。這也讓天文星占在傳統中國皇權政治的發展過程中，具備特殊的地位。不過，或許也正因爲欲以天文約束帝王行爲，所以縱觀多數占書的內容，幾乎都是不吉利的凶象，必須有所禳應，方能避災。自古以來，爲求保障皇權的順利運作，便發展出各種用以平息天怒、宣慰世人的政治措施。在形式上的祈禳措施方面，伐鼓救日的儀式，或者因日蝕廢朝會的成規，一直爲歷代政權所尊崇，不敢稍有大意。在實質的救禳方面，方式更是五花八門，日蝕、星變之後，帝王引咎自責，下詔行赦減刑、減膳撤樂、避正殿、放宮人、納諫招賢、免賦恤民等等措施紛紛出籠。更有人爲免天降災異而頻繁改元，也有人爲此而停辦封禪之類的帝王大事，可見出約束帝王的行爲方面，天文星占確實不時發揮出其正面的功能。

不過，綜合來看，天文更多時候像是一把雙面利刃，應用得當時，固可爲腐敗黑暗的政治帶來一絲生機，反過來卻也可能成爲殺人的凶器。其關鍵在於誰能掌握天文星變的解釋權，及對天文變異如何應對。在這方面，天文官或者識天文者的角色，頗值得吾人留意。在傳統政治體制的設計中，對天象的觀測、記錄與解釋，應屬於天文官的職權，但由於天文徵應的解釋權，涉及的政治敏感度頗高，帝王通常不會讓天文官獨擁此一大權，擅作干預甚至將天文變異當作自行操控的政治工具的情形，處處可見。許多殘酷的政治殺戮，經常就是假藉天文之名而行之。天文官遇到刻意操控天文解釋權的帝王，經常只能聽命於人，或者乾脆助紂爲虐，否則極易連自己的性命都難保，更遑論要保有專業尊嚴。也就是說，在天人合一的政治觀中，位於樞紐地位的仍是帝王，對於天文星變作何解釋、要不要回應或者應該如何回應，帝王擁有決定權，天文機構及天文官，多數時候，仍只是扮演訊息提供者的角色

而已。從這個角度來看，對於天文變異的徵應與如何應對，幾乎決於帝王的一念之間，可任其自由操控。但也因為如此，歷代帝王均容許天文星占的存在，且逐步將其收編為不外傳的帝王之學。這正是傳統中國政治理論與政治實務的弔詭之處，原本是要以天文星占約束帝王的行為，求得政治清明與社會安定。這一部份的目的，在自律甚嚴的帝王身上，仍可獲得實現。但在另一方面，它也提供了不願受天文約束的帝王，剷除異己、遂行己意的有力工具，而這種理論與實際看似矛盾實則並行不悖的弔詭，似乎才是天文星占能夠長期與傳統皇權政制相終始的主因。

第四章　天文星占與軍事作戰

　　中國傳統的天文星占之學，就其內容性質而論，是屬於所謂「軍國星占學」（Judicial Astrology），所卜多為與政治、軍事、經濟相關的國家大事，至於攸關個人命運良窳的「星座星占學」（Horoscope Astrology），則極少在中國傳統占書中出現。〔註1〕《史記·天官書》算是現存名實可考且內容完整的一部較早期的星占著作，有人曾細心對其占詞進行分類考察，發現在一共十七類、三百二十一款的星占內容中，有關軍事用兵的部份，就占了百分之四十四點二，合計一百四十二款之多，〔註2〕就數目與比例而言，均僅次於政治性的部份。可見自古以來政治之外，軍事也與天文星占有著密切的關係。

　　軍事作戰，目的當然在講求克敵制勝，求勝必須靠「天時、地利、人和」三者相互配合，而其中又以「天時」變化最多、最難掌握。因此軍事星占包含的內容頗為廣泛，舉凡天文星象、天候氣象等，均為其占卜的對象。一般

〔註1〕有關中國傳統星占的特質，可詳參 Shigeru Nakayama, "Characteristics of Chinese Astrology." in Nathan Sivin(ed.) *Science and Technology in East Asia*, New York: Neale Watson Academic Pubications Inc. 1977, pp.94-107.

〔註2〕詳參江曉原《星占學與傳統文化》頁74（上海：上海古籍出版社，1992年10月）。關於《史記·天官書》內容性質的正確比率，各家說法不同，較江曉原為早的學者劉朝陽，在其〈史記天官書之研究〉（《國立中山大學歷史語言研究所週刊》第七卷第七十三、七十四期合刊本，頁1～60，1929年）則是將其中占詞分為十八類、三百零九條，關於軍事用兵者有一百二十四條，佔百分之四十點一三，其中差異來自彼此對分類方式的意見略有不同所致，因江曉原對劉朝陽的說法作了某些修正，這裏姑且採納江氏的說法。不過，可以認定的是，占詞中關於軍事用兵的部份，不論如何分類，比例均高達四成以上，則是不爭的事實。

認爲能夠掌握這些天象變化的規律，與理解其中所隱含的意義，採取適當的應對進退措施，便可在戰場上制敵機先，贏取勝利。至少也可以減少因行動不當，所帶來的損失。因此無論是作戰前的運籌帷幄、戰爭中的應對進退，或者戰爭後的勝敗得失檢討，均不難發現天文星占在其中運作應用的痕跡。一般的軍事將領，也多半被要求需具備這方面的知識。中古時期某些連年征伐的小王國，天文官甚至得隨君主出征，以便隨時對天文星變提供意見，算是中國戰爭歷史上的一項特色。本章所要探討的重點，就是天文星占如何在軍事作戰中，達成其預警、占卜、指導進退等功能，天文官與諳星占術數者，在戰爭中扮演何等角色，以及真正主控戰爭進行的軍事將領及專業的軍事著作，對於天文星占的看法又是如何。

第一節　天文星占的軍事功能

三國時代，曹魏高貴鄉公正元年間，鎮東大將軍毋丘儉，與楊州刺史文欽，因不滿司馬氏把持朝政，視皇室若無物，共議起兵討之，而促成其起兵者，亦不脫天文星占的影響：

> 正元二年正月，有彗星數十丈，西北竟天，起于吳、楚之分。儉、欽喜，以爲己祥。遂矯太后詔，罪狀大將軍司馬景王（按：即司馬師），移諸郡國，舉兵反。〔註3〕

雖然毋丘儉一心爲國，洋洋灑灑列舉司馬氏十一大罪狀，但終因起兵時機並不成熟，讓司馬氏取得制勝先機，最後仍歸於失敗。

西晉永嘉之禍以後，位處涼州的張氏政權，在東晉成帝咸和初年，涼主張駿派遣武威太守竇濤、金城太守張閬、武興太守辛巖等人，東會先前已出兵的太府司馬韓璞，攻打前趙劉氏政權所屬的秦州諸郡。劉曜遣將劉胤前來相抗，雙方軍隊對峙於沃于嶺，此時關於進兵與否，涼國諸將各有不同的看法：

> 辛巖曰：「我握眾數萬，藉氐羌之銳，宜速戰以滅之，不可以久，久則生變。」（韓）璞曰：「自夏末以來，太白犯月，辰星逆行，白虹貫日，皆變之大者，不可以輕動。輕動而不捷，爲禍更深。吾將久而斃之。且曜與石勒相攻，胤亦不能久也。」〔註4〕

〔註 3〕見《三國志》卷二十八〈毋丘儉傳〉，頁763。
〔註 4〕見《晉書》卷八十六〈張駿傳〉，頁2234。

遠道出征，兵貴神速，兩軍對峙，猶豫之間，勝算即失。韓璞拘泥於星象，執意不肯進軍，喪失制敵機先的機會。最後竟如辛嚴所言，被劉胤趁其運補糧食的空檔，出其不意，一舉將涼軍擊潰。

在後涼的呂氏政權中，有一位精通天文的名家郭黁，言事屢中，「（呂）光比之京、管，常參帷幄密謀」。有一年，西秦乞伏氏政權的涼州牧乞伏軻彈與秦州牧乞伏益州，因爲與其君主乞伏乾歸有隙，前來投奔呂光。呂光認爲這是對方自亂陣腳，應可趁機出兵一戰，以求擴大版圖。於是下詔以數萬之眾，御駕親征西秦國。但在出發前的會議中，郭黁與時任太史令的賈曜，有著截然不同的意見：

> 光將伐乞伏乾歸，黁諫曰：「今太白未出，不宜行師，往必無功，終當覆敗。」太史令賈曜以爲必有秦隴之地。及克金城，光使曜詰黁，黁密謂光曰：「昨有流星東墜，當有伏尸死將，雖得此城，憂在不守。正月上旬，河冰將解，若不早渡，恐有大變。」後二日而敗問至，光引軍渡河訖，冰泮。時人服其神驗。〔註5〕

太白（金星），自古就是與軍事用兵密切相關的行星，有謂：「太白進退以候兵，高卑遲速，靜躁見伏，用兵皆象之，吉。」〔註6〕太白未見，就星占角度而言，確實不宜用兵。不過，與其說是他對天文星占精通，不如說是他對當時敵我實力的瞭解，及對時節氣候狀況的有效掌握，郭黁可能和乞伏乾歸一樣，明白替呂光打前鋒的呂延，爲人「雖勇而愚，易以奇策制之」，〔註7〕極容易被向來擅長以寡擊眾、出奇制勝戰術的乞伏乾歸所敗。況且呂光此次師出無名，純粹企圖擴張勢力，不易獲得世人的認同，因此郭黁才敢在出兵之前，作出必敗的大膽預言，不幸爲其言中。

既然郭黁如此明習天文、識兵如神，那如果由他親自指揮作戰，是不是就能百戰百勝、師出必捷呢？答案恐是未必。呂光在位的晚年，荒耄信讒、連殺重臣。太子呂紹無德無才，不得人心，庶子呂纂又飛揚跋扈，根本不將呂紹放在眼裏。隨著呂光的日漸老病，後涼政權內部，隨時都可能爆發大規模的內亂。郭黁眼見這分崩離析的局面，勢將造成呂氏政權的敗亡，於是勸說當時執政的僕射王詳，與其共同舉事：

〔註5〕見《晉書》卷九十五〈郭傳〉，頁 2498。
〔註6〕見《晉書》卷十二〈天文志中〉，頁 319。
〔註7〕見《晉書》卷一百二十五〈乞伏乾歸載記〉，頁 3119。

（呂）光散騎常侍、太常郭黁，明天文、善占候，謂王詳曰：「於天
文，涼之分野將有大兵。主上老病，太子沖闇，（呂）纂等凶武，一
旦不諱，必有難作。以吾二人久居內要，常有不善之言，恐禍及人，
深宜慮之。」……詳以爲然。〔註8〕

郭黁認爲依讖書所言，「代呂者王，乃推王乞基爲主」，然不知其何許人也。
因爲郭黁之前對於軍事作戰料事如神，早已膾炙人口，涼國百姓奉其如神明。
再加上當時民不聊生，因此當郭黁主導起事的消息一傳出，「百姓聞黁起兵，
咸以爲聖人起事，事無不成，故相率從之如不及。」〔註9〕非僅百姓如此，連
呂光麾下的將領，對於郭黁的起事，也莫不畏懼三分：

（呂）纂司馬楊統謂其從兄桓曰：「郭黁明善天文，起兵其當有以。

京城之外非復朝廷之有，纂今還都，復何所補？統請除纂，勒兵推兄

爲盟主，西襲呂弘，據張掖以號令諸郡，亦千載一時也。」〔註10〕

楊統之言，正透露出當時涼國境內，曾與聞郭黁神機妙卜的將領們，心中的
崇慕與恐懼。但能明習天文者親自帶頭起事，是不是就真能如人們所瞻仰的
那般，攻無不克、戰無不勝呢？郭黁的例子告訴世人，掌握天機仍只是致勝
的一部份因素而已，若是在其它策略上失敗，最後仍終究會歸於失敗。郭黁
起事之後，推將軍楊軌爲盟主，與呂光的大軍相對抗於姑臧城。「軌以士馬之
盛，議欲大決成敗，黁每以天文裁之」。戰場狀況瞬息萬變，勝負常在片刻之
間，若凡事皆待明算天文再做定奪，則可能早已失去制勝先機。果然，初起
時爲眾望所歸的郭黁，後仍不免敗在呂纂的手下，其本人則倖免於難。天文
星占或可有助研判敵情與軍隊進退，但若一味依賴，效果可能適得其反，誠
如呂光在得知郭黁擁擁楊軌起事後，寫信給楊軌勸其勿從的信函中所言：「郭
黁巫卜小數，時或誤中，考之大理，率多虛謬。」〔註11〕雖然是因爲敵我對
峙，才說出的批評之語，但倒也說中了郭黁的要害。

中古時期最受人矚目的一場大戰，莫過於決定南北朝分立大勢的淝水之
戰，天文星占在這場歷史大戰的議戰過程中，當然也沒有缺席。當年前秦苻
堅在漸次掃平北方諸雄後，國政大治，民富兵強，苻堅氣淩雲霄，亟欲趁勢

〔註 8〕見《晉書》卷一百二十二〈呂光載記〉，頁3062。
〔註 9〕見《晉書》卷九十五〈郭黁傳〉，頁2498。
〔註10〕見《晉書》卷一百二十二〈呂光載記〉，頁3062。
〔註11〕以上俱參自《晉書》卷一百二十二〈呂光載記〉，頁3063。

統兵南征司馬氏，完成其一統天下的宏願。此事關係重大，一旦成功，即可揚名萬世，成不朽之功業；但萬一失敗，卻也有可能前功盡棄，將多年積累而來的成就，毀於旦夕。苻堅雖然兵馬強盛，但多數軍隊，乃其收服其他北方諸雄後所納編，向心力並不強，甚至隨時有可能倒戈相向。況且南征必須靠水戰，才能取得決定性的勝利，而這正是北軍最弱的一部份。若再加上北人對於南方溼熱氣候與傳染病的適應能力，以及東晉政權內部並非無人等種種因素的考量，即使在兵力與聲勢上佔絕對優勢，卻很難說能有十足的勝算。因此在前秦諸臣中，對於應否南征，意見紛紜，苻堅本人意在征伐，但持反對意見者也不少。如太子左衛率石越，在討論出兵與否的廷議中，就舉天文星象與敵我形勢為由，反駁司馬氏可伐的言論：

> 太子左衛率石越對曰：「吳人恃險偏隅，不賓王命，陛下親御六師，問罪衡越，誠合人神四海之望。但今歲鎮星守斗牛，福德在吳。懸象無差，弗可犯也。且晉中宗（按：指晉元帝司馬睿），藩王耳，夷夏之情，咸共推之，遺愛猶在於人。昌明（按：指晉孝武帝司馬昌明），其孫也，國有長江之險，朝無昏貳之釁。臣愚以為利用修德，未宜動師。孔子曰：『遠人不服，修文德以來之。』願保境養兵，伺其虛隙。」堅曰：「吾聞武王伐紂，逆歲犯星。天道幽遠，未可知也。昔夫差威陵上國，而為句踐所滅。仲謀澤洽全吳，孫皓因三代之業，龍驤一呼，君臣面縛，雖有長江，其能固乎？以吾之眾旅，投鞭於江，足斷其流！」〔註12〕

「投鞭於江，足斷其流」，多麼自豪狂妄的口氣！如此自傲的君主，自然是聽不進他人拂逆己志的意見。苻堅最親信的季弟苻融，也勸他「（今）歲鎮在斗牛，吳越之福，不可伐」，但仍不為苻堅所納，一心一意要進行南征的準備。恭謹的前秦諸臣，不斷透過各種管道，奉勸苻堅不可輕舉妄動，連太子苻宏也進奏道：「吳今得歲，不可伐也。」卻被苻堅反駁道：「往年車騎滅燕，亦犯歲而捷之。」〔註13〕眾人屢以星象進言，而苻堅屢駁之，足證他並非不明天文星象的徵應道理。〔註14〕只是習於將其用為權力運作的工具，順己意時

〔註12〕見《晉書》卷一百十四〈苻堅載記下〉，頁2912。
〔註13〕俱見同上註，頁2915。
〔註14〕事實上，苻堅應該是一個頗信天文星占的君王，據《晉書》卷一百十三〈苻堅載記上〉稱，在議南征東晉的戰事之前，「（苻堅）以苻融為鎮東大將軍，代（王）猛為冀州牧。融將發，堅祖於霸東，奏樂賦詩。堅母苟氏以融少子，

便欣然尊重，以展現英明納言的一面。〔註 15〕若是與其意志相違，他也可以舉出不遵天文行事而成功的實例，來加以反駁。等於間接告訴群臣，唯有他才是天文星占的最後仲裁者，天意所示究竟吉凶如何，他個人的意志，才是唯一的判定標準。因此，雖然群臣從天文、從敵我形勢等各方面，進言不可南征的道理，但狂傲的苻堅，仍決定一意孤行，在準備倉促的情形下，揮師南征，終於導致慘敗亡國的噩運。

南齊武帝永明八年，巴東王子響殺害其僚佐，意圖爲逆，武帝派遣中庶子胡諧之領兵西討，而以鎮軍中兵參軍張欣泰爲副帥。行軍至巴蜀時，張欣泰以天象所忌，不宜動兵戎，諷勸胡諧之暫時按兵不動謂：

> 今太歲在西南，逆歲行軍，兵家深忌，不可見戰，戰必見危。今段
> 此行，勝既無名，負誠可恥。彼凶狡相聚，所以爲其用者，或利賞
> 逼威，無由自潰。若且頓軍夏口，宣示禍福，可不戰而禽也。〔註16〕

「太歲」是中國傳統天文中假設星名，又稱「歲陰」或「太陰」，用以與歲星相對稱。因爲歲星（木星）實際移動得速度並不均勻，有時甚至還會逆行，因此，如果用實際歲星所行的位置來紀年，並不理想，經常會產生誤差。於是傳統天文家就另外假設了一個理想化的天體，即太歲，假設它也是十二年行一周天，但運行的方向正好與歲星相反，而且其運行速度平均一致，如此即可避免因歲星運行速度不均，所造成的紀年誤差。由於太歲乃是因歲星而產生的虛擬星名，所以其在傳統星占學上的徵應占辭，大致與歲星是相同的。本書前文屢次提及，傳統天文認爲歲星所在之地有福德、不可伐，同樣地，太歲所在的分野，也不可征伐，自古以來在軍事上就有「兵避太歲」的禁忌。〔註17〕「太歲在西南」，就天文星占的觀點來說，正如苻堅南征前「歲鎮在牛

甚愛之。比發，三至灞上，其夕又竊如融所，內外莫知。是夜，堅寢於前殿，（太史令）魏延上言：『天市南門屏內后妃星失明，左右闇寺不見，后妃移動之象。』堅推問知之，驚曰：『天道與人何其不遠！』遂重星官。」（頁 2895）

〔註15〕據《晉書》卷一百十三〈苻堅載記上〉稱，「是歲（按：建元八年），有風從西南來，俄而晦暝，恆星皆見，又有赤星見於西南。太史令魏延言於堅曰：『於占，西南國亡，明年必當平蜀漢。』堅大悅，命秦、梁密嚴戎備。」（頁 2895）

〔註16〕見《南齊書》卷五十一〈張欣泰傳〉，頁 882。

〔註17〕見關這一部份的研究，可詳參俞偉超、李家浩〈論兵避太歲戈〉（收入《出土文獻研究》，北京：文物出版社卷，1985）、李家浩〈再論兵避太歲戈〉（《考古與文物》1996 年第 4 期）以及李學勤「兵避太歲戈」新證〉（《江漢考古》第 39 期，1991 年）等文。

斗，吳越之福」，不宜對東南動兵一般，也是不宜對位處西南的巴蜀動兵的。
所以張欣泰勸胡諧之，姑且按兵不動以靜待其變，一方面避開天文上的兵家
大忌，二方面可能是因爲張欣泰瞭解，當地人之所以願意隨子響爲亂，或被
脅迫，或爲利誘，並非眞心爲亂。假如雙方僵持的時日一久，南齊軍再明示
利害，受其脅迫者，自然會爭相歸附。即使因其利誘者，也會因無利可圖而
改變心意，如果一心急於要將其剿滅，反而容易激起其同仇敵愾之心，而力
拼到底，屆時雙方死傷必然十分慘重。所以以圍而不戰的守勢戰略，同樣可
以達到不戰而屈人之兵的目的，不必平白犧牲將士性命，應是順應天意的最
佳策略。可惜胡諧之未能採納張欣泰的意見，倉惶出戰，果然不幸兵敗巴蜀。

　　南朝陳宣帝太建五年時，陳朝侍中吳明徹請纓北伐，率領軍士十餘萬，
攻入北周的秦州，聲勢驚人。北周武帝宇文邕，派遣南朝梁的降將王琳，與
領軍將軍尉破胡等出援秦州。王琳略通天文，在雙方交戰前，即從天象看出
此役未可硬拼：

> 琳謂所親曰：「今太歲在東南，歲星居斗、牛分，太白已高，皆利爲
> 客，我將有喪。」又謂破胡曰：「吳兵甚銳，宜長策制之，愼勿輕鬥。」
> 破胡不從，遂戰，軍大敗，琳單馬突圍，僅而獲免。〔註18〕

王琳一方面從天象看出太歲在東南，歲星又居牛、斗宿，顯然對位處江南的
陳朝有利，且吳明徹乃驍勇善戰之沙場老將，有備而來，兵鋒銳不可當。最
好暫時避其鋒銳，待其深入之後，補給困難或兵疲馬困時，再予以還擊，較
可收事半功倍之效。可惜主帥尉破胡急於建功，輕與交鋒，果然致敗。

　　北周武帝天和二年，南朝陳將華皎前來歸附，輔政親貴宇文護有意藉此
機會立威，乘勢追擊，揮師南征。雖然當時時機並不成熟，但朝中大臣鮮有
人敢諫阻者，唯獨梁州刺史崔猷因天文星變而進奏道：

> 前歲東征，死傷過半，比雖加撫循，而瘡夷未復。近者長星爲災，
> 乃上玄所以垂鑒誡也。誠宜修德以禳天變，豈可窮兵極武而重其譴
> 負哉？今陳氏保境息民，共敦鄰好。無容違盟約之重，納其叛臣，
> 興無名之師，利其土地。詳觀前載，非所聞也。」護不從。其後水
> 軍果敗。〔註19〕

天文星占在軍事的用途上，除了可以用來作戰爭前戰略研討，與戰爭中行軍

〔註18〕見《北齊書》卷三十二〈王琳傳〉，頁435。
〔註19〕見《周書》卷三十五〈崔猷傳〉，頁617。

佈局的參考外，另一個獨特的功能，是能夠預示帶兵主帥的吉凶禍福。例如三國時代就曾有精於術數的蜀人周群，以星變預言巴蜀劉表、劉璋等人的行將敗亡：

> （東漢獻帝建安）十二年十月，有星孛於鶉尾，荊州分野，群以爲荊州牧將死而失土。明年秋，劉表卒，曹公平荊州。十七年十二月，星孛於五諸侯，群以爲西方專據土地者皆將失土。是時，劉璋據益州，張魯據漢中，韓遂據涼州，宋建據枹罕。明年冬，曹公遣偏將擊涼州。十九年，獲宋建，韓遂逃於羌中，被殺。其年秋，璋失益州，二十年秋，曹公攻漢中，張魯降。〔註20〕

周群的準確推斷，固然是因爲其對天文星占的專業，另一方面也可能是由於他對當時逐鹿諸雄實力的瞭解。如其所云，鶉尾之分野乃荊楚之地，料其應在劉表，尚屬合理。不過，星孛於五諸侯的徵應，依占書所言，乃是「彗干犯五諸侯，王室大亂，兵起，天子，宮廟不祀。彗出五諸侯，執政臣有誅，若有被戮者，貴人當之，主有憂。」〔註21〕並未見其所說的「西方專據土地者皆將失土」的徵應，與其說其他的推斷是依據星象變化而來，倒不如說是由於他對天下大勢的瞭解，知道曹操勢大又得人助，諸方霸主不足以成大事，才會有如此大膽的預測。另如三國時代的諸葛亮，更是星占與主帥存亡的相關占卜中，極著名的例子：

> 有星赤而芒角，自東北西南流，投於亮營，三投再還，往大還小。
> 俄而亮卒。〔註22〕

流星之墜與諸葛亮之死，究竟有何牽連，如今很難聯想。但在當時，敵營的司馬懿，則早從諸葛亮的日常生活行事中，看出他將不久於人世。〔註23〕此次流星墜亮營，也被司馬懿視破，認爲是諸葛亮將敗的徵兆。〔註24〕天文占驗中，對於此一三國名將之死，也不乏記載，如《宋書‧天文志》，就對與諸葛亮的死相關的星占資料，加以引申謂：

〔註20〕 見《三國志》卷四十二〈蜀書‧周群傳〉，頁1020～1021，裴注引《續漢書》。

〔註21〕 見《乙巳占》卷八〈彗孛八‧中外宮占第四十九〉，頁123～124。

〔註22〕 見《三國志》卷三十五〈蜀書‧諸葛亮傳〉，裴注引自《晉陽秋》，頁926。

〔註23〕 《三國志》卷三十五〈蜀書‧諸葛亮傳〉，裴注引自《魏氏春秋》曰：「亮使至，問其寢食及其事之煩簡，不問戎事。使對曰：『諸葛公夙興夜寐，罰二十以上，皆親覽焉，所噉食不至數升。』宣王曰：『亮將死矣！』」（頁926）

〔註24〕 據《晉書》卷一〈宣帝紀〉云：「會有長星墜亮之壘，帝知其必敗，遣奇兵掎亮之後。」（頁8）。

> 蜀後主建興十二年，諸葛亮率大眾伐魏，屯於渭南，有長星赤而芒
> 角，自東北，西南流投亮營，三投再還，往大還小。占曰：「兩軍相
> 當，有大流星來走軍上及墜軍中者，皆破敗之徵也。」九月，亮卒
> 于軍，焚營而退。〔註25〕

因此，有關諸葛亮之死的星占記載，應是中古時期人們的一般認知，也不能
全然斥為附會迷信。後世諸如《三國演義》之流的小說作品中，往往將諸葛
亮神化，將他描述成上通天文、下通地理的無所不能之輩，甚至連生死，也
在他自己的掌握之中，還能作法向天祈禳延長壽命。而諸葛亮本人究竟是否
精通天文星占，而且將其用於軍事作戰中，正史的記載中十分少見。但是在
後人所集的諸葛亮生前著作中，卻頗不乏與天文星占有關的著作，如〈二十
八宿分野〉、〈兵法秘訣〉等，尤其是〈兵法秘訣〉一文，更幾乎通篇都是星
占之詞：

> 鎮星所在之宿，其國不可伐。又彗星見大明，臣下縱橫，民流亡無
> 所食，父子坐離，夫婦不相得。四維有流星，前如瓮，後如火，光
> 竟天，如雷聲，名曰天狗。其下飢荒，民疾疫，群臣死。流星東北
> 行，名天岡。天海之口，必有大水土功。又四維有流星，入以後有
> 白氣如雲，狀似車輪，是謂囓食。其下大兵，中國多盜賊。又有星
> 如斗，見北斗，名為旬始。天下大亂，諸侯爭雄。〔註26〕

通篇〈兵法秘訣〉其實就是天文星占的相關文字，顯見諸葛亮在用兵時的謀
算中，天文星占的影響應是不小。也難怪後人將他的過世，和流星墜營之事
相互聯想，甚至衍生出一些出神入化的傳說。

除了諸葛亮之外，三國時代也曾稱霸遼東的公孫淵，在他最後與魏將司
馬懿的決戰中，也有過流星墜地，預示其之將死與敗亡的事蹟發生過：

> （魏明帝景初二年）八月丙寅夜，大流星長數十丈，從首山東北墜
> 襄平城東南。壬午，淵眾潰，與其子脩將數百騎突圍東南走，大兵
> 急擊之，當流星所墜處，斬淵父子。〔註27〕

後代天文占書對於這段史實，有更進一步的補充說明，稱：

〔註25〕見《宋書》卷二十三〈天文志一〉，頁684。
〔註26〕〈二十八宿分野〉及〈兵法秘訣〉二文均見於王瑞功主編《諸葛亮研究集成》
　　　　頁333～334、359（濟南：齊魯書社，1997年）
〔註27〕見《三國志》卷八〈魏書・公孫淵傳〉，頁254。

> 景初二年，司馬懿圍公孫淵於襄平。八月丙寅夜，有大流星長數十
> 丈，色白有芒鬣，從首山北流墜襄平城東南。占曰：「圍城而有流星
> 來走城上及墜城中者破。」又曰：「星墜，當其下有戰場。」又曰：
> 「凡星所墜，國易姓。」九月，淵突圍，走至星墜所被斬，屠城院
> 其眾。〔註28〕

以當時雙方的實力與形勢而論，即使無流星之墜，公孫淵仍舊是難逃司馬懿的
圍殺。流星之墜可能只是個巧合的預兆，不過卻令人對公孫淵的敗亡，更加印
象深刻。一直到唐初，令狐德棻還以此事為例，向李淵說明隋將王世充的必敗：

> 武德三年十月三十日，有流星墜於東都城內，殷殷有聲。高祖謂侍
> 臣曰：「此何祥也？」起居舍人令狐德棻曰：「昔司馬懿伐遼，有流
> 星墜於遼東梁水上，尋而公孫淵敗走，晉軍追之，至其星墜處斬之。
> 此王世充滅亡之兆也。」〔註29〕

當時因為王世充負隅頑抗，天下人心浮動，東都洛陽久攻不下，李淵正為此
憂心忡忡，令狐德棻此言自然有鼓舞軍心的作用。可見公孫淵遭斬於星墜之
所一事，應是中古時人所熟悉的軍事典故，即使不是軍事將領，如令狐德棻
輩的文官，也是耳熟能詳。

第二節　天文官的戰爭角色

天文官無論是在戰爭前的議論，或戰爭進行中的應對進退，都經常扮演
重要的角色。尤其中古時期的十六國君主，習於將天文官攜帶在側，決勝沙
場時，自然也要參考天文官的意見。

前趙劉氏政權，在劉聰在位時，因與其皇太弟劉乂的生母單太后有染，
引起劉乂不滿，對劉聰頗有微詞。單太后知姦情敗露，羞恚而死，自此劉聰
與劉乂鑄下心結，但礙於先皇劉淵的遺命，一時不便廢掉劉乂。不過，劉聰
之子劉粲，此時位居相國，一心想取劉乂的皇儲地位而代之，不斷在劉聰面
前播弄是非，兩派人馬形成嚴重的政治傾軋，朝中幾無寧日。劉聰對於宮中
的紛爭排解無方，有心藉由對外作戰，以提振士氣，但不知何地可伐何地不
可伐，在擬定策略時，頗有猶豫。正好當時天象變異屢現，劉聰召來太史令

〔註28〕見《宋書》卷二十三〈天文志一〉，頁 686。
〔註29〕見《舊唐書》卷三十六〈天文志下〉，頁 1323。

康相，一方面分析天下大勢，順帶也提出軍事戰略上的建議：

> 時東宮鬼哭，赤虹經天，南有一歧；三日並照，各有兩珥，五色甚鮮，客星歷紫宮入於天獄而滅。太史令康相言於聰曰：「蛇虹見彌天，一歧南徹；三日並照；客星入紫宮。此皆大異，其徵不遠也。今虹達東西者，許、洛以南不可圖也。一歧南徹者，李氏當仍跨巴蜀，司馬叡終據全吳之象，天下其三分乎！月為胡王，皇漢雖苞括二京，龍騰九五，然世雄燕、代，肇基北朔，太陰之變其在漢域乎？漢既據中原，曆命所屬，紫宮之異，亦不在他，此之深重，胡可盡言。石勒鴟視趙魏，曹嶷狼顧東齊，鮮卑之眾星佈燕、代、齊、代、燕、趙皆有將大之氣。願陛下以東夏為慮，勿顧西南。吳、蜀之不能北侵，猶大漢之不能南向也。今京師寡弱，勒眾精盛，若盡趙魏之銳，燕之突騎自上黨而來，曹嶷率三齊之眾以繼之，陛下將何以抗之？紫宮之變何必不在此乎？願陛下早為之所，無使兆人生心。陛下誠能發詔，外以遠追秦皇、漢武循海之事，內為高帝圖楚之計，無不克矣。」聰覽之不悅。〔註30〕

康相對天下大勢與敵我實力的分析，表面上看來雖是依據天象而作的解釋，但事實上，應該也是源自於他對國際局勢的深刻瞭解。當時與劉漢並存的幾個政權中，李漢深居巴蜀，易守難攻；東晉則有長江之險，且為中原正朔之延續，聲勢猶在；而北方諸強中，石勒、慕容燕與曹嶷等偏霸勢力，其燄正熾，隨時有撲向劉漢政權的可能。以圖謀統一天下的長遠策略而言，自然是應該遠交近攻，先致力於掃平北方的幾股胡人勢力，經幾年用心經營、厚植實力之後，得到各方人心的認同，再徐圖南進，自然可以水到渠成。但是一心急於統一天下的劉聰，對於康相所建議的穩健戰略，並不能完全接受，難怪會聞後不悅。而此後劉聰因宮廷中皇儲之事，鬧得滿城風雨，人心惶惶不安，也無心再議及征伐之事，康相的建議，當然也就不了了之。

劉漢政權的皇儲之爭，最後是由劉粲獲勝，但因得位不正，不旋踵即遭劉聰的族子劉曜所推翻，改由劉曜主政。但劉曜的得位，四方仍有不服者，黃石、屠各、路松多等，領兵擁護南陽人王保起事，王保以其將軍楊曼為雍州刺史，集合多路人馬，準備圍攻劉曜，秦隴地方的氐羌族人多歸順之。劉曜見情勢危急，帶領天文官御駕親征以抗之：

〔註30〕見《晉書》卷一百二〈劉聰載記〉，頁2674～2675。

曜率中外精銳以赴之，行次雍城，太史令弁廣明言於曜曰：「昨夜妖

星犯月，師不宜行。」乃止。敕劉雅等攝圍固壘，以待大軍。〔註31〕

十六國時期，太史令隨君主出征，似爲當時慣例，他們在行軍過程中，隨時
因應天象的變化，提供適時的建議，常能發生轉危爲安、化險爲夷的功能。
不過，天文官當然也需要得到君王的信任，否則有時還可能因所言拂逆君意
而遭殃，如後趙的石虎，就曾在攻打前燕慕容皝時，就差點因意見不合而誤
殺天文官：

天竺佛圖澄進曰：「燕福德之國，未可加兵。」季龍作色曰：「以此

攻城，何城不克？以此眾戰，誰能禦之？區區小豎，何所逃也！」

太史令趙攬固諫曰：「燕地歲星所守，行師無功，必受其禍。」季龍

怒，鞭之，黜爲肥如長、進師攻棘城，旬餘不克。皝遣子恪帥胡騎

二千，晨出挑戰，諸門皆若有師出者，四面如雲，季龍大驚，棄甲

而遁。於是召趙攬復爲太史令。〔註32〕

當時對峙的雙方，無論是就軍隊人數或者用兵氣勢而言，石季龍均遠在慕容
皝之上，但隨軍出征的太史令趙攬，卻作出不可冒然出兵的逆向建議，頗有
長他人志氣、滅自家威風的味道。一向以驍勇善戰聞名的石虎，自然無法容
忍這樣的建議，即使被他尊爲國師的佛圖澄持相似的看法，他也一樣聽不進
去。直到最後敗戰，才知天文官所言不虛。趙攬身爲太史令，他的觀點當然
有其天文星占上的依據，占書有云，歲星所在之國，「其國有德厚，五穀豐昌，
不可伐。」〔註33〕、「歲星所在處，有仁德者，天之所祐也，不可攻，攻之必
受其殃；利以稱兵，所向必克也。」〔註34〕可見歲星所守之宿，其分野之國，
自古以來便被認爲是有福德相祐，不宜討伐。依趙攬所言，推測當時歲星所
主在燕國，因而藉此天象，諷勸石虎不可輕舉妄動。不過，揆之實際，仍可
發現趙攬的建議，應是有其非關天文星占的現實考量。因兩軍此番之所以開
戰，源於慕容皝初即位時，與其庶兄慕容翰有隙，慕容翰趁機投奔遼東的段
遼。自此以後，段遼在慕容翰的鼓動與協助下，屢爲燕國邊患，令慕容皝十
分困擾。爲求永除後患，慕容皝決意先向石虎稱藩，表達歸順之意，請求石

〔註31〕見《晉書》卷一百二〈劉曜載記〉，頁 2685。
〔註32〕見《晉書》卷一百六〈石季龍載記〉，頁 2768。
〔註33〕見《晉書》卷十二〈天文志中〉，頁 318。
〔註34〕見《乙巳占》卷四〈歲星占第二十四〉，頁 76。

虎共同出兵討滅段遼。在征伐過程中，慕容皝未依約定在令支城等待石虎的部隊前來會師，反而是自行趁機攻打令支以北的地方，獲勝先歸。石虎震怒於慕容皝的言而無信，於是決定揮師轉攻慕容皝。雖非師出無名，但忽然從盟友變成敵人，對慕容皝的實力，並沒有確切的瞭解，趙攬知道慕容皝為人「雄毅多權略、尚經學、善天文」，〔註35〕決非池中之物。在敵我狀況不明下，驟然改變作戰目標，以驕憤之兵，往征有備之國，面對的又是一個有雄才大略的君主，其勝算可謂微乎其微。因此趙攬才敢冒大不諱，想藉由石虎平日對天文的信任，勸阻他這次的軍事行動。可惜不只沒有成功，還差點連命也沒了，真正是伴君如伴虎。

石虎過世之後，後趙政權內部，出現了嚴重的權力鬥爭，石虎諸子各不相讓、相互殘殺，僭位之事頻仍，最後是石祇稱尊號於襄國。石虎的養孫冉閔，聞之不服，遂起兵攻石祇。冉閔圍攻襄國百餘日，始終無法攻克，適逢石祇的援軍來到，局勢轉為不利。衛將軍王泰奉勸冉閔謂，此時「宜固壘勿出，觀勢而動」，不可強行出兵拒敵，以免腹背受敵。不過，跟在冉閔身邊的道士法饒，卻以天象有利進兵為由，持不同的看法：

> 太白經昂，當殺明王，一戰百克，不可失也。」閔攘袂大言曰：「吾
> 戰決矣，敢諫者斬！」於是盡眾出戰。〔註36〕

法饒以天象變異，勸動冉閔出戰，確是發揮了天文在戰場上，決勝負時關鍵角色的地位。可惜的是，即使天象徵應於己有利，若是違反作戰基本原則，想獲勝也並非易事。兩面作戰原是兵家大忌，即使有天象為助，最後仍是落得大敗奔潰的命運。

雖然天文官在戰爭的過程中，能夠參與重要謀議，不過，一旦天文官的意見與君主心中的想法不符時，天文官仍免不了因此受罪。如南涼政權的禿髮傉檀，在一次御駕親征北涼沮渠蒙遜的行前會議中，太史令景保就因諫阻而遭殃：

> 傉檀將親率眾伐蒙遜，（左長史）趙晁及太史令景保諫曰：「今太白
> 未出，歲星在西，宜以自守，難以伐人。比年天文錯亂，風霧不時，
> 唯修德責躬可以寧吉。」傉檀曰：「蒙遜往年無狀，入我封畿，掠我
> 邊疆，殘我禾稼。吾蓄力待時，將報東門之恥。今大軍已集，卿欲

〔註35〕見《晉書》卷一百九〈慕容皝載記〉，頁 2815。
〔註36〕見《晉書》卷一百七〈石季龍下載記〉，頁 2795。

沮眾邪？」保曰：「陛下無以臣不肖，使臣主察乾象，若見事不言，非爲臣之體。天文顯然，動必無利。」傉檀曰：「吾以輕騎五萬伐之，蒙遜若以騎兵距我，則眾寡不敵；兼步而來，則舒疾不同；救右則擊其左，赴前則攻其後，終不與之交兵接戰，卿何懼乎？」保曰：「天文不虛，必將有變。」傉檀怒，鎖保而行，曰：「有功當殺汝以徇，無功封汝百戶侯。」既而蒙遜率眾來距，戰於窮泉，傉檀大敗，單馬奔還。景保爲蒙遜擒，讓之曰：「卿明於天文，爲彼國所任，違天犯順，智安在乎？」保曰：「臣匪爲無智，但言而不從。」蒙遜曰：「昔漢祖困於平城，以婁敬爲功；袁紹敗於官渡，而田豐爲戮。卿策同二子，貴主未可量也。卿必有婁敬之賞者，吾今放卿，但恐有田豐之禍耳。」保曰：「寡君雖才非漢祖，猶不同本初，正可不得封侯，豈慮禍也？」蒙遜乃免之。至姑臧，傉檀謝之曰：「卿，孤之著龜也，而不能從之，孤之深罪。」封保安亭侯。〔註37〕

太白未出，不宜動兵戎，歲星所在之地，不宜進伐，這是極普通的軍事天文知識。景保大概也看出，禿髮傉檀所興乃無名之師，遇上驍勇善戰的沮渠蒙遜，並無必勝把握，不如暫緩出兵，因此以天象進言勸阻。不過，到底君王的決心蓋過一切，他的忠告並未被接受，反而險些招來殺身之禍。戰場上的風雲變化，往往在瞬息之間即定成敗，昧於天文而決策不定，固是不應，但若完全不予尊重，甚且動輒以死相逼，則軍事行動中攜天文官同行，又有何意義？在這一點上，禿髮傉檀顯然不如沮渠蒙遜遠甚。蒙遜爲人「博涉群史，頗曉天文」，〔註38〕他指責景保「違天犯順」，所據可能正是景保諷勸禿髮傉檀的那一番有關天象所示不宜進兵的內容。而頗曉天文的沮渠蒙遜，行軍用兵時，當然也有天文官裹助，但他卻能不泥拘於天文，因自己獨到的見解而出奇制勝：

時地震，山崩折木，太史令劉梁言於蒙遜曰：「辛酉，金也，地動於金，金動刻木，大軍東行無前之徵。」時張掖城每有光色，蒙遜曰：「王氣將成，百戰百勝之象也。」遂攻禿髮西郡太守楊統於日勒。統降，拜爲右長史，寵踰功舊。〔註39〕

天文星占的徵應如何，原本在解釋上就具有高度的爭議性，不管專業的天文

〔註37〕見《晉書》卷一百二十六〈禿髮傉檀載記〉，頁3152～3153。
〔註38〕見《晉書》卷一百二十九〈沮渠蒙遜載記〉，頁3189。
〔註39〕見《晉書》卷一百二十九〈沮渠蒙遜載記〉，頁3194。

官如何認定，帝王本身的意志，仍是最重要的決定因素。有時甚至帝王意見，駁得天文官啞口無言，如北魏太祖拓跋珪之駁其太史令晁崇：

> （皇始二年）九月，賀麟饑窮，率三萬餘人出寇新市。甲子晦，帝進軍討之，太史令晁崇奏曰：「不吉。」帝曰：「其義云何？」對曰：「昔紂以甲子亡，兵家忌之。」帝曰：「紂以甲子亡，周武不以甲子勝乎？」崇無以對。〔註40〕

晁崇此勸，似乎將太祖喻爲紂王，而忘記當年勝敗雙方各有所持，若從興兵伐不道的角度觀之，則甲子日進兵並無不可。不過，拓跋珪並非不信天文之人，他與太史令晁崇之間，還有一段因天文星占而起的恩怨，其間是非，至今猶難論斷。

　　晁崇是遼東襄平人，出身史官世家，「善天文術數，知名於時」。〔註41〕他原是後燕慕容垂政權的太史郎，經常隨軍出征，頗曉沙場之事。慕容垂建興十年，由於北魏不斷侵逼，慕容垂遣太子慕容寶，以及慕容德、慕容麟等率將近十萬大軍，進伐拓跋氏。慕容寶年少氣盛，不以魏軍爲意，中了魏軍的計謀，在參合陂一役，打了大敗仗。〔註42〕隨軍而行的天文官晁崇，也成了拓跋珪的俘虜。拓跋珪因愛其天文專才，不忍殺害，納入旗下重用之。不久晁崇即被升遷爲太史令，晁崇也充份發揮其天文專長，其爲北魏所造的鐵渾儀，直到唐代仍在使用。〔註43〕不過，就燕國人而言，參合陂之敗，可能是心中永遠無法抹去的傷痛。〔註44〕對於可能有不少親友故舊，喪身於這場戰役中的太史令晁崇

〔註40〕見《魏書》卷二〈太祖記〉，頁30。

〔註41〕詳參《魏書》卷九十一〈晁崇傳〉，頁1943。

〔註42〕有關這次燕軍的慘敗，也有多次奇異的雲氣徵應，只是慕容寶不聽勸告，我行我素，才會弄得十萬燕軍幾乎全軍覆沒：「（建興十年）九月，魏進軍臨河，寶懼不敢濟，引師還，次於參合。忽有大風異氣，狀若堤防，或高或下，臨覆軍上，沙門支曇猛言於寶曰：『風氣暴逆，魏軍將至之候，宜遣兵禦之。』寶笑而不納。猛固以爲言，乃遣（慕容）麟率騎三萬爲後殿，以禦非常。麟以曇言爲虛，縱騎遊獵，俄而黃霧四塞，日夜晦冥，是夜魏師大至，三軍奔潰。寶與（慕容）德等數千騎奔免，士眾還者十一二。（慕容）紹死之。初，寶至幽州，所乘車輞，無故自折，術士靳安以爲大凶，固勸寶還，寶怒不從，故及於敗。」（見《十六國春秋》卷四十四〈後燕錄三‧慕容垂〉，頁346）可見包括晁崇在內，當時隨燕軍而行的術士不少，可惜慕容寶一意孤行，又所用非人，以致有此慘敗。

〔註43〕詳參《舊唐書》卷三十五〈天文志上〉，頁1293。

〔註44〕事後燕主慕容垂帶兵路過參合陂時，「見積骸如山，爲之設祭，軍士皆慟哭，聲震山谷。垂慚憤嘔血，由是發疾。」（見《資治通鑑》卷一百八〈晉紀三十‧

來說，他是否眞能忘記，拓跋珪所帶給燕國人的傷痛，而眞心爲其服務，頗令人不能無疑。因此他與拓跋珪之間的關係，始終存在著某些心結。北魏天興五年時的一次天文變異，終於爲雙方日後的衝突，埋下導火線：

> 天興五年，月暈，左角蝕將盡，（晁）崇奏曰：「占爲角蟲將死。」
> 時太祖旣克姚平於柴壁，以崇言之徵，遂命諸軍焚車而反。牛果大
> 疫，輿駕所乘巨犗百頭，亦同日斃於路側，自餘首尾相繼。是歲，
> 天下之牛死者十七八，麋鹿亦多死。〔註45〕

這短短數十字的史料中，學問可不少，必須詳加解釋與探討。

所謂「月暈」，其實是地球大氣上層水份的結晶冰體，折射月光後所產生的光學現象。不過，在傳統星占學的認知是以爲「月旁有氣，圓而周匝黃白，名爲暈」，〔註46〕被認爲也是天文現象的一種，而加以占驗。因爲月亮通常是用以代表「衆陰之長，妃后、大臣、諸侯之象」，因此便有「月之暈者，臣專權之象」〔註47〕的說法。由月暈所衍生的占詞，與風、雨、兵、農皆有關聯，若與其它的星宿合占，則又有其特殊意義。此處則是與角宿合占。角宿是二十八宿中，東方蒼龍七宿的第一宿，分爲左右二星，其象徵意義是：「角二星爲天關，其間天門也。故黃道經其中，七曜之所行也。左角爲天田、爲理，主刑；其南爲太陽道。右角爲將，主兵；其北爲太陰道。蓋天之三門猶房之四表。其星明大，王道太平，賢者在朝；動搖移徙，王者行。」〔註48〕而所謂「角蟲」，指的正是有角的動物，如牛、鹿、羊之類，其之所以會與角宿的星占扯上關係，原因大概是因爲東方蒼龍七宿中的角宿，本是象徵龍的雙角，因此一旦此宿有變，關聯到的便是人間有角的動物。

一般對於月暈角宿的占詞，不外乎就是將其解釋爲與軍事有關，或者與牲畜疾疫有關的內容，所謂「月暈左角，有軍，軍道不通」、「月暈右角，大將軍有病，歲偏民飢，角麟蟲多死」，〔註49〕便是此意。通常識天文者進行占驗，喜將天象與軍事、政治相聯繫，因爲其間是非，較有脈絡可循，解釋上的彈性空

孝武帝太元二十一年三月乙卯〉條，頁 3426）不久之後慕容垂就一命嗚呼哀哉，這眞可說是使燕國喪軍失主的一場奇恥大辱。

〔註45〕見《魏書》卷九十一〈晁崇傳〉，頁 1943～1944。
〔註46〕見《開元占經》卷十五〈月占五・月暈一〉，頁 305。
〔註47〕詳參《開元占經》卷十一〈月占一・月名體〉，頁 274。
〔註48〕詳參《晉書》卷十一〈天文志上〉，頁 299。
〔註49〕見《開元占經》卷十五〈月占五・月暈東方七宿・月暈角一〉，頁 310。

間比較大，在中古時期，確實也有人將月暈左角，與人間軍政相聯繫的事例。
〔註50〕不過，晁崇這次卻非常特殊地，將其用以預言角蟲將死，算是屬於高難
度的占驗嘗試。但不久之後，竟完全如其所預言那般，北魏境內迅即發生嚴重
牛隻疫情，且「巨犗百頭亦同日斃於路側」的狀況，當年全國牛隻死者十七八，
連麋鹿也遭殃。其預言之「神準」，眞可謂是令人歎爲觀止。

　　但若揆諸實際，恐怕又不能不令人對晁崇的神準預言起疑心。按常理而
論，牛隻感染傳染病，其相互傳染到集體死亡，通常需要一段時日，鮮有一
日之內同時暴斃的狀況。這不像是牛疫所致，倒比較像是遭人下毒所害。而
從日後的史實發展來看，若眞有下毒之事，即令不是晁崇親爲，恐怕也和他
脫不了關係！原來在晁崇被俘前後，後燕也有不少人，因戰事失利而投降北
魏，但旋即又叛魏他投，〔註51〕燕人王次多是其中之一；而此時王次多正在
與北魏對抗的後秦姚氏的陣營中。王次多早在出征前，即與晁崇兄弟頗有聯
繫，曾被晁氏家奴告發，說他們「與王次多僭通，招引姚興」。〔註52〕拓跋珪
對此半信半疑，因查無實據，依舊讓晁崇以太史令的身份，隨軍出征。晁崇
雖有心利用這次天變致使牛隻暴斃的意外，迫使魏軍放棄對後秦姚氏的進
攻，但是計謀並未得逞，稍後魏軍仍大破後秦的部隊，「（姚）平赴水而死，
俘其餘眾三萬餘人」。連曾被控與晁崇私通的王次多，也在被俘的行列，而遭
斬之以徇。〔註53〕處決王次多之前，拓跋珪是否問出其與晁崇兄弟互通聲息
的實情，不得而知。但是在返回晉陽之後，拓跋珪卻一反平日對晁崇的信任，
事過境遷後才追討前帳，「以奴言爲實」、「執崇兄弟並賜死」。〔註54〕這期間
並未見晁氏兄弟犯下甚麼滔天大罪，何以先前未將其定罪，還准其隨軍出征，
凱旋歸來後，卻反而加以治罪呢？推測其原因，可能有二：一是王次多在死

〔註50〕東晉成帝咸和年間，曾發生一次月暈左角，識天文的戴洋，即將其與大臣蘇
　　　　峻的即將謀反相聯繫：「咸和初，月暈左角，有赤白珥。（祖）約問（戴）洋，
　　　　洋曰：『角爲天門，開布陽道，官門當有大戰。』俄而蘇峻遣使招（祖）約俱
　　　　反，洋謂約曰：『蘇峻必敗，然其初起，兵鋒不可當，可外和內嚴，以待其變。』
　　　　約不從，遂與峻反。」（見《晉書》卷九十五〈戴洋傳〉，頁 2472）
〔註51〕據蔡幸娟〈南北朝降人之研究〉（臺灣大學歷史所碩士論文，1986 年）頁 65
　　　　所述，當時降魏的有賈彝、張驤、徐超、閔亮、崔逞、孫沂、孟輔、李沈、
　　　　張超、賈歸、慕容文、王次多、董謐、崔玄伯、李光等十五人，但隨即叛魏
　　　　而去的則有賈彝、張驤、徐超、李沈、張超、慕容文、王次多等七人。
〔註52〕見《魏書》卷九十一〈晁崇傳〉，頁 1944。
〔註53〕詳參《魏書》卷二〈太祖紀〉，頁 40。
〔註54〕見《魏書》卷九十一〈晁崇傳〉，頁 1944。

前，曾透露其與晁氏兄弟，暗通款曲的內情，讓拓跋珪確定晁氏不忠的傳言，才會認爲「奴言爲實」。二是拓跋珪悟及晁崇神準預測牛隻暴斃一事，頗不尋常。再加上其與王次多的關係，頗有不願北魏進擊後秦的動機，故意以此天文變異嚇退魏軍，牛隻因疫而亡則足以減緩運補能力，使後秦軍隊取得優勢。凡此種種，稍具智彗者當可判知，牛隻暴斃一事之眞象究竟如何。天文官通常只是擔任戰場上諮詢顧問的角色，像晁崇這般企圖因其天文專業，主導戰爭成敗的例子，算是相當地罕見。〔註55〕

除了天文官之外，一般通習天文的朝廷官員，在對戰爭相關的議題上，也享有相當的發言空間。有時其意見的受尊重度，還壓過專業的天文官，北魏時的崔浩便是此類人物中的佼佼者。崔浩爲人「少好文學，博覽經史，玄象陰陽，百家之言，無不關綜」，〔註56〕對於一向雅好陰陽術數的北魏太宗拓跋嗣而言，能夠「綜覈天人之際，舉其綱紀，諸所處決多有應驗」的崔浩，是行軍用兵不可或缺的重要參謀。因此他雖非天文官亦非武官，但是仍能「恆與軍國大謀，甚爲寵密」，在太宗之世，經常「隨軍爲謀主」。世祖拓跋燾繼位後，崔浩官拜太常卿，算是天文機構的上級主管，仍然經常在軍事會議中，發表他對天文星占的獨特看法。世祖始光年間，有一次朝議討論是否征伐夏國赫連昌之事，「群臣皆以爲難」，但是崔浩則是以天象於北魏有利，主張出兵進討：

> 往年以來，熒惑再守羽林，皆成鉤己，其占秦亡。又今年五星併出
> 東方，利以西伐。天應人和，時會並集，不可失也。〔註57〕

其後果然如崔浩之謀，魏軍擒獲赫連昌，並帶回夏國的天文官張淵、徐辯等人，他們稍後便在北魏繼續擔任天文官。在另一次廷議是否進討北方的蠕蠕時，崔浩又再一次獨排眾議，主張積極進取戰略：

> 是年，議擊蠕蠕，朝臣內外盡不欲行，保太后固止世祖，世祖皆不
> 聽，唯浩讚成策略。尚書令劉潔、左僕射安原等乃使黃門侍郎仇齊
> 推赫連昌太史張淵、徐辯說世祖曰：「今年己巳，三陰之歲，歲星襲
> 月，太白在西方，不可舉兵。北伐必敗，雖克，不利於上。」又群
> 臣共贊和淵等，云淵少時嘗諫符堅不可南征，堅不從而敗。今年時

〔註55〕有關這次戰役的詳細分析，請參姜志翰、黃一農〈星占對中國古代戰爭的影響──以北魏後秦之柴壁戰役爲例〉(《自然科學史研究》第18卷第4期，1999年)

〔註56〕見《魏書》卷三十五〈崔浩傳〉，頁807。

〔註57〕見同上註，頁815。

人事都不和協，何可舉動？世祖意不決，乃召浩，令與淵等辯之。
〔註58〕

接下來，崔浩就張淵等人展開了一場中古史上，少見的有關軍事行動的天文大辯論。世祖本意在征伐，但是朝臣之中意見紛歧，又有保太后從中阻撓，若是一意孤行，恐將引人議論。萬一戰敗，於己不利，而且天文官又分析得頭頭是道，一時也找不出甚麼反駁的話。只好再度召來精通天文，且與其站在同一陣線的崔浩，希望能藉崔浩之口，以說服眾人。崔浩的表現，果然不負世祖所望，令人刮目相看：

> 浩難淵曰：「陽者，德也；陰者，刑也。故日蝕修德，月蝕修刑。夫王者之用刑，大則陳諸原野，小則肆之市朝。戰伐者，用刑之大者也。以此言之，三陰用兵，蓋得其類，修刑之義也。歲星襲月，年飢民流，應在他國，遠期十二期。太白行倉龍宿，於天文為東，不妨北伐。淵等俗生，志意淺近，牽於小數，不達大體，難以遠圖。臣觀天文，比年以來，月行奄昴，至今猶然。其占：『三年，天子大破旄頭之國』，蠕蠕、高車，旄頭之眾也。夫聖明御時，能行非常之事。古人語曰：『非常之原，黎民懼焉，及其成功，天下晏然。』願陛下勿疑也。」〔註59〕

崔浩首先展現其天文專業知識，將張淵等人所述天象的意涵，一一重作解釋，接著駁斥張淵等昧於小數，只會套用傳統的星占說法，不知賦予時代的新義。他本人所觀察到的獨特天象「月行奄昴」，其徵應占書有云：「月犯蝕變於昴，天子破匈奴」、「月入昴中，胡王死」，〔註60〕以及崔浩所言「天子大破旄頭之國」等等，意思不外乎中國君主可以戰勝外邦胡人。崔浩巧妙地將匈奴、胡王、旄頭之國等，都比喻為北方的蠕蠕，而北魏皇朝自然就成了天下共主的中國天子。雖然其血統也是出身胡族的鮮卑人，但經過如此一比較轉換，立即突顯出，拓跋氏不同於一般胡族的特殊地位。這樣的解釋，不論其可信度如何，就當時南北對立的情勢而論，在爭取天命正統的認同上，已經佔得上風。即使明知鮮卑胡人血統的北魏皇帝，大概也樂於聽到自己被講成是正統中國君主的說法。

〔註58〕見同上註，頁815～816。
〔註59〕見同上註，頁816。
〔註60〕詳參《乙巳占》卷二〈月干犯列宿占第九〉，頁45。

　　不過，張淵等天文官員並未就此心服，既然在天文專業上，無法勝過崔浩，於是企圖再從實務的角度，提出不同的意見，崔浩則再逐項加以反駁批判：

> 淵等慚而言曰：「蠕蠕，荒外無用之物，得其地不可耕而食，得其民不可臣而使，輕疾無常，難得而制，有何汲汲而勞苦士馬也？」浩曰：「淵言天時，是其所職，若論形勢，非彼所知。斯乃漢世舊説常談，施之於今，不合事宜也。何以言之？夫蠕蠕者，舊是國家北邊叛隸，今誅其元惡，收其善民，令復舊役，非無用也。漠北高涼，不生蚊蚋，水草美善，夏則北遷。田牧其地，非不可耕而食也。蠕蠕子弟來降，貴者尚公主，賤者將軍、大夫，居滿朝列，又高車號為名騎，非不可臣而蓄也。夫以南人追之，則患其輕疾，於國兵則不然，何者？彼能遠走，我亦能遠逐，與之進退，非難制也。且蠕蠕往數入國，民吏震驚。今夏不乘虛掩進，破滅其國，至秋復來，不得安臥。自太宗之世，迄於今日，無歲不驚，豈不汲汲乎哉？世人皆謂淵、辯通解數術，明決成敗。臣請試之，問其西國未滅之前，有何亡徵？知而不言，是其不忠；若實不知，是其無術！」時赫連昌在座，淵等自以無先言，慚赧而不能對。世祖大悅，謂公卿曰：「吾意決矣！亡國之師不可與謀，信矣哉！」〔註61〕

其實，在這場軍事戰略的論辯中，天文星占不過是個引子，想要說服帝王，依自己所解釋的天象徵應行事，還得加上其它的輔助說明才行。因此，充份瞭解過去與蠕蠕之間的關係、國家政經方面的需求如何，以及當時國際局勢的利害關係等，也是不可或缺的必備知識。也就是說，要以解釋天象讓人折服，單憑占書上的隻字片語，是不夠的，其它的輔助知識，如歷史、地理、政治、經濟、外交、國防甚至帝王心理等，一樣也不能少。張淵等人，雖是專業的天文官，但是論及天文以外的其它知識，恐怕就不如學識淵博的崔浩遠甚。當雙方的爭鋒焦點，從傳統星占知識的解釋，變成現實局勢的探討，天文官們就更顯得捉襟見肘、心餘力絀，根本與崔浩難相抗衡。最後，崔浩更將張淵等人，不能預知夏國赫連昌的存亡一事提出，直接命中天文官的要害，即其所謂預卜的能力，也不過是「偶中」而已，不值得深信，而當年征伐赫連昌，正是在崔浩建議下的傑作！經此一擊，張淵等人自然啞口無言，無話可說，而世祖等於吃了一顆定心丸般，放膽籌劃攻擊蠕蠕之事。魏軍果

〔註61〕　《魏書》卷三十五〈崔浩傳〉，頁816～817。

然如崔浩所言,在征伐蠕蠕一役中獲勝而歸。

不過,天文星占對於軍事戰略的擬定,通常只是輔助說明而已,並不一定具有決定性的地位,帝王的意向及現實局勢,往往才是最重要的關鍵。即使是如崔浩這般精通天文與人事的大學者,有時也不免要成為帝王利用的對象。在北魏征伐蠕蠕一役中,因朝臣持反對意見者不少,又有保太后及天文官為助,因此世祖才召來崔浩,挺言相助。事實上是要假藉崔浩的博學善辯,來堵住朝臣攸攸之口,免得萬一有所閃失,自己成為眾矢之的。他當然也不是百分之百地信賴崔浩,例如在征討蠕蠕的過程中,崔浩雖未隨軍而行,但早在出發前即再三叮嚀世祖,對蠕蠕一定要趕盡殺絕,不可手下留情,才能永絕後患。至於南方劉宋政權,是否會趁虛而入,依其判斷應該是不會,不必顧慮後方安危。可是世祖並未完全採信,心中頗有猶豫,因為諸多顧忌,最後仍是放了蠕蠕大檀一條生路,致其日後又有機會為患北疆,而南方劉宋政權果因不明北魏內部情勢而按兵不動。世祖知情後,頗感悔惱,卻也無可奈何。又有一次,「南藩諸將表劉義隆大嚴,欲犯河南,請兵三萬,先其未發逆擊之」,一向主戰的崔浩,對於這次南方守將的請求,卻持反對的意見。他認為這是諸將因為連年討伐,西滅赫連昌、北破蠕蠕,貪戀戰爭過程中,擄獲的美女珍寶等戰利品,才想再度藉機發動戰爭。而他之所以反對,原因在於南北風土不同,北人南征,易因風土疾病,及不習水戰等因素,未戰先敗,赤壁、淝水二役的歷史教訓,猶在目前,所以反對在沒有十足的把握之前,冒險南征。世祖原從其議,但因南戍諸將不斷奏報,請求朝廷增派水陸兵力備戰,世祖本人似乎也為群臣所動。因為若能討滅劉宋,一統天下,則其成就,與討平北方諸雄,實不可同日而語。面對帝王如此心態,崔浩深知單是以國際情勢的分析,並不足以說服人心,只好又搬出他向來最為人欽服的天文解釋功夫來,說明若劉宋先出兵必不利,北魏不須杞人憂天:

> 浩復陳天時不利於彼,曰:「今茲害氣在揚州,不宜先舉兵,一也;午歲自刑,先發者傷,二也;日蝕減光,晝昏星見,飛鳥墮落,宿值斗牛,憂在危亡,三也;熒惑伏匿於翼、軫,戒亂及喪,四也;太白未出,進兵者敗,五也。夫興國之君,先修人事,次盡地利,後觀天時,故萬舉而萬全,國安而身盛。今義隆新國,是人事未周也;災變屢見,是天時不協也;舟行水涸,是地利不盡也。三事無一成,自守猶或不安,何得先發而攻人哉?彼必聽我虛聲而嚴,我亦承彼嚴而

動，兩推其咎，皆自以爲應敵。兵法當分災迎受害氣，未可舉動也。」

世祖不能違眾，乃從公卿議。浩復固爭，不從。〔註62〕

顯然這回又是帝王的意志決定一切，雖然崔浩說得頭頭是道，但因世祖的心意已動，想要藉此機會立威南疆。即使崔浩苦心勸其不應勞師動眾，以免徒有挑釁之實，而無征討之功。但世祖一心求功，聽不進崔浩的苦口婆心，依然大事調兵遣將，以備劉宋。但事後證明崔浩所言不虛，劉宋軍隊並未輕舉妄動，北魏方面徒然白忙一場。爲求替自己解窘，世祖又向群臣辯解道：「卿輩前謂我用浩計爲謬，驚怖固諫。常勝之家，始皆自謂踰人遠矣。至於歸終，乃不能及。」〔註63〕此言表面上聽來似在讚美崔浩，其實是在爲自己的錯誤決策解套。若崔浩之言果眞可信，就該一意遵從，豈有將軍國死生大事，當成崔浩所言是否眞確的實驗品的道理？其操弄天文星占爲一己之私的工具，心態可謂昭然若揭！

南朝劉宋政權晚期，朝政昏亂，後廢帝劉昱在位期間，因倒行逆施頗甚，遭齊王蕭道成與直閣將軍王敬則設計所弒，另立安成王劉準爲順帝，實際的政務則是由蕭道成獨攬。時任車騎大將軍、荊州刺史的沈攸之，得知劉昱被弒的消息後，十分憤慨，決定起兵稱反，爲劉昱討回公道。在發動其江陵十萬大軍，溯江而下之前，也曾問成敗於天文：

> 廢帝之殞也，攸之欲起兵，問其知星人葛珂之，珂之曰：「自古起兵，皆候太白。太白見則成，伏則敗。昔桂陽以太白伏時舉兵，一戰授首，此近世明驗。今蕭公廢昏立明，政值太白伏時，此與天合也。且太白尋出東方，東方利用兵，西方不利。」故攸之止不反。及後舉兵，珂之又曰：「今歲星守南斗，其國不可伐。」攸之不從。〔註64〕

葛珂之所言「桂陽以太白伏時舉兵」，是指宋廢帝元徽元年五月時，時任太尉、江州刺史的桂陽王劉休範起兵造反失敗之事。〔註65〕希望他記取太白未出而出兵致敗的歷史教訓，沈攸之也從善如流，暫時按兵不動。但到後來，雖云歲星所守之國不可攻伐，一如起兵當候太白般，乃兵家常識，但對於蓄志多時的沈攸之而言，早已不耐久等，還是決定逆天而行。不過，沈攸之此番眞正是應了葛珂之所言，不當出兵而出兵，師出無名，未獲各方響應，蕭道成

〔註62〕 參《魏書》卷三十五〈崔浩傳〉，頁820～821。

〔註63〕 見同上註，頁821。

〔註64〕 見《宋書》卷七十四〈沈攸之傳〉，頁1942。

〔註65〕 其詳可參《宋書》卷七十九〈劉休範傳〉，頁2046～2052。

早有準備，叛變很快就被弭平。而在沈攸之初起兵時，蕭道成身邊明識天文的孔靈產，也早從天文術數中見出其無大作爲：

> （孔）靈產……元徽中，爲中散、太中大夫。頗解星文，好術數。
>
> 太祖（按：指蕭道成）輔政，沈攸之起兵，靈產密白太祖曰：「攸之兵眾雖彊，以天時冥數而觀，無能爲也。」太祖驗其言，擢遷光祿大夫。〔註66〕

雖然不一定百分之百聽從天文人員的忠告，不過從沈攸之和蕭道成的例子可以看出，當時握有軍權者，身邊大概都不乏豢養一群精通天文術數的人，爲其服務，以便隨時提供有用的情報，更突顯出天文星占與識天文者在戰爭中的重要角色。

西魏時的太史中大夫蔣昇，生來「性恬靜，少好天文玄象之學」，是當時執政的宇文泰征戰中的得力顧問。經常在戰爭過程中，從天文術數的角度，提供應對進退的意見：

> 大統三年，東魏將竇泰入寇，濟自風陵，頓軍潼關。太祖（按：即宇文泰）出師馬牧澤。時西南有黃紫氣抱日，從未至西。太祖謂昇曰：「此何祥也？」昇曰：「西南未地，主土。土王四季，秦之分也。今大軍既出，喜氣下臨，必有大慶。」於是進運與竇泰戰，擒之。
>
> 〔註67〕

不過正如有心操弄天文爲利己工具的帝王般，宇文泰若是自己心有定見時，就未必會信從天文官的建議：

> （大統）九年，高仲密以北豫州來附。太祖欲遣兵援之，又以問昇。昇對曰：「春王在東，熒惑又在井、鬼之分，行軍非便。」太祖不從，軍遂東行。至邙山，不利而還。太師賀拔勝怒，白太祖曰：「蔣昇罪合萬死。」太祖曰：「蔣昇固諫，云出師不利。此敗也，孤自取之，非昇過也。」〔註68〕

井、鬼二宿依天文分野理論而言，乃秦之分野，其應正在西魏所處之地。而熒惑在井、鬼，傳統星占皆視其爲極凶之兆，有云：「熒惑入東井，兵起，若旱，其國亂。」、「熒惑入東井中，國有徙主，熒惑入東井，貴人不安其位。」、

〔註66〕見《南齊書》卷四十八〈孔稚珪傳〉，頁835。
〔註67〕《周書》卷四十七〈蔣昇傳〉，頁838～839。
〔註68〕 同上註，頁839。

〔註 69〕又云「火入鬼，有兵喪……火經鬼中，犯乘積屍，兵在西北，有沒軍死將。」〔註 70〕如此天象出現，自然不宜進兵東方。可惜宇文泰未聽蔣昇諫阻，致有邙山一役的慘敗，幸而宇文泰仍不愧爲有量之君，蔣昇才不致因其天文專業而受累。

從史料留存數量來觀察，天文星占在戰爭的過程中，對於南北朝時北方各國的影響，似乎猶甚於南方諸國，特別是五胡十六國之間的征戰，星占的影響痕跡處處可見。可能是因爲主帥即國君，主帥出征，天文官隨侍在側，提供顧問備詢，亦成當時的常見慣例。而在採取軍事行動前的會議中，天文官的建議，向來也具有相當大的影響力。雖然君主不一定遵照天文官的建議行事，軍事作戰的成敗，當然也不全繫於天文預測的準確與否。但從以上所舉史料，仍可看出，在分裂的時代中，小國之間的任何一場戰爭，都有可能決定政權的存續與否，因此各種與戰爭有關的大小變數，均需加以仔細評估，而天文正是其中最詭譎難測的一項。若能預知天意，自然就可以多增加幾分戰場上的勝算。

在分裂的時代中，軍事行動需要預知天意以增加勝算，而在唐朝這樣一個統一的時代中，又何嘗不是如此？只是，天文官的角色略有轉變，不再是討論軍事行動的要角，也極少見天文官隨軍出征（因爲帝王御駕親征的事例也很少）。不過，通天文數術者，在戰場上行止進退的過程中，仍舊扮演相當重要的角色，如唐代宗時：

> （唐代宗）永泰元年，吐蕃犯西陲，京師戒嚴，代宗命中使追兵，諸道多不時赴難；使至淮西，（李）忠臣方會鞫，即令整師飾駕。監軍大將固請曰：「軍行須擇吉日。」忠臣奮臂於眾曰：「焉有父母遇寇難，待揀好日方救患乎？」即日進發。〔註 71〕

當時吐蕃入寇京師，皇室危在旦夕，也難怪李忠臣要不顧吉凶，立即出兵。但是可以推斷，普通狀況下，軍隊行止應該是有專業人士占卜擇吉，然後才做最後決定的。

另外，唐憲宗時李愬在討伐蔡州逆藩吳元濟的過程中，也曾有人提出擇日用兵的建議：

〔註 69〕見《開元占經》卷三十四〈熒惑占五·熒惑犯南方七宿·熒惑犯東井一〉，頁 433。

〔註 70〕見《乙巳占》卷五〈熒惑占第二十八〉，頁 86。

〔註 71〕見《舊唐書》卷一百四十五〈李忠臣傳〉，頁 3941。

初，將攻吳房，軍吏曰：「往亡日，請避之。」愬曰：「賊以往亡謂
我不來，正可擊也。」及戰，勝捷而歸。〔註72〕

「往亡日」是傳統民曆中，極不吉祥的用兵之日，〔註73〕一般用兵都會避開
在這一天行動。此處的軍吏，應該也是當時軍中通術數的人員，而且從李愬
有自信的話語中可以看出，蔡州叛軍中，應該也有此等通術數者。

第三節　軍事專家與著作對天文星占的看法

　　傳統軍事著作，是當時人留給後世指導用兵作戰的珍貴遺產，其中往往
反應出當時人對於戰爭的思想、策略，以及有關影響勝敗因素的觀點與應對
之道等豐富內容。因此，在討論天文星占對於中古時期軍事作戰影響之際，
自然不能忽略此一時期兵書中的相關內容，才能對當時人有關天文星占，在
戰爭中角色的認知，有一深刻之瞭解。

　　唐代李筌所著的《太白陰經》，算是這一時期流傳後世較爲完整之兵書。
〔註74〕有關李筌的生平，史料不甚詳整。〔註75〕但他這部著作，確實有不少

〔註72〕見《舊唐書》卷一百三十三〈李愬傳〉，頁3679。
〔註73〕其詳請參宋・許洞《虎鈐經》卷十一〈出軍日〉條（頁106，北京：中華書局
　　　　叢書集成初編本，1985年）及清・允祿等《協紀辨方書》卷六〈往亡〉條規
　　　　景印文淵閣四庫全書本第811冊，頁338～339）
〔註74〕本書所用版本爲北京中華書局叢書成初編本，書名爲《神機制敵太白陰經》。
〔註75〕李筌的生平，史料中只有零星的記載，《新唐書》卷五十九〈藝文志三〉在
　　　　「李筌《驪山母傳陰符玄義》一卷」條下來注稱：「筌，號少室山達觀子，
　　　　於嵩山虎口巖石壁得《黃帝陰符》本，題云：『魏道士寇謙之傳諸名山』。筌
　　　　至驪山，老母傳其說。」（頁1521）這是有關他獲知《黃帝陰符經》的一段
　　　　傳奇，看來似是修道之人。不過，也有記載指稱他曾經任朝廷官吏，如《四
　　　　庫全書提要》中即云：「筌，里籍未詳，惟《集仙傳》稱其仕至荊南節度副
　　　　使、仙州刺史，著《太白陰經》當即此書。又《神仙感遇傳》曰：『筌有將
　　　　略，作《太白陰符》十卷，入山訪道，不知所終。《太白陰經》當即此書，
　　　　傳寫訛一字也。』」（附於本文所用版本《神機制敵太白陰經》書前，北京：
　　　　中華書局叢書集成初編本，1985年）可見李筌所著之兵書，有《太白陰符》
　　　　或《太白陰經》兩種說法，從流傳在野史中的李筌生平經歷來看，他應該有
　　　　領兵作戰的經驗，平日對於兵書頗多鑽研，其相關的軍事著作，除了《太白
　　　　陰經》之外，見於《新唐書・藝文志三》的還有以下諸書：《中臺志》十卷
　　　　（頁1484，性質不明）、《集注陰符經》一卷（頁1520，爲太公、范蠡、鬼
　　　　谷子、張良、諸葛亮、李淳風、李筌、李洽、李鑒、李銳、楊晟等人的合注
　　　　本）、《注孫子》二卷（頁1551）、《太白陰經》十卷、《青囊括》一卷、《六
　　　　壬大玉帳歌》十卷（頁1558）。

天文術數的相關內容。現存十卷百餘篇的《太白陰經》中，前七卷所敘述的是心術、謀略等一般的軍事內容，後三卷則是術數之學，包括〈雜占〉、〈遁甲〉、〈雜式〉等，此處僅就〈雜占〉卷中與天文星占直接相關的部份加以討論。

〈雜占〉卷中與天文星占較有密切關聯的部份，共可分為「占日」篇、「占月氣色」篇、「占五星」篇、「占流星」篇、「占客星」篇、「占妖星」篇、「占雲氣」篇及「分野占」篇等，全部星占占辭共有二百三十一條。在「占日」篇中出現的，都是與日旁的雲氣有關的現象，共計有珥氣、暈氣、背氣、玦氣、直氣、冠氣、纓氣、抱氣、戴氣等九種，「占月氣色」篇中的內容也相彷。一般占書中常見的日蝕、月蝕的現象，在此並未出現，顯見軍事用途的星占，對於日、月現象的觀察重點，與以政治變化為主的普通星占，是有相當差異的。

「占五星」篇是李筌這本書中的大宗，也是一般最為軍事用途上所重視者。其內容大致可分成六段，第一段是總論五星的顏色、光度、方位等，其餘五段則分別敘述五星現象之於軍事上的應用。在星占卷中，這一部份是佔全部占詞比例最高者，共有一百七十一條，約是百分之七十四，可以說是軍事星占的重心所在。而在五大行星中，歲星（木星）占詞有十四條，熒惑（火星）占詞有三十五條，鎮星（土星）有二十四條，太白（金星）有六十七條，辰星（水星）則有二十六條，五星交會有五條。就各星占詞份量的比例來看，自然又以太白居首，自古以來的「太白主兵」的觀念，在李筌書中表露無遺。甚至連書名都不脫此一觀念，李筌本人書前的〈進《太白陰經》表〉中，提到他為何以太白為書名時也說道：「《太白陰經》者，記行師用兵之事也。臣聞太白主兵，大將軍，陰主殺伐，故用兵而法焉。……名曰：《太白陰經》，上宣天機，以為將家之軌則也。」

「占流星」、「占客星」、「占妖星」三篇，全部占詞共有三十六條，佔星占卷占詞的百分之十五，比例不算高。不過可能是因為這一部份，是屬於突發的異常現象，而星占的基本原則就是「異而占」，因此也頗受軍事星占的重視。

除了李筌著作中所提到的各種天象之外，另有「雲氣」一項，也是中古時期軍事戰中為人所重視者。在近世敦煌出土的中古時期文獻中，有所謂的《占雲氣書》，何丙郁先生從中古時期幾部相關著作，如《晉書・天文志》、《隋書・天文志》、《乙巳占》、《開元占經》及《通典・兵典》等，與《占雲氣書》各個雲氣圖下方的占詞，進行縝密的校勘與考察，發現其中多數是與行軍作

戰相關的記載，應該是當時軍中用爲作戰參考用的著作。〔註76〕古人占卜，天文所含範圍極廣，不僅日月五星及各種流星、客星屬之，連被現代科學歸爲氣象學的雲氣，也在天文的占卜範疇內。除太陽外，星象多半入夜才有，雲氣則是時時可能有變化，自然也會被引爲軍事運籌上的重要參考。

　　在軍事著作中，有著許多與天文星占相關的內容，事實上也正說明，帶兵的將領，具備這一方面的知識，似是爲良將者不可或缺的重要條件。中古時期的軍事作戰中，軍隊常有曉天文者同行，甚至將領本身也不乏通曉天文術數者。前述的諸葛亮是個中翹楚，與其長年對抗的司馬懿，自然也不遑多讓。另外像三國時代吳國名將陸績，平生「容貌雄壯，博學多識，星曆算術無不該覽。」「雖有軍事，著述不廢，作《渾天圖》」，他甚至還能預知自己的將死之日。〔註77〕隋初的大將史萬歲，「少英武，善騎射，驍傑若飛，好讀兵書，兼善占候。」〔註78〕唐代名將薛仁貴，在高宗咸亨元年，吐蕃入寇吐谷渾時，率軍往援，但因與另一位將軍郭待封之間，無法相互協調，以致兵敗大非川，吐谷渾沒入吐蕃手中。事後薛仁貴自己就感歎道：「今歲在庚午，星在降婁，不應有事西方，鄧艾所以死於蜀，吾固知必敗。」〔註79〕足見薛仁貴應當也頗通天文術數。但是戰場上的狀況瞬息萬變，當然不是完全憑藉準確的天文占卜，就能贏得勝利，尚須其它的因素相互配合。所以縱觀中古時期用兵遣將者，雖不乏以天文星象爲參考，但若一味信從，恐怕下場就會像前文所舉的郭麐那般，終究不免歸於失敗。真正善於用兵者，是能操控運用天文星占之妙，以爭取勝利，而又能不爲天文術數所惑。兵書中，作者對於天文術數，也多是抱持類似的看法，如在《太白陰經》卷八〈雜占・總序〉，李筌就論述道：

　　　天文者，懸六合之休咎；兵書者，著六軍之成敗。……夫天道遠而人
　　　道邇，人道謀而陰。故曰神成於陽，故曰明人有神明謂之聖人。夫聖

〔註76〕其詳可參何丙郁、何冠彪《敦煌殘卷占雲氣書研究》（臺北：藝文印書館，1985年）。

〔註77〕詳參《三國志》卷五十七〈吳書・陸績傳〉，頁1328～1329。

〔註78〕見《隋書》卷五十三〈史萬歲傳〉，頁1353。

〔註79〕見《新唐書》卷一百一十一〈薛仁貴傳〉，頁4142。薛仁貴所感歎的鄧艾死於蜀的舊事，見於《三國志》卷二十八〈魏書・鄧艾傳〉：「初，艾當伐蜀，夢坐山上而有流水，以問殄虜護軍爰邵。邵曰：『按易卦，山上有水曰蹇，蹇繇曰：「蹇利南，不利東北。孔子曰：「蹇利西南，往有功也；不利東北，其道窮也。」往必克蜀，殆不還乎？』」（頁781）

人者，與天地合其德，與日月合其明，與四時合其序，與鬼神合其吉
凶。故曰先天而天弗違，從天而奉天時。天且弗違，而況于人乎？況
於鬼神乎？人若謀成策員，則天地、日月、四時、鬼神皆合之；人若
謀缺策敗，則雖大撓步歷、黃帝拔之、甘德星占、巫咸望氣、務成災
變、風后孤虛，欲幸其勝，未之有也。蓋天道助順，所以存而不亡。
若將賢士銳，誅暴救弱，以義征不義，以有道伐無道，以直取曲，以
智攻愚，何患乎天文哉？可博而解，不可執而拘也。

李筌一方面肯定天文在戰爭中的功用，因此在他的書中也多所討論；但是另
一方面，則提醒為將者，決定勝負最重要的因素，仍在人謀而非天文。聖人
作戰，必先謀其合乎天地、日月、四時、鬼神，先做到謀成策圓才出兵，自
然戰無不勝、攻無不克。若是無積密週詳的計劃、師出無名、以逆伐順，則
即使有再高明的天文星占技術為助，也是無濟於事。因此對於天文的態度，
是要將其當成為將者博識天地事務的一部份，但切忌不可拘泥迷信，否則必
當自取其敗。另外在《太白陰經》卷一〈人謀上‧天無陰陽〉條中，李筌也
以古代著名的戰例，提出他對陰陽術數之學與戰爭關係的看法：

天圓地方，本乎陰陽，陰陽既形，逆之則敗，順之則成，蓋敬授農
時，非用兵也。……陰陽寒暑，（不）為人謀所變，人謀成敗，豈陰
陽所變之哉？昔王莽徵天下善韜鈐者六十三家，悉備補軍吏。及昆
陽之敗，會大雷風至，屋瓦皆飛，雨下如注。當此之時，豈三門不
發、五將不具邪？亭亭白奸錯太歲月建誤，殆至如此？古有張伯松
者，值亂出居營內，為賊所逼，營中豪傑皆遁。伯松曰：「今日反吟，
不可出奔。」俄而賊至，伯松被殺，妻子被虜，財物被掠。桓譚《新
論》曰：「至愚之人，解避惡時。」不解惡事，則陰陽之於人有何情
哉？太公曰：「任賢使能，不時日而事利；明法審令，不卜筮而事吉；
貴公賞勞，不禳祀而得福。」無厚德而占日月之數，不識敵之強弱
而幸於天時，無智無慮而候於風雲，……先知不可取於鬼神，不可
求象於事，不可驗之於度，必求於人。

一如對於天文的看法，李筌仍是認為對於陰陽術數只可博識，不可拘泥，陰陽
之分，乃人為所設，陰陽四時的變化，本是天地萬物的本情，並不因人而有改
變。同樣地，人謀的成敗，又豈會和陰陽扯上關聯？如果一味迷信陰陽與人間
事物的關聯性，就很容易誤入歧途。他舉王莽為例，說明即使像他那樣集結了

全天下精通陰陽術數的專家數十人於宮中，爲其祝禱作法，最後仍舊是難逃潰敗的命運。〔註80〕問題不在於天文陰陽，根本無濟於事。張伯松不知何許人也，李筌則是藉其以諷天下迷信陰陽者爲至愚，保身尚且不能，何言福德？

　　不修人事，僅憑天文陰陽諸般術數的講究，就想在戰場上獲勝，毋寧說是癡人說夢。不只專業的軍事學家不以爲然，就算是一般的知識份子，也是持否定的態度，例如杜牧就曾說道：

> 今可目睹者，國家自元和已（後）至今，三十年間，凡四伐趙寇昭
> 義軍，加以數道之眾，常號十萬，圍之臨城縣。攻其南不拔，攻其
> 北不拔，攻其東不拔，攻其西不拔。其四度圍之，通有十歲，十歲
> 之內，東西南北，豈有刑德向背王相吉辰哉？其不拔者，豈不曰城
> 堅、池深、糧多、人一哉？復以往事驗之，秦累世戰勝，竟滅六國，
> 豈天道二百年間常在乾方，福德常居鶉首？豈不曰穆公已還，卑身
> 趨士，務耕戰，明法令而致之乎？〔註81〕

顯然杜牧也認爲，若是天文陰陽術數之學明確可信，則不論是歷史上秦滅六國的漫漫二百年間，或者唐廷討伐昭義軍藩鎮的三十年之間，總該都會出現有利於六國、不利於秦，或者有利於唐廷、不利於藩鎮的天文星象，但是爲何到最後，六國仍不免爲秦所滅，而昭義軍依舊囂張跋扈、不受朝廷節制？其中癥結非關天道，而在人事。秦之所以能累世戰勝而終滅六國，乃因其君主能長期貫徹「卑身趨士、務耕戰、明法令」的軍國主義精神，六國方面則若非根本做不到，就是頂多一兩代的君主做到，後繼者即荒廢怠慢，如何能與長年如此的秦國相抗衡？即使有天文爲助，也難逃敗亡之運。同樣地，昭義軍「城堅、池深、糧多、人一」，面對四方徵召而來的勤王部隊，則王師

〔註80〕就迷信天文陰陽而言，王莽在古代的帝王中，可以說是一個相當奇特的例子。據《漢書》卷九十九下〈王莽傳〉云，在新朝地皇三年十一月時，「月犯熒惑於張，東南行，五日不見。莽數召問太史令宗宣，諸術數家皆謬對，言天文安善，群賊且滅。莽差以自安。」而事實上，劉秀等人的軍隊，已經在向長安城進逼的途中。到了隔年十月，劉玄的部隊正式攻入長安城，其中有人手持利斧砍入宮門，高呼「反虜王莽，何不出降？」死到臨頭的王莽，既不驚慌也不逃亡，其反應竟是：「（著）紺袀服，帶璽韍，持虞帝匕首。天文郎按拭於前，日時加某，莽旋席隨斗柄而坐，曰：『天生德於予，漢兵其予何？』」可謂迷信天文術數，至死不渝。

〔註81〕見曹操等著《十一家注孫子‧計篇》，杜牧在「天者陰陽寒暑時制也」句下的注疏，，頁4～5（臺北：里仁書局，1982年）。

宛若一盤散沙，諸將各有盤算、勾心鬥角，不能齊心一致，因此雖然人數眾多、補給無匱，但仍是屢敗於昭義軍之手，豈是天文星象不爲助乎？人謀不臧爾！

　　既然兵書作者及知識份子，都認爲天文術數非戰爭勝負之要素，未可一味倚靠，那又何以要將這些天文術數的內容寫入兵書著作中呢？說穿了，這大概也可算是軍事作戰中心理戰的一部份吧！天象的神秘不可測，正是其最吸引人的地方，既然長期以來，人們相信天象與人事間的相互關聯，若能對其變化，作有利於己方的占釋，則對於安定軍心、鼓舞士氣，自有其一定的作用。若能因此而未出師即先挫下對方的銳氣，則更能增加戰爭的勝算，收到制敵機先的效果。況且，像古人所重視的雲氣占驗之說，即氣象之學，就算是現代戰爭科學也承認，其與行軍用兵關係密切。所以重視天文術數的內容，並且要求爲將者，必須深刻理解，仍有其必要，只是運用之妙，存乎人心罷了。唐初名將李靖，在流傳後世的《唐太宗李衛公問答》一書中，就有一段他與李世民之間，關於陰陽術數與戰爭關係的問答，充份顯示出一代名將，對於陰陽術數之學的深刻看法：

　　太宗曰：「陰陽術數，廢之可乎？」

　　靖曰：「不可。兵者，詭道也，託之以陰陽術數，則使貪使愚，茲不可廢也。」

　　太宗曰：「卿嘗言，天官時日，明將不法，闇將拘之，廢亦宜然。」

　　靖曰：「紂以甲子日亡，武王以甲子日興，天官時日，甲子一也。殷亂周治，興亡異焉。又宋武帝以往亡日起兵，軍吏以爲不可，帝曰：『我往彼亡』，果克之。由此言之，可廢明矣。然而田單爲燕所圍，單命一人爲神，拜而祠之。神言燕可破，單於是以火牛出擊燕，大破之。此是兵家詭道，天官時日亦猶此也。」

　　太宗曰：「田單託神怪而破燕，太公焚著龜而滅紂，二事相反，何也？」

　　靖曰：「其機制一也。或逆而取之，或順而行之是也，此則因軍中疑懼，必假卜以問神焉。太公以謂腐骨枯草無足問，且以臣伐君，豈可再乎？然觀散宜生發機於前，太公成機於後，逆順雖異，其理致則同，臣前所謂術數不可廢者，蓋存其機於未萌也，及其成功，在

人事而已矣。」〔註82〕

在李世民推崇的所謂「凌煙閣十八功臣」中，論及戰術、戰略與戰功，李靖都堪稱是首選，有人評他可與英國公李勣並舉，認為「近代堪為名將者，英、衛二公，誠煙閣之最」。〔註83〕在他與唐太宗的問答中，也充份顯示出一位「明將」與「闇將」的差異所在。陰陽術數雖然有時玄而無稽，但因一般社會大眾信者頗多，自然不宜完全廢除，因為有的時候它是「使貪使愚」的最佳工具。尤其在生死存亡的關頭，陰陽術數往往是鼓舞士氣、反敗為勝有力武器，若是完全不懂或不善加利用，田單當年如何能以火牛陣破燕復國？而戰場上風雲萬變，即使是優勢的兵力，也有可因一時的的決策錯誤，或者外在環境的因素，而導致軍心不穩甚至挫敗，此時陰陽術數之學的巧妙運用，便可及時發揮轉危為安的奇效。就像散宜生的問卜與姜太公的焚蓍龜，並非對伐紂之舉缺乏信心，而是遇上「旗鼓毀折」此等行軍中視為大凶之事，若是雜以陰陽術數，則恐怕兩軍尚未接觸，己方即可能因謠言紛飛，不戰自敗。因此古來名將，雖然都能瞭解天文術數不能主導戰局的道理，卻也不敢隨意輕忽，正是要以備不時之需。但是也絕對不會像惑於陰陽術數的闇將那般，以為不修人事、不謀戰略，單憑陰陽術數即可贏得勝利。可以說，天文術數是明於用兵的將領，在進行心理戰時，一項必備的法寶。李靖本人領兵作戰即是如此：

世言靖精風角、鳥占、雲祲、孤虛之術，為善用兵。是不然，特以臨機果、料敵明、根於忠智而已。俗人傳著怪詭機祥，皆不足信。

〔註84〕

不惟李筌、李靖，對天文術數存有可使由之但不可使知之的觀念，中唐時代的杜佑，在其《通典・兵典》中，也表達出相類的看法：

夫戎事，有國之大者。自昔智能之士，皆立言作訓。其勝也，或驗之風鳥七曜，或參以陰陽日辰；其教陣也，或目以天地五行，或變為龍蛇鳥獸。……勝負頃刻之間，事繁目多，應機循古，得不令眾心繫名數而無暇，安能奮勇銳而爭利哉？……若以風鳥可徵，則謝艾梟鳴牙旗而克麻秋，宗武麾折沈水而破盧循；若以日月可憑，則

〔註82〕見《唐太宗李衛公問對》卷下頁51～52（北京：中華書局叢書集成初編本，1991年）
〔註83〕見《舊唐書》卷六十七〈李靖傳〉，頁2493。
〔註84〕見《新唐書》卷九十三〈李靖傳〉，頁3824。

鄧禹因癸亥克捷，後魏乘甲子勝敵；；略舉一二，不其證歟？似昔
賢難其道、神其事，令眾心之莫測，俾指顧之皆從。〔註85〕

唐德宗建中四年，淮西節度使李希烈起兵稱王，並殺害德宗派來的宣慰特使顏
真卿，公然與朝廷決裂對抗。德宗緊急召來龍武大將軍哥舒曜帶兵討伐，與李
希烈的叛軍對峙於襄城，不料哥舒曜反為李希烈所圍困，情勢危急。在這年的
十月，德宗又下詔命涇原節度使姚令言，率兵來救哥舒曜。姚令言帶領五千人
馬，浩浩蕩蕩開入京師，這批部隊，原本期望能得到朝廷的厚賞，以便贍養家
口，豈知抵達京師以後，非但未見令人滿意的賞賜，連膳食也只是粗茶淡飯而
已。部隊中有人即鼓譟道，朝廷有心藏私，不肯將宮中寶物與涇原將士分享，
軍士聞訊大譁。姚令言事後安撫不得要領，原本是要入京整備、救援王師的軍
隊，結果反倒成了禍害京師的叛軍。五千大軍不剿李希烈，反而倒戈進攻長安
城，逼得德宗迫不得已，連夜倉猝出奔奉天避難，演成所謂的德宗「奉天定難」
之役。〔註86〕叛軍最後決定，擁立曾任太尉而當時廢處京師的朱泚為新主，自
號為大秦皇帝，稱應天元年。這個新政權，立即成了李唐皇室的頭號敵人。德
宗下令掌禁軍的神策先鋒都知兵馬使李晟，與朔方節度使李懷光，共同出兵勤
王，進討朱泚。李懷光因與德宗寵臣盧杞等人有隙，又心疑德宗對他信任不足，
因此在進兵過程中，心懷二志，與朱泚暗中頗有交通，屯軍在咸陽八十多天，
不願揮師入京，誆稱出兵時機未至。李晟無奈，只好將其尚能指揮的部隊，藉
機調動一部份移防渭橋，準備伺機突擊長安城。剛開始駐軍渭橋時，很多人認
為李晟所統領的神策軍，包括李晟自己在內，其家屬親友多住在城內，為免傷
及自家人，調兵只是掩人耳目，勢必不敢全力攻城。當時曾有人勸李晟因天文
之利而進兵，但是李晟寧冒遭人誤解的罪名，也不肯匆促出兵，在日後攻下長
安城時，才說出他內心的想法：

晟初屯渭橋時，熒惑守歲，久之方退，賓介或勸曰：「今熒惑已退，
皇家之利也，可速用兵。」晟曰：「天子外次，人臣但當死節，垂象
玄遠，吾安知天道耶！」至是（按：指克復京師之後），謂參佐曰：
「前者士大夫勸晟出兵，非敢拒也，且軍可用之，不可使知之。嘗
聞五緯盈縮無準，晟懼復來守歲，則我軍不戰而自潰。」參佐歎服，

〔註85〕見《通典》卷一百四十八〈兵典‧兵序〉，頁 3781～3782。
〔註86〕有關這次兵變的始末大概，可詳參任師育才《唐德宗奉天定難及其史料之研
究》（臺北：中國學術著作獎助委員會，1970 年），頁 19～37。

　　皆曰：「非所及也。」〔註87〕

李晟對於天象雖有所知，但是爲免一旦錯用天象，容易導致軍心不穩、無心
作戰，所以強忍住別人對他的不諒解，堅持等到適當時機才作出擊，事後果
然證明他的判斷過於常人，此亦明將所當爲也。

〔註87〕見《舊唐書》卷一百三十三〈李晟傳〉，頁 3670。

第五章　天文伎術者的管理

　　掌握天文星占的解釋權，可以說是確立皇權統治的重要手段，在歷代帝王看來，此與政治、軍事等，同樣具有左右皇權生存的重要地位，不能等閒視之。中古時期雖然神權統治的色彩漸淡，但是對於解釋大命所在的理論基礎而言，天文及其相關學門，如圖讖、陰陽五行等，仍具有不可忽視的影響力。爲了確保天命在己，牢牢掌握住天文圖讖等的解釋權，並嚴格禁止不利於皇權的預言流佈，甚而立法禁止非官方人員學習或妄論天文，便成爲保護皇權的必要手段。因此歷代政權，便透過幾個方式，來達到管制天文的目的：第一、是對於組織的管制，即壟斷天文機構，由朝廷統一且唯一地設置管理，普天之下不得再有其它此類機構，否則便視同叛亂論罪。第二，是對於人員的管制，因爲不希望太多人明習此一關乎國家機密的學問，最好的辦法，當然是將通天文者，集中加以教育與管理，連其升官、交遊、傳學也要有所限制，這自然而然發展出中國天文史上一個獨特的現象，即天文官有頗多家族成員世襲的案例。第三，則是對於天文等相關知識的管制，因爲單是管制機構與人員，並不一定就能確保民間無私習者，因此還必須立法，對於私習及傳佈天文圖讖等相關知識者，有所懲處，方足以徹底防止天文機密的外流。

　　在此對機構、人員及知識的重重管制下，使得中國傳統天文星占，自古以來，便有一個歷史悠久的禁錮傳統。其中對於機構的管制，是自上古以來即如此，中古時期只是承其獨佔傳統，在本書第二章述及此一時期的天文機構時，已有提及，此處不復多談。但是對於人員與知識的管制，則是在中古時期以後，才見到史料正式公諸於世，並且明定嚴厲的罰則，以戒僥倖。因此，中古時期，可說是中國天文禁錮傳統的立法完成期。此後直到清季，歷代中國律法，無不

遵循中古時期，所遺留下的立法管制天文伎術的傳統，罰則或稍有修改，但其爲歷代統治者所重視，則無二致。本章的重心，就要放在中古時期對於天文官員及天文伎術的管理上，以說明此一時期天文與皇權統治另一層面的關係。

第一節　天文官的世襲特色及其管制

天文官的世襲，在中國有其悠久的傳統，最初可推溯自古代史官的世襲制度，如漢代司馬氏一族，歷代皆任太史之職，是其著例。〔註1〕漢代的太史一職，兼撰寫史書與主管天文星曆等事務，之所以世襲，實有其不得不如此的原因。因爲當時並無專業的史學教育機構，連一般學問的傳習，也多是家族傳承。撰史者又必須比普通的文學創作，消耗更漫長的歲月浸淫在史料中，才能吸收消融。這些史料，更經常是關乎國家機密的重要資料，所以能被帝王充份信任者，方是上選。而要能兼備這幾種條件的人，似乎除了太史的子孫外，也不容易覓得更理想的人選。

進入中古時期以後，太史職兼撰史與天文事務的情況有所改變，史館與太史局的名稱漸次出現，分屬不同的部門，也有各自獨立的功能。史書的撰寫方式，逐漸由一人獨撰轉變爲多人合撰，太史少有參與撰史者。若有，則是類如唐代的李淳風那般，負責撰寫前代史中的天文志部份的專業內容而已。至於負責撰史的史官，則在個人能力、興趣與及政府的長年禁錮下，多半不通天文曆法，也不再能插手天文事務，而成爲純粹的撰史人員。在此時代風潮的改變下，史官的世襲情況仍在，中古時期仍有不少如李德林、李百藥或姚察、姚思廉那般，父子相繼爲史官的家族，不過此多出於家學淵源的自願，朝廷方面很少干涉史官是否世襲。但是天文官員則不同，其世襲的情況非常普遍，且是帝王所樂見者，甚至有前後三代，都任職天文機構主管的情形，形成傳統官僚體制中，極爲罕見的「壟斷」現象。

之所以造成這種天文官世襲現象的盛行，可從兩方面的原因加以判讀：一是就主觀條件而言，在本書第二章第二節中曾經論述過，天文星占是一門極艱辛難學的專門學問，其學習歷程之辛苦，非外人所能知，有的天文專家，

〔註1〕在《史記》卷一百三十〈太史公自序〉中。司馬遷之父司馬談曾經對他說道：「余先周室之太史也。自上世嘗顯功名於虞夏，典天官事。後世中衰，絕於予乎？汝復爲太史，則續吾祖矣。」（頁3295）可見司馬氏任太史一職有其悠久歷史，若以古代史官兼知天文星占而論，堪稱是第一個有史可考的天文世家。

甚至連自己的下一代都不願意教，更遑論要教導他人。而在政府的重重禁令下，天文家族的轉業往往會遇到很大的阻撓，為求確保自己的生存，天文星占便自然容易變成一種神秘家學，外人無由得知。其次，就外在客觀環境而言，最重要的是帝王對天文官的心態。天文伎術關乎軍國大事與皇權存續的機密，為免有心人士藉機為亂，通曉此學者，當然是愈少愈好。可是基於現實的需要，又不能沒有一批懂天文的官員。所以最好的辦法，當然就是由一個帝王信得過的家族，一代接一代地傳承天文伎術，如此便可又掌握天文伎術於手中，又免使他人有機會，因預知天文機密而對政權起覬覦之心，而能確保皇權長治久安。隋文帝楊堅，在一次對太史令庾季才的談話中，便充份顯現出，帝王為何願意將天文伎術，交由少數家族壟斷的心態：

> 天地秘奧，推測多途，執見不同，或致差舛。朕不欲外人干預此事，
> 致使公父子共為之也。〔註2〕

楊堅真正是道出了一般帝王，對於天文官何以須世襲一事的共同心聲。為何帝王對於這種官職壟斷的情形，不只不以為迕，反而有時還存心促成？因為既可有效掌控天文伎術的流向，又可確保天文伎術，保留在自己信得過的家族手中，當然樂於以天文官職加以攏絡。職是之故，天文官的世襲，幾乎成為中古時期官制上的一項的特色，一直到宋代的天文官，也都還保有此一獨特的傳統。〔註3〕中古時期，尤其是隋唐以前，其實應該有不少的天文世家，可惜因為史料散落，如今已難以勾稽其家族成員事跡。〔註4〕以下僅能就隋唐以後，幾個流傳於後世，史料較為充份的天文家族的事跡，略加陳述，以說明中古時期天文官世襲情形之一般。

一、庾季才家族

庾季才字叔奕（515～603），本是南陽新野人，永嘉禍起，其八世祖庾滔，

〔註2〕見《隋書》卷七十八〈庾季才傳〉，頁 1767。

〔註3〕有關宋代的天文官世襲情形，其詳可參沈建東〈在天道與治道之間——論宋代天文機構及其陰陽職事〉頁 111～114（新竹：清華大學歷史研究所碩士論文，1991 年）

〔註4〕如《魏書》卷九十一〈張淵傳〉有云：「太史趙勝、趙翼、趙洪慶、胡世榮、胡法通等二族，世業天官者。」（頁 1954）既言「世業」，足見其為兩代以上任職天文機構的專業天文世家，可惜史料所載僅止於此，至於其家族的源流、傳承、生平事跡等，完全付諸闕如，無法在此多作討論。

追隨晉元帝渡江避難，家族遂改遷至南郡江陵縣。庾家雖然是到庾季才這一代，才開始出任天文官，但其天文術數之學的家學淵源，可謂頗爲深厚。庾季才的祖父庾詵，生平「聰警篤學，經史百家無不該綜，緯候書射，棋算機巧，並一時之絕。」〔註5〕庾詵雖與梁武帝蕭衍頗有交情，但因志在山林，終身爲處士不仕。庾季才之父庾曼倩，曾被梁元帝蕭繹讚稱「荊南信多君子……賞德標奇，未過此子」，在天文算學的成就方面，也曾「注《算經》及《七曜歷術》」。〔註6〕在父祖兩代的家學薰染之下，庾季才自「幼穎悟，八歲誦《尚書》，十二通《周易》，好占玄象。」〔註7〕梁元帝蕭繹，在未建立江陵政權前，是爲湘東王，當時即「重其術藝，引授外兵參軍」。〔註8〕至其登基爲帝後，乃召庾季才爲太史，季才固辭不受，蕭繹勸他道：「漢司馬遷歷世尸掌，魏高堂隆猶領此職，不無前例，卿何禪焉？」〔註9〕由於盛情難卻，才勉力接下此一小王朝的太史一職。蕭繹之所以在江陵建立新王朝，實乃因當時建康的蕭氏政權，已爲叛臣侯景把持。蕭衍爲侯景所弒後，侯景先是擁立傀儡政權簡文帝蕭綱，接著又弒帝自立爲漢王。在侯景敗亡後，又有蕭歡、蕭棟等不得人心的小王嗣立。蕭繹當時擁兵江陵，自霸一方，心中自然不服，在諸臣的幾番勸說後，終於在江陵自立爲帝，與建康的蕭家政權相抗衡。庾季才與蕭繹交情深密，兩人曾有一番關於國家大事的談話，涉及天文星占之學：

> 帝亦頗明星曆，因共仰觀，從容謂季才曰：「朕猶慮禍起蕭牆，何方可息？」季才曰：「頃天象告變，秦將入郢，陛下宜留重臣，作鎮荊、陝，整旆還都，以避其患。假令羯寇侵蹙，止失荊、湘，在於社稷，可得無慮。必久停留，恐非天意也。」〔註10〕

可惜蕭繹因私心的其它考量，未能接受庾季才的建議，繼續在江陵逗留，最後果如庾季才所言，北周宇文泰領兵攻陷江陵城，消滅了蕭繹政權。時任太史的庾季才，也成了宇文泰的俘擄，隨北周軍隊回到北方，開啓其步上天文世家的旅程。

　　爾後，庾季才即在北周政權內，繼續擔任太史一職，在此期間，最重要

〔註5〕　參《梁書》卷五十一〈庾詵傳〉，頁750～751。
〔註6〕　詳參同上註，頁752。
〔註7〕　《隋書》卷七十八〈庾季才傳〉，頁1764。
〔註8〕　同上註。
〔註9〕　同上註。
〔註10〕　同上註。

的，是完成他流傳後世的星占巨著──《靈臺秘苑》。在北周靜帝末年，他因
參贊楊堅繼禪有功，隋王朝建立之後，仍領太史之職。一人而出任三個不同
政權的太史，同時獲得不同主政者的信任與依賴，可謂相當不容易。庾季才
爲人「術業優博，篤於信義」，不爲虛妄阿諛之論，但卻因此在一次討論曆法
的過程中，開罪了楊堅寵信的另外兩位天文官──張冑玄與袁充，遭楊堅怒
而免其職，是當時有名的一次「曆獄」。〔註11〕但在事件過後，楊堅仍尊重其
天文專業，遇有天文祥異，依舊「常使人就家訪焉」。〔註12〕

　　庾季才之子庾質（？～614）秉其父祖三代家學，在隋煬帝大業初年，繼
承父業，出任太史令。庾質爲人耿直，曾兩度力勸楊廣切勿御駕親征高麗，
但不爲楊廣所納。日後楊玄感造反，楊廣曾以天象問其成敗之數如何曰：「熒
惑入斗如何？」庾質對曰：「斗，楚之分，楊感之所封也。今火色衰謝，終必
無成。」〔註13〕後來果然如其所言。庾質性類其父，也曾多次直言向楊廣進
諫朝政闕失，頗不爲楊廣所容。大業十年時，終因諫阻楊廣東巡天下，被詔
令卜獄治罪，最後死於獄中，是庾家任天文官的三代中，下場最爲悽涼者。

　　庾質之子庾儉，在隋恭帝義寧初年及唐高祖武德初年時，曾爲太史令，
〔註14〕只知其善於占候，生平事跡無多記載。

　　綜觀庾季才一家祖孫三代，連續擔任梁元帝、北周、隋及唐初四朝的太史
令，政權的輪替、統治者的改變，幾乎對其天文世家的地位，沒有太大的影響。
除了本身專業素養，受到各朝帝王的尊重外，最重要的，可能還是因爲其所持
的政治立場較爲中立，無論是爲哪一個政權服務，都能恰如其分地提供天文官
的專業意見，並保持對現有政權的忠誠度。在政權隨勢轉移之後，也因其中立
的政治立場，而少受到繼起者的報復，故而能長期維持其天文世家的地位。

二、李淳風家族

　　中古時期另一個爲治史者所熟悉的天文官世家，是唐代的李淳風家族。李
淳風（602～670）乃歧州雍人，他的天文星曆長才，除了天資聰穎之外，家學

〔註11〕其詳可參本書第六章第一節的相關討論。
〔註12〕《隋書》卷七十八〈庾季才傳〉，頁1767。
〔註13〕《隋書》卷七十八〈庾質傳〉，頁1768。
〔註14〕據《舊唐書》卷三十五〈天文志上〉云：「武德年中，薛頤、庾儉相次爲太史
　　　　令。雖各善於占候，而無所發明。」可見庾儉在義寧初年任太史令後，因新
　　　　舊政權的交替，曾有一度去職，稍後才又回任太史令。

淵源可能也是一個不宜忽略的因素。李淳風之父李播，在隋王朝時曾任高唐縣尉，因官卑升遷無望不得志，遂棄官爲道士，自號黃冠子。他雖未曾出任天文官職，但因道家術數中，頗不乏與天文相關的內容，可能在習道過程中，也對天文星占略有所知，曾著有〈天文大象賦〉這篇傳世的通俗天文作品。〔註15〕在此家學的薰染之下，李淳風自幼即「博涉群書，尤明天文、曆算、陰陽之學。」〔註16〕他一生在傳統天文的占卜、曆法、儀器製造及專書寫作方面，都有著過人的成就，可說是中古天文專家中一位極具代表性的人物。

　　李淳風爲人忠直，對於正確的事物，具有鍥而不捨的追求精神，而且堅持己見，絕不輕易妥協，曾經爲了爭取朝廷採行較精確的國曆，前後纏訟達數十年之久。起因是唐初東都道士傅仁均造戊寅曆，聲稱「戊寅歲（按：即高祖武德元年，618）時得上元之首，宜訂新曆，以符禪代。」〔註17〕戊寅曆在武德元年七月，獲得唐高祖李淵的採用，成爲李唐開國後的第一份正式國曆，傅仁均也因此擢升太史令。但是此曆施行後不久，即廣招來自各方的質疑。先是「中書令封德彝奏曆術差謬」，接著太史丞王孝通，也根據甲辰曆法提出多處疑點，傅仁均當然也不甘示弱，針對王孝通所提疑點，爲文一一加以解答回應。最後李淵不得已，只好敕令精通算術的吏部郎中祖孝孫，考評其中得失及各家是非，結果「孝孫以仁均之言爲然」，〔註18〕於是戊寅曆的國曆地位，依然屹立不搖。時爲傅仁均部屬的李淳風，也加入批評戊寅曆的行列，在太宗李世民即位後，再度上奏提出十八事，以駁傅仁均的曆法缺失。李世民敕令也「善天文算曆」〔註19〕的大理卿崔善爲，考評二家得失，結果在李淳風所提的十八條意見中，最後裁定「七條改從李淳風，餘十一條並依舊定」，〔註20〕傅仁均曆猶佔上風。不過，意志堅定的李淳風，仍然再接再勵、力爭到底，即使在傅仁均過世之後，他還是毫不留情地，繼續對戊寅曆提出批評，要求改用較爲精密的新曆法。到了唐高宗龍朔年間，經由一連串的實

〔註15〕據《新唐書》卷五十九〈藝文志三・天文類〉中有「黃冠子李播〈天文大象賦〉一卷，李台集解」（頁1545），可見李播的天文素養不低。

〔註16〕《舊唐書》卷七十九〈李淳風傳〉，頁2717。

〔註17〕見《舊唐書》卷三十六〈曆志一〉，頁1152。

〔註18〕請詳參《舊唐書》卷七十九〈傅仁均傳〉，頁2714。此處傳文與志文之間有些差失，據見《舊唐書》卷三十六〈曆志一〉言，「傅仁均，……造戊寅曆。祖孝孫、李淳風立理駁之，仁均條答甚詳，故法行於貞觀之世。」（頁1152）

〔註19〕見《舊唐書》卷一百九十一〈崔善爲傳〉，頁5088。

〔註20〕見《舊唐書》卷七十九〈傅仁均傳〉，頁2714。

際觀測求證後，終於確認戊寅曆差謬頗大，不宜繼續採用為國曆。於是高宗李治在麟德元年（664）下詔，廢除戊寅曆，改用李淳風改良自隋代劉焯皇極曆的新一代精密曆法──麟德曆。總計李淳風自貞觀初年入太史局開始，其與傅仁均這部戊寅曆，大約前後纏訟了將近四十年之久，才嘗到勝利的果實。即使當初參與這場曆議之爭的人，多數已凋零殆盡，但是李淳風依舊不改其追求真理的本衷，力爭到底。最後終於獲得朝廷的認可，採用他的新曆為國曆，而且一用即長達六十三年之久。直到玄宗開元年間，才由另一位曆學大師僧一行所製的大衍曆所取代。但後世對他的麟德曆仍給予極高的評價，《舊唐書・曆志一》有云：

> 近代精數者，皆以淳風、一行之法，歷千古而無差，後人更之，要立異耳，無踰其精密也。……但取戊寅、麟德、大衍三曆法，以備此志，示於疇官爾。（頁 1152～1153）

除了編製麟德曆之外，李淳風在天文儀器的製作上，也有傑出的貢獻。先是，「貞觀初，將仕郎直太史李淳風史上言，靈臺候儀是後魏遺範，法制疏略，難為占步。太宗因令淳風改造渾儀，鑄銅為之，至七年造成。」〔註21〕李淳風所製的新渾儀，名為「渾天黃道儀」，以銅為主要材料，與北魏時太史令晁崇所製的鐵渾儀，有很大的不同。這部渾儀由內、中、外三重環組合而成，最外一重稱為六合儀，有地平、赤道、子午三個環，中間一重稱為三辰儀，有黃道、赤道、白道三個環，最內一重稱為四遊儀，即夾有窺管的四遊環。這個心渾儀的特點與使用上的利便之處，中國天文史專家陳遵媯氏，曾有如下的敘述：

> 與前代渾儀相比，主要是增添了三辰儀。三辰儀中，他（按：即李淳風）把黃、赤道兩個環結合在一起，赤道環上刻有二十八宿距度。這樣，在觀測時只要利用內重的四遊環，把赤道環和二十八宿的赤道方位對準，黃道環也就與天黃道平行了。同時，利用他還可以直接讀出所測天體的入宿度……李淳風特別添加了一個白道環，這是李淳風的首創，而且白道環不是固定的，他在黃道環上打了二百四十九個對孔，每過一個交點月就把白道移動一個孔，用以符合黃、白道交點的不斷移動（大約每二百四十九個交點月，黃白道交點沿黃〉道移動一週）。〔註22〕

〔註21〕見《舊唐書》卷三十五〈天文志上〉，頁 1293。
〔註22〕轉引自陳遵媯《中國天文學史》第六冊，頁 1763～1764（臺北：明文書局，

在上新渾儀的同時，李淳風還寫了一本《法象志》，暢「論前代渾儀得失之差」，此書後世雖未能流傳，但也可見出李淳風能製出具有諸多特點的新渾儀，確是經過一番苦心研究的。令人惋惜的是，李世民雖然欣賞他的創作，卻未將新渾儀賜與太史局實際進行觀測之用，而將它留在宮中的凝暉閣，供人觀賞。以致時日一久，逐漸爲人所遺忘，最後竟落得「既在宮中，尋而失其所在」〔註23〕的命運，後人自然也就無緣一睹，這部李淳風精心製作的渾儀的風采。

李淳風生平著作頗夥，其中與天文術數相關的著作，如《乙巳占》，是流傳至今的重要星占著作，乃唐代早期總結前人星占成果的必備工具書。可惜的是，李淳風因盛名所累，後世許多難辨眞僞的天文術數相關著作，多假託李淳風之名，因此究竟哪些才眞正是當年李淳風的著作，今日已不易確切辨析。不過，可以肯定的是，李淳風曾經參與太宗時代多部正史的修史工作，其中天文術數方面的專志的撰作，李淳風以其專業獨挑大樑，「預撰《晉書》及五代史，其〈天文〉、〈律曆〉、〈五行〉志皆淳風所作」，唐人所稱的「五代史」，指的是《隋書》、《北周書》、《北齊書》、《梁書》、《陳書》等五部南北朝時期的史書，其中尤以他所參與的《晉書·天文志》，成就最突出。唐代新修的《晉書》，頗遭時人批評，唯獨李淳風所修的天文三志，能爲人所稱到：

> 重撰《晉書》……史官多是文詠之士，好採詭謬碎事，以廣異聞；又所評論，競爲綺豔，不求篤實，由是頗爲學者所譏。唯李淳風深明星曆，善於著述，所修〈天文〉、〈律曆〉、〈五行〉三志，最可觀採。〔註24〕

李淳風一生在天文曆法方面的實質貢獻不少，不過，他最爲人所津津樂道之事，恐怕仍是他在貞觀年間，力勸李世民不要因讖謠之言，而濫殺無辜的一場君臣密談：

> 初，太宗之事有《秘記》云：「唐三世之後，則女主武王代有天下。」太宗嘗密召淳風以訪其事，淳風曰：「臣據象推算，其兆已成。然其人已生，在陛下宮內，從今不踰三十年，當有天下，誅殺唐氏子孫殲盡。」帝曰：「疑似者盡殺之，如何？」淳風曰：「天之所命，必無禳避之理。王者不死，多恐枉及無辜。且據上象，今已成，復在

1990年）。

〔註23〕見《舊唐書》卷三十五〈天文志上〉，頁1293。

〔註24〕見《舊唐書》卷六十六〈房玄齡傳〉，頁2463。

宮內，已是陛下眷屬。更三十年，又當衰老，老則仁慈，雖受終易姓，其於陛下子孫，或不甚損。今若殺之，即當復生，少壯嚴毒，殺之立讎。若如此，即殺戮陛下子孫，必無遺類。」太宗善其言而止。〔註25〕

此事之眞僞如何，如今已難確考，但不能不令人有所質疑，極有可能是後世好事者，爲求渲染李淳風的神秘色彩，所加的傳奇故事。否則，若如李淳風所預言那般，「女主武王」已在李世民宮中，範圍確定、目標有限，李世民即使將後宮夷平，又怎能冒李唐皇室改朝換代的危險，只爲求得將來李唐子孫能少被殺戮？況且李世民其實並未完全聽從李淳風不濫殺無辜的勸告，仍然有人冤死於此一讖言之下。〔註26〕不過，可以從此一故事中看得出來，時爲五品太史令的李淳風，因其天文專業深獲帝王遵崇，李世民對他的倚重，似乎並不下於一般的三品大員。這樣的特點，在前一個天文世家庾季才家族的身上也存在，職是之故，李淳風的子孫，繼續被倚爲太史之任。可惜的是，李淳風之子李諺、孫李仙宗，雖然繼淳風之後，「並爲太史令」，但史料中卻無事跡陳述，無法在此細論。〔註27〕

三、瞿曇羅家族

　　唐朝是一個文明高度開放、中外文化合融的時代，許多中國以外地區的科技文明，不斷經由各種管道進入中國。當時印度的天文曆算，執世界之牛耳，先進的印度天算技術，也隨之傳來中國，〔註28〕許多精通天文曆算的印度籍人士，也在此一時期移居中國。在時日長久之後，其子孫多半能夠充份接受中國文化，且因其能保持並發揚本有的天算專長，愛夷狄如中華的李唐皇室，也不吝惜讓這些外籍人士，進入向來被視爲機密的天文機構任職。其中最著名的，當屬曾有家族成員，連續三代執掌天文機構的瞿曇氏。

〔註25〕《舊唐書》卷七十九〈李淳風傳〉，頁 2718～2719。

〔註26〕如李君羨即爲應此謠讖，含冤而死，其詳可參《舊唐書》卷六十九〈李君羨傳〉，頁 2524～2525。

〔註27〕《舊唐書》卷七十九〈李淳風傳〉，頁 2717～2719。李淳風之子，《舊唐書》傳中作李諺，但在《新唐書》卷二百四〈方伎‧李淳風傳〉則作李諺（頁 5798）‧本文姑從舊傳之說。

〔註28〕有關這一時期印度天文學傳來中國的情形，可詳參江曉原〈六朝隋唐傳入中土之印度天學〉（《漢學研究》十卷二期，1992 年）

　　瞿曇氏在唐代雖是赫赫有名的天文家族，但在史料中，所留的資料卻是十分零散且有限。正史中也未爲其家族成員立傳，使得後人對於散佈在各種史料中的瞿曇氏家族，尤其是世系與成員關係，常感困惑與混淆。今日吾人之所以能比較有系統地討論其家族源流，及各成員之間的關係，仰靠的是一九七七年五月，在中國陝西省長安縣北田村發現的瞿曇譔墓，以及隨墓而出的「大唐故瞿曇公墓誌銘」。〔註29〕根據這份墓誌銘，瞿曇式家族五代十一人的行輩，及曾任天文機構的最高官職，才理出一條清晰的紋路如下：

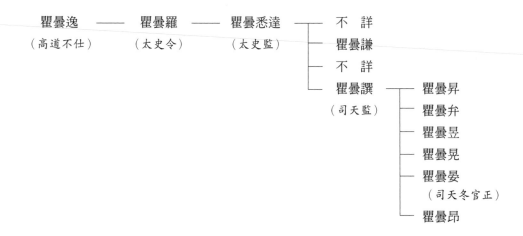

　　到瞿曇晏這一代爲止，其家族四代均供職於天文機構，歷經唐代天文機構由太史局改爲太史監，又從太史監改爲司天監的過程。其中有三代並且是天文機構的最高行政主管，時間上前後綿延長達一百一十年左右，堪稱是名符其實的天文世家。

　　過去人們對於瞿曇氏，長期以來有一種普遍的誤解，即認爲他們是來自印度的僧人家族。〔註30〕的確，若只以其姓氏「瞿曇」二字來看，很容易聯想到是佛教僧人，何況他們又是來自佛教鼎盛的印度。〔註31〕但在這份墓誌銘出土

〔註29〕有關這個墓的發掘經過及墓誌銘的解讀，可詳參晁華山〈唐代天文學家瞿曇譔墓的發現〉（《文物》1978 年 10 月）及陳久金〈瞿曇悉達和他的天文工作〉（《自然科學史研究》四卷四期，1985 年）本文以下的論述，若無另外加註，則部份係參考自晁、陳二氏之論文，不另説明。

〔註30〕例如在《舊五代中》卷一百四十〈曆志〉中，曆稱瞿曇悉達爲「天竺胡僧」（頁1866），李約瑟在《中國之科學與文明・天文學》冊的頁 9、頁 49 中（臺北：臺灣商務印書館，1971 年），也指稱他們是印度佛教徒。

〔註31〕據諸橋徹次所編的《大漢和辭典》（東京：大修館書店，1986 年修訂版）卷八「瞿曇」條的解釋，「瞿曇」是釋迦如來佛的俗家本姓，其引《涅槃經・十七・

之後，發現瞿曇氏自瞿曇逸之後，每代均有子嗣。在中國，佛僧是不被允許娶妻生子的，因此，即使他們算是來自印度信奉佛教的家庭，且正好有著與釋迦牟尼佛相同的姓氏，但遽以推斷他們就是印度佛僧，恐怕是有欠妥當的。

瞿曇這個姓，確如鄭樵所言，本是「西域天竺國人」，[註32] 至於其是何時移入中國，如今甚難確考。墓誌銘自稱其家族「發源啓祚，本自中天，降祇聯華，著於上國，故世爲京兆人也。」古代天竺國分成東、南、西、北、中五部份，合稱「五天竺」，[註33] 「中天」所指應即「中天竺」國的簡稱。據史書稱，中天竺四據四天竺之會，其國「有文字，善天文算曆之術」，[註34] 瞿曇家族發源於此，善天文曆算之術，可謂其來有自。至於他們最有可能移入中國的時間與原因，應該是在貞觀年間，因戰爭因素所致。史云貞觀二十年左右，右率府長史王玄策，出使天竺國，其中四天竺國皆遣使出貢，唯獨中天竺國，因其國王尸羅逸多去世，臣屬那伏帝阿羅那順趁機篡立，導致國中大亂，竟公然發兵拒唐使，並擒獲王玄策爲人質。稍後王玄策法設「挺身宵遁」，逃往吐蕃，遂聯合吐蕃與泥婆羅的軍隊，合攻中天竺，「連戰三日，大破之」，擒得阿羅那順，並「虜男女萬二千人」，至貞觀二十二年時才班師回朝。[註35] 瞿曇家族的第一代瞿曇逸，甚至第二代的瞿曇羅，都極有可能也在這一次被擄到中國的一萬二千人之列，其之所以被擄的原因，大概與其精通天文曆算學脫不了關係。因爲，技術人才本是古代戰爭中，一項極重要的戰利品。在這次與中天竺的戰爭中，一位號稱有長生之術的方士那羅邇娑婆寐，也在被擄之列，他並曾爲李世民造長生之藥。[註36] 瞿曇氏大概因爲精通於天算之學，才得以外籍人士的身份，供職於天文機構。而因爲移入時間長久，有可能娶華人爲妻，生活習慣上也已深度華化，所以到了後來，瞿曇氏的子孫也不太認爲自己是天竺人，才會說「世爲京兆人」，顯見其家族對於中國與京城故鄉的認同很深。

梵行品》云：「大王當如，迦毗羅城淨飯王之子，姓瞿曇氏，字悉達多。」又引《書言故事・釋教類》曰：「佛曰瞿曇」。另外在《宣和畫譜》云：知孫微精黃老、瞿曇學，故畫釋道益工也。」則是直接將佛學稱爲瞿曇學。可見瞿曇二字不只是釋迦如來佛的本姓，且在中國有一度也以之代稱佛教與佛學，也難怪自古至今人們都很容易望文生義，將瞿曇家族與印度僧侶聯想在一起。

〔註32〕 見《通志》卷二十九〈氏族略・諸方複姓〉，頁 475。

〔註33〕 詳參《舊唐書》卷一百九十八〈西戎傳・天竺〉條，頁 5306。

〔註34〕 參同上註，頁 5307。

〔註35〕 其詳請參同上註，頁 5307～5308。

〔註36〕 參同上註，頁 5308。

瞿曇家族的第一代祖先瞿曇逸，因「高道不仕」，有關他生平活動的記錄可說付諸闕如，無從查究。第二代的瞿曇羅，因任職於天文機構，在唐代曆法的相關史料中，屢見其蹤跡：

> 高宗時，戊寅曆益疏，（李）淳風作甲子元曆以獻。詔太史起麟德二年頒用，謂之「麟德曆」。……當時以爲密，與太史令瞿曇羅所上經緯曆參行。

> （武后）神功二年，……是歲，甲子南至，改元聖曆。命瞿曇羅作光宅曆，將用之。三年，罷作光宅曆，復行夏時，終開元十六年。

〔註37〕

瞿曇羅雖是當時的太史令，但是他所造的兩部曆法，其中經緯曆只是與麟德曆參行，並未正式施用，可能不久後即湮沒，後世未見傳錄。至於光宅曆則可能流傳較廣，唐以後仍可見圖書目錄中有所收存。〔註38〕有關這兩份曆法的內容與性質，過去學界常因瞿曇氏是印度人，即直言推斷，其所製曆法也應該屬於印度系統的所謂「天竺曆」，〔註39〕其實頗有可待商榷之處。就經緯曆而言，當時政府以其作爲與國曆麟德曆相互參照的曆法，若其真有特出於麟德曆之處，按理在麟德曆之後應會有所記述，但如今所見《舊唐書·曆志二》在記述完麟德曆的求日月交食之術後，所記卻不是瞿曇羅的經緯曆，而是另一位天竺曆法家迦葉孝威有關日月交食術的論述。〔註40〕以瞿曇羅當時身居天文機構要職而論，若是他的經緯曆，也堪足作爲麟德曆的補充說明，應該不致於將他遺漏。看起來迦葉氏是精於日月交蝕之術的推算，而這是傳統驗證曆法是否準確的重要標準。麟德曆在這方面顯然頗有不足，所以必須補充另一位天竺曆家的推算法，以求完備。史文有云，迦葉孝威之法「與中國法術稍殊，自外梗概相似」，〔註41〕顯然極有可能是天竺曆法的推算方式，

〔註37〕俱見於《新唐書》卷二十六〈曆志二〉，頁559。

〔註38〕如《舊唐書》卷四十七〈經籍志下〉有「《唐光宅曆草》十卷」條，未註明作者，可能是瞿曇羅作曆時的底本。另外在《新唐書》卷五十九〈藝文志三〉則有「南宮說」《光宅曆草》十卷」條，卷數相同，作者則不知爲何換成南宮說。

〔註39〕如日籍的藪內清在《增訂隋唐曆法史研究》（京都：臨川書店，1990年）頁30中，即認爲經緯曆是屬於「天竺曆法」，根據是因爲瞿曇是印度人，說服力頗感不足。又如陳遵嬀也認爲「光宅曆內容不詳，當亦屬天竺曆法一類」（《中國天文學史》第五冊頁156，臺北：明文書局，1998年），並未說明原因。

〔註40〕見《舊唐書》卷三十二〈曆志二〉，頁1205。

〔註41〕見同上註。

有突出於中國曆法而可資參考之處。但瞿曇羅的經緯曆不在此列，不正也說明其曆法與中國曆法不只「梗概相似」，可能連「法數」也相同，所以沒有在麟德曆之後列論的必要？即使不能說它就是中國曆法，但大概也沒甚麼天竺曆法的特色，說它是天竺曆法，似乎難以令人信服。至於光宅曆的性質如何，則可從另一段史料中略作推斷：

> 初，隋末劉焯造皇極曆，其道不行。（李）淳風約之爲法，時稱精密。
> 天后時，瞿曇羅造光宅曆。中宗時，南宮說造景龍曆。皆舊法之所
> 棄者，復取用之。徒云革易，寧造深微，尋亦不行。〔註42〕

從反面證據來推論，如果光宅曆是屬於與傳統中國曆法不同的天竺曆法，當有其不同的特點與新意，值得一提。但此處卻說光宅曆與南宮說所造的景龍曆一般，「皆舊法之所棄者，復取用之」，並無突出於傳統曆法之外的特色，也無能超越李淳風的麟德曆，因此最後都被打入冷宮，不受採行。當然，僅從現存史料的蛛絲馬跡，要正確評斷瞿曇羅所造曆法的內容與性質，誠屬不易。但至少可提供另外一層面的思考，即不可因瞿曇氏是天竺人，就遽爾將其所造曆法認定是天竺曆法，其家族華化程度如何，以及在接觸中國曆法之後，所受的影響如何，也不能不深加考量。

瞿曇家族中，所留史料最多、名氣也最響亮者，當推瞿曇羅之子、第三代的瞿曇悉達，他在天文曆法方面的兩項主要成就，一是編譯名符其實的天竺曆法——九執曆，二是編纂集唐代以前星占大成的名著《開元占經》。

有關九執曆的性質，據《新唐書》卷二十八下〈曆志四〉云：

> 九執曆者，出于西域。開元六年，詔太史監瞿曇悉達譯出。（頁691）

這裏的「西域」，當然不是漢代所稱的蔥嶺以西諸國，就如前文所言鄭樵說明瞿曇氏本源自「西域天竺國」，在唐宋時代人的觀念裏，五天竺國所在地的印度半島，也屬西域的範圍之內，在大和尚玄奘遊學中天竺國有成，所寫的遊記即名《大唐西域記》。因此，九執曆乃源自天竺之曆法，當可無疑。唐玄宗時，之所以要瞿曇悉達譯寫九執曆的原因，可能是由於麟德曆行用以久，參數漸失準確，某些測報已不能符合實際所需之故。

九執曆是一部頗具創新特色與科學價值的曆法，〔註43〕但在瞿曇悉達引譯

〔註42〕見《舊唐書》卷三十二〈曆志一〉，頁1152。
〔註43〕九執曆的特色，主要還是表現在天竺曆法與傳統中國曆法最大的不同之處，
　　　　即能納入球面幾何學，以計算日月交蝕之術。傳統中國曆法因爲缺乏幾何學

進中國後，卻沒有得到太高的評價，反而受到某些中土天算家的排斥，有謂：

> 九執曆者……其算皆以字書，不用籌策。其術繁碎，或幸而中，不
> 可以爲法。名數詭異，初莫之辨也。陳玄景等持以惑當時，謂一行
> 寫其術未盡，妄矣！〔註44〕

九執曆原是譯自天竺的曆法，其曆法參數的推算值與某些參數名稱，自然不
會與中土曆法完全相同。「其算皆以字書，不用籌策」。擺脫傳統中算排列籌
策的麻煩，直接以印度一筆成形的數字來計算，竟也被批爲缺點。「名數詭異，
初莫之辨」，也只是不能習慣天竺曆法參數名稱的自然現象，結果也成了九執
曆不能被接受的原因。而其最初譯自梵文，譯文上可能也有艱澀難懂之處。
這些批評，有些雖不無道理，但其中多少也摻雜一些中土天算家，不願承認
天竺曆法優於中國曆法的種族與門戶之見，導致這部天竺曆法，只獲得與開
元年間編定的大衍曆參照的命運，未能正式成爲國曆。

瞿曇悉達另一項廣爲今人所知的天文成就，是奉玄宗敕令編纂《開元占
經》。據現今國家圖書館典藏較早的《開元占經》藏本，其書前所書作者全銜
如下：

> 銀青光祿大夫行太史監事以上同三品臣瞿曇悉達等奉敕撰。〔註45〕

足見此書並非瞿曇悉達一人獨撰，而是成於眾人之手，只是因史料闕載，當
年有哪些人參與、參與程度如何，如今皆已不得而知。不過，由於瞿曇悉達
當時是天文機構的首長，因此由其具銜上呈，負全責總成其事。既言奉敕，

方法，常因年久失修之後，在推測日月交蝕上出現問題。有關這一部天竺曆
法特色的研究，可詳參江曉原〈六朝隋唐傳入中土之印度天學〉（《漢學研究》
十卷二期，1992 年）。另外，有關九執曆的科學價值，據陳久金在〈瞿曇悉達
和他的天文工作〉（《自然科學史研究》四卷四期，1985 年）一文中所指出的，
至少有五點：1. 引進十個印度數字，均爲一筆寫成，較中國傳統籌算簡易利
便。2. 引進360°的圓周等分法與 60 進位的圓弧度量單位，在數學運算上更
形便利。3. 引入以日、月視徑和地影徑推交食的方法，更有進月視徑大小變
化的方法，使推算日月蝕的精密度提高。4. 引進黃平象限的觀念，用以推算
交食時期，指出地平經緯隨方而變遷，日隨方眼，用以判斷各地不同的食，
分是傳統中國曆法所未有的。5. 所用太陽週年視運動的遠地點定爲夏至前 10
°，黃白交點的運動週期爲 6794 日，以及月行遲疾大差 4°56'，日行盈縮大
差 2°14'，都比當時的中土曆法精密。

〔註44〕 參《新唐書》卷二十八下〈曆志四下〉，頁 691～692。

〔註45〕 所據乃臺北：國家圖書館典藏善本書，微卷編號 6463，共二捲，拍攝所據原
稿爲清代陸芝榮香圃三間草堂藏手抄本。

本書乃屬官修性質，朝廷方面自然樂予協助。或許也因爲如此，瞿曇悉達得以盡覽皇宮秘藏圖書，這使得編成後的《開元占經》，宛如一部匯集唐代以前天文占書大成的百科全書式的著作。徵引資料之豐富，令人歎服，許多古來湮沒少見的星占史料，也因其而得以重見天日，其於中國天文星占史料的整理與搜集上，可謂居功厥偉。〔註46〕

　　唐玄宗李隆基當年何以要敕令瞿曇悉達編纂這部星占鉅著，史文並未明言。但以一般帝王心態推測，不外乎是想藉由朝廷敕編官方版本的星占書籍，以統一各方對於天文星變的不同解釋，更何況李隆基本人也「通音律、曆象之學」，〔註47〕理應明白其中利害。之前或可各言其是，有了此書之後，自然就得依書中所占爲最新標準，目的正是要再重新握緊天文星占的解釋大權。因此這部占書在編成之後，眞正有機會過目的人，恐怕十分有限。如此事關國家存亡天機的秘籍，若是隨意流落民間，豈非皇室的嚴重威脅？可以想見，此書在編成之後，除了帝王與少數有資格解說天象變異的官員之外，其他人根本無緣目睹其內容。爲了避免遭有心者所利用，《開元占經》極有可能自編成之後，便註定其深藏皇宮、不可流傳的宿命。雖然到了宋代，仍舊可在某些圖書目錄上看到此書，但不同的圖書目錄上所言的卷數，差異頗大，或云一百一十卷，或云四卷，或云三卷。〔註48〕可能是因爲此書自問世之後，即具有秘而不傳的特色，極少在外流傳，至宋代時散佚的情形，就非常嚴重，以致在卷數上，各家版本的差異如此之大。宋代之後，迭經各式大小戰亂，《開元占經》在漫漫歷史洪流中，也幾乎消失了蹤影，極少再在圖書目錄中出現，

〔註46〕 江曉原在〈六朝隋唐傳入中土之印度天學〉（《漢學研究》十卷二期，1992年）一文中，即指稱《開元占經》至少具有五點重要價值：1. 匯集唐代以前各家星占學說之大成，堪稱是中古時期星占學最重要也是最完整的資料庫。2. 保存了中國最古老的恆星觀測資料，特別是甘、石、巫咸三氏的星表，成爲今人研究先秦時期天文學的必備史料之一。3. 記載了中國有史以來至八世紀左右，所有曆法計算的相關基本參數，補足了《史記》、《漢書》中天文與曆志等的不足。4. 引用了已佚失的古代緯書多達八十二種之多，堪稱是唐以前緯書的一大淵藪。5 載有天竺九執曆的譯文，雖非全部，卻已是今日研究古代中印天文學交流史與古代印度天文曆法碩果僅存的珍貴資料。

〔註47〕 參《新唐書》卷五〈玄宗紀〉，頁121。

〔註48〕 例如《新唐書》卷五十九〈藝文志三・天文類〉載有「《大唐開元占經》一百一十卷・瞿曇悉達集」（頁1545），《宋史》卷二百六〈藝文志五・天文類〉載有「瞿曇悉達・《開元占經》四卷」（頁5234），《通志》卷六十八〈藝文略・天文總占〉項載有「《大唐開元占經》一百一十卷，今存三卷」（頁800欄上）。

至於原著更是少人見過。一直到明朝末年，才在一次戲劇性的偶然機緣下，重新爲人所發現。根據當時發現者程明善之兄程明哲，在萬曆丁巳年（即萬曆四十五年，1617），記其發現《開元占經》的經過云：

> 緯書之學，盛於西漢。自光武嚴禁不行。故歷代弘儒未及盡睹。至唐瞿曇悉達奉敕，以成《占經》一百二十卷。探集緯書七十餘種，可謂無遺珠矣！然歷來禁密，不第宋元，即我明巨公皆未之見。今南北靈臺亦無藏本。吾弟好讀乾象，又喜佞佛，以佈施裝金，而得此書於古佛腹，可謂雙濟其美。但不知藏之何代何人，而今一旦洩露，其關係諒必非輕。吾弟欲列之架上，何如藏古佛腹中時也，後之覽者，可不知敬重云？〔註49〕

從程明哲的敘述來看，《開元占經》的重新面世，眞不能不說是一段人間奇遇。在他之前收藏此書的人，無論是在何種因緣下擁有此書，由於歷代皆有不得擅藏天文圖讖的禁令，爲求免禍，可能也是想盡辦法藏匿此書。至於會如何藏到佛像腹中，在何時、爲何人所藏，恐都將暫時成爲歷史的謎團。值得慶幸的是，這部出自佛國子裔瞿曇悉達之手的天文其書，在散佚多年後，又重新在佛像的腹中被發現，而且保存良好，其現存卷數，竟比宋人圖書目錄中的一百一十卷還要多出十卷，因緣際會之妙，不得不令人歎服。而且該書被發現的時機，也是相當巧合。明朝本是一個天文禁令極端嚴酷的時代，明太祖朱元璋爲求保住江山，對於通天機的天文官員，有極不人道的管制措施，〔註50〕即使像助朱氏建國有功的國師劉伯溫，也對天文一事戒愼恐懼，不願後代繼續學習，以免惹禍上身。〔註51〕

　　直到明孝宗弘治年以後，因爲天文曆算人才出現斷層現象，才鬆弛禁令，轉向民間求才，但效果並不好。〔註52〕但此後的天文禁令，就未再如明初那般嚴酷，到明神宗萬曆後期，由於朝政的敗壞，天文禁令是否能執行的徹底，頗有疑問。而《開元占經》正好在此時被發現，程氏兄弟才敢將其公諸於世，

〔註49〕見四庫全書本《大唐開元占經》第八○七冊頁168。

〔註50〕如《大明會典》卷二二三載「（洪武六年詔：欽天監）人員永不許遷動，子孫只習學天文曆算，不許習他業，其不習學者，發南海充軍。」

〔註51〕《明史》卷一二八〈劉基傳〉有載其事曰：「（劉基）抵家，疾篤，以天文書授子璉曰：『亟上之，毋令後人習也！』」（頁3781）

〔註52〕據《萬曆野獲編》卷二十〈曆法〉條云：「國初學天文有厲禁，習曆者遣戍，造曆者殊死。至孝宗弛其禁，且命徵山林隱逸能通曆學者以備其選，而卒無應者。

否則，又不知要再藏到何年何月，世人才有緣一睹此書。

　　瞿曇悉達育有四子，其第四子瞿曇譔，繼承父祖的衣鉢，以武舉及第後，被授以扶風郡山泉府別將，但不久之後，朝廷仍欲借重其天文專才，遂將他調回天文機構任職。在正式接掌司天監之前，他擔任過司天秋官正、司天少監等職務，活躍於當時的天文曆法界。瞿曇譔年輕時，就曾因為其父瞿曇悉達所編譯的九執曆未獲朝廷重用，而掀起一場天文官員之間的曆議糾紛。那時他年紀尚輕，只是一個「善算者」，可能還未在天文機構任職，但卻是一手挑起這場曆議之爭的要角之一：

　　（唐玄宗）詔一行作新曆，推大衍數，立術以應之。……（開元）
　　十五年，草成而一行卒，詔特進張説與曆官陳玄景等次為曆術七篇、
　　略例一篇、曆議十篇，玄宗顧訪者則稱制旨。……時善算瞿曇譔者，
　　怨不得預改曆事。二十一年，與（曆官陳）玄景奏：「大衍寫九執曆，
　　其術未盡。」太子右司禦率南宮説亦非之。待詔御史李麟、人史令
　　桓執圭較靈臺候簿，大衍十得七、八，麟德才三、四，九執一、二
　　焉。乃罪説等，而是否決。〔註53〕

照這段史料來看，這場曆議紛爭，是因為瞿曇譔「怨不得預改曆事」，為能參與大衍曆的編修工作，因此與曾經參與編纂大衍曆的曆官陳玄景，共同奏稱「大衍寫九執，其術未盡」，要求對於各曆良窳，甚至要採用何者為國曆，重新再做一番實地的驗證。這對剛製成不久的大衍曆而言，是個極嚴重的指控，而且不論是不是瞿曇譔有心挾怨報復，一部國曆遭到如此質疑，自不能不善加處置。結果，在待詔御史李麟及太史令桓執圭，以靈臺候簿相較之下，大衍曆的正確率遠高於九執曆，九執曆甚至還不如麟德曆，最後是瞿曇譔等人受到處份，才算平息了這場爭議。

　　在這場大衍曆與九執曆的爭議中，瞿曇譔的身份、角色與動機，是頗值得玩味的。他出身華化頗深的天竺曆算家族，又是已故太史令的子孫，本有機會繼承父祖志業，在天文機構掌理要職。但由墓誌銘來看，他卻是武舉出身，一開始並未擔任天文機構的官員，而是先被派到扶風郡當地方武將，這是否意味著當時天文機構內部，對此天竺家族長年執掌天文機構，已有不同聲音的反彈？因此大衍曆與九執曆的爭執，在某種程度上，也成了種族優劣與中外文化之爭？之所以有這種懷疑，主要是來自於，以現有資料觀察，瞿

〔註53〕見《新唐書》卷二十七上〈曆志三上〉，頁587。

曇譔的指控，是有其依據並非無的放矢，但天文官員幾乎一面倒地擁護大衍曆，透露出不甚尋常的訊息。其實，大衍曆與九執曆本就有頗密切的關係，在張說爲大衍曆所寫的序文中就有提到：

> 開元神武皇帝陛下……改制創曆，十有三祀，詔沙門一行，上本軒轅夏殷周魯五王一侯之遺式，下集太初至於麟德二十三家之眾議，比期異同，課其疏密。……先有理曆陳玄景、善算趙昇，首尾參玄之言，接承轉籌之意，因而綜合編次，勒成一部，名曰《開元大衍曆》，經七章一卷，長曆三卷，曆議十卷，立成法十二卷，天竺九執曆一卷，古今曆書二十四卷，略例奏章一卷，凡五十二卷。〔註54〕

也就是說，在最初編成大衍曆上呈時，其中還包含九執曆在內，可見大衍曆必有參考自九執曆的地方。而天竺的曆法，專長本就在推算日月交蝕之上，這方面可能是大衍曆參考九執曆的主要部份，而考察日蝕，原是當時驗證曆法正確與否的公定標準。所以年輕的瞿曇譔，才會有爲父親編譯的九執曆翻案的想法。這裏更要注意的是，與瞿曇譔站在同一陣線，共同非議大衍曆的天文官陳玄景與南宮說，都是與大衍曆的編成，關係密切的專業人士。其中陳玄景就是一行過世之後，主編大衍曆向上呈報的曆官，而南宮說則是當年一行的得力助手，曾爲了編成大衍曆，而在全國各地，帶隊從事大地測量工作，以求取得更精密的曆法參數。〔註55〕況且南宮說又曾與瞿曇悉達，在天文機構同事多年，對於九執曆自有一番瞭解。按理說，瞿曇譔之外，最能深刻瞭解大衍曆與九執曆孰優孰劣的人，當非此二人莫屬，而他們卻有志一同地聲援瞿曇譔，想必有其非關政治或種族因素的專業考量。因此，說瞿曇譔是因爲不能參預大衍曆的修撰，或者是因爲他父親苦心編譯的九執曆未獲重用，才在私心作祟下，挾怨報復、批評大衍曆，這對精於算術的瞿曇譔而言，似乎不太公平。曆法的優劣正誤，本是可以用科學方法來家以驗證的。事實上，精於曆法之學的當代學人，早已爲文指出，「大衍寫九執曆其術未盡」乃

〔註54〕 張說〈大衍曆序〉，見於《全唐文》卷二二五，頁 2270～2271。《唐會要》卷四十二〈曆〉條中，也有記載當年張說所上大衍曆的內容，其中也有提到九執曆，只是內文與張說所奏略有不同：其云：「先是（開元）九年，太史頻奏日蝕不驗，詔沙門一行定律曆，上本顓頊，下至麟德。洎十五年，一行定草，詔（張）說成之。因編以勒成一部：經章十卷、長曆五卷、曆議十卷、立成法大竺九執曆二卷、古今曆書二十四卷、略例奏章一卷，凡五十二卷。」

〔註55〕 其詳可參《舊唐書》卷三十五〈天文志上〉，頁 1304。

確有其事，絕非誣衊。〔註56〕瞿曇譔的指控，有其堅實的技術背景，不可全以挾怨報復相誣。反而是當時天文官員用以檢證兩曆優劣的方法，頗令人質疑其公正性，所謂「靈臺候簿」，指的大概是天文機構的觀測部門，依據曆術推算而來的日月蝕及五星行度的預測簿記，此候簿所據爲何？是否能證明其所據完全正確無誤？而且即便如此，負責主持測試的李麟、桓執圭，本身的立場如何，也不無疑問。單憑深藏天文機構、不爲外人所知的靈臺候簿，就斷定瞿曇譔的意見不對，未免有失公允。批評大衍曆的人，甚至也可以指稱，正是因爲大衍曆吸收了九執曆的優點，因此推算天象的準確度較九執曆爲高，可是又不能達到百分之百準確的水準，顯見其中還是有不少缺點，這恐怕是支持大衍曆的人，不容易辯解的吧！

　　在敗訴之後，瞿曇譔和南宮說等人，都遭到或大或小的處份。瞿曇譔也沒有機會留在天文機構工作，墓誌銘言其曾「歷鄜州三川府左果毅」，所指大約就是這件事發生前後的時期。不過，玄宗晚年爆發的安史之亂，終於又給了瞿曇譔重拾本業的機會。其厚實的天文專業能力，對於急於重新詮釋天命在李唐的肅宗皇帝而言，具有相當大的吸引力。於是他又奉詔供職於天文機構，並曾以天象爲肅宗解憂：

　　（唐肅宗上元）二年七月癸未朔，日有蝕之，大星皆見。司天秋官正瞿曇譔奏曰：「癸未太陽虧，辰正後六刻起虧，巳正後一刻既，午前一刻復滿。虧於張四度，周之分野。甘德云：『日從巳至午蝕爲周』，周爲河南，今逆賊史思明據。《乙巳占》曰：『日蝕之下有破國』。」

〔註57〕

瞿曇譔在回到天文機構任職後，仕途尚稱順暢。不過在代宗廣德元年時，他時任司天少監，因一次星占而得罪代宗，致遭撤職，詳情不得而知。到了這年的十月，吐蕃軍隊入寇長安，代宗倉皇奔幸陝州。在隔年二月回鑾京師後，便將瞿曇譔官復原職，墓誌言「以公先言後效」之故，極有可能是他先前，

〔註56〕如陳久金在〈瞿曇悉達和他的天文工作〉（《自然科學史研究》四卷四期，1985年）一文中引證近代天文學史家朱文鑫的話說：「九執羅計逆行，六千七百九十四日而一週天，約每日行三分有奇，與今測密近，大衍九道議或即根據於此，而所測未密（6793日有奇），故陳玄景謂『大衍寫九執曆，其術未盡。』」該文中根據陳久金自己的研究，所謂「其術未盡」主要表現在兩方面，一是「算法不全」，二是「數據不清」，均可在大衍曆中找到其沿襲九執曆而又不如九執曆之處。

〔註57〕見《舊唐書》卷三十六〈天文志下〉，頁1324。

曾根據天象，警告過代宗一些不悅耳的天象徵驗，以致惹禍上身。至此代宗知其忠言逆耳，才又復其原職以謝過。瞿曇譔在擔任司天少監期間，另外一件大事，是奏請代宗，調整司天監的人事，這在第二章討論唐代天文機構時已有提及，此處不贅。

瞿曇譔這一代共有兄弟四人，但僅知其中一人名叫瞿曇謙，未見有任職天文機構的記載，不過在家學淵源下，可能也精通曆算，曾有法曆方面的著作傳世。〔註 58〕瞿曇譔娶朝散大夫王嗣的長女爲妻，育有六子，其中五子瞿曇晏，曾經擔任司天冬官正，〔註 59〕但無事跡可考。

綜觀瞿曇氏一族，於今可知的五代中，即有四人曾經任職於天文機構，且有祖孫三代均曾擔任最高行政主管的記錄，較之庾、李二家，毫不遜色。以一外族而能獲得李唐皇室如此信賴與重視，更屬難能可貴，無怪乎唐人有一度直以「瞿曇監」來代稱太史監，〔註 60〕顯見其在一般人的心目中，已是當時天文機構與天文官的化身家族，而瞿曇氏也可以說爲唐代中外文化的高度交流與融合，留下了最佳的註腳。

四、其　他

除了瞿曇氏之外，唐代尚有其他二氏天竺曆算家，與瞿曇氏合稱「天竺三家」，也不妨在此一併討論：

> 凡欲知五星所在分者，天竺曆術，推知何宿具知也。今有迦葉氏、瞿曇氏、拘摩羅氏等三家天竺曆，並掌在太史閣。然今之用，多用瞿曇氏曆，與大術相參供奉耳。〔註 61〕

〔註 58〕《舊唐書》卷四十七〈經籍志下・曆算類〉有「大唐甲子元曆一卷・瞿曇撰」（頁 2308），而在《新唐書》卷五十九〈藝文志三〉則云：「瞿曇謙・大唐甲子元辰曆一卷」（頁 1547），應是同一部著作，舊志漏書其名也。

〔註 59〕此乃根據《通志》卷二十九〈氏族略・諸方複姓〉所云：「瞿曇氏，西域天竺國人。唐司天監瞿曇譔子晏爲冬官正」（頁 475 欄下），其中「誤」字當爲「譔」字之誤植。

〔註 60〕據嚴耕望編原刻景印石刻史料叢書・金石萃編卷八十八唐碑部份第四十八潘智昭墓誌銘云：潘智昭尤功書算，……曉陰陽義，通曉壺術，事瞿曇監，侍一行師，皆稱聰了。」（臺北：藝文印書館，1971 年）此一墓誌作於天寶七載七月，而開元至天寶年間的太史監正是瞿曇悉達。

〔註 61〕見（唐）不空譯、楊景風注：《文殊師利菩薩及諸仙所說吉凶時日善惡宿曜經・倡喔文殊曆序二九，秘宿品第三》（《大正新修大藏經》第二十一冊第 1299 號，頁 391，臺北：新文豐出版公司，1983 年）。

這是唐玄宗時代的名僧不空和尚，對當時天竺三家曆術，在中國流傳情形的簡要記述。可見當時精於曆法的天竺人士，除了瞿曇氏外，尚有迦葉氏（Kasyapa）與拘摩羅氏（Kumara）二族，只是其殘存於世的史料，較之瞿曇氏尤少，更不易勾稽其在華的活動狀況，以及同氏不同人之間的親屬關係。或許如同瞿曇氏般，可能也要有待於地下史料的發掘吧。

關於迦葉氏，共有四人見於史料中，一位是迦葉濟，未知是否通習天文曆算。〔註62〕另一位資料略多的，是曾任天文官的迦葉志忠（或稱迦業志忠），他在唐中宗復位之初，神龍元年時議修新曆的過程中，曾經參與修曆。可見其以天算入侍宮廷，應該早在武后執政時期。迦葉志忠在天文曆算方面的能力如何，不得詳知，但是在政治立場上，則是明顯偏附於武三思、韋后一黨：

> （唐中宗景龍元年五月）上以歲旱穀貴，召太府卿紀處訥謀之。明日，
> 武三思使知太史事迦葉志忠奏：「是夜，攝提入太微，至帝座，主大
> 臣晏見納忠於天子。」上以爲然，敕稱處訥忠誠，徹於玄象。〔註63〕

事實上，紀處訥也是武三思的黨羽，因此想假藉天象，以增加中宗對他的信任。此次天象，不論真偽如何，迦葉志忠顯然未能遵守其天文官中立的原則，甘心爲武三思所用，故胡三省在注中批評道：「攝提六星直斗杓之南，主建時節，伺機祥。三思特使志忠傅會以獻諛耳。」隔年迦葉志忠又上表向韋后獻媚，極盡歌功頌德之能事。〔註64〕不過，到了景龍三年，迦葉志忠卻由於不明原因，而遭配流至柳州，〔註65〕恐怕也與政治爭軋難脫關係。此後即未見迦葉志忠的相關記載，韋后一黨失勢後，他可能更沒有重返京城的機會，不

〔註62〕 有關迦葉濟的生平不詳，僅見於《通志》卷二十九〈氏族略·諸方複姓〉云：「迦葉氏，西域天竺人。唐貞觀涇原大將試太常卿迦葉濟。」（頁 476 欄下）

〔註63〕 見《資治通鑑》卷二百八〈唐紀二十四·中宗景龍元年五月戊戌〉條，頁 6610。

〔註64〕 據《舊唐書》卷五十一〈后妃傳上·韋庶人〉云：「右驍衛將軍、知太史事迦葉志忠上表曰：『昔高祖未受命時，天下歌《桃李子》；太宗未受命時，天下歌《秦王破陣樂》；高宗未受命時，天下歌《側堂堂》；天后未受命時，天下歌《武媚娘》。伏惟應天皇帝未受命時，天下歌《英王石州》；順天皇后未受命時，天下歌《桑條韋也》、《女時韋也》。六合之內，齊手蹀足，應四時八節之會，歌舞同歡。豈與夫《蕭詔》九成、百獸率舞同年而語哉？伏惟皇后降帝女之精，合爲國母，主蠶桑以安天下，后妃之德，於斯爲盛。謹進《桑條歌》十二篇，伏請宣布中外，進入樂府，皇后先蠶之時，以享宗廟。』帝悅而許之，特賜志忠莊一區、雜綵七百段。」（頁 2173）

〔註65〕 《舊唐書》卷七〈中宗紀〉：「（中宗景龍三年）秋七月乙卯朔，鎮軍大將軍、右驍衛將軍、兼知太史事迦葉志忠配流柳州。」（頁 147）

知是否就此困死在柳州。

見於史料的第三位迦葉氏，是同樣精於曆算，但不知官於何職的迦葉孝威。《舊唐書》卷三十三〈曆志二〉，在記述完麟德曆求日月交蝕之術後，有一段關於迦葉孝威的附論謂：

> 迦葉孝威等天竺法，先依日月行遲疾度，以推入交遠近日月蝕分加
> 時。……亦以吉凶之象，警告王者奉順正法，蒼生福盛，雖時應蝕，
> 由福故也，其蝕即退。……此等與中國法數稍殊，自外梗概相似也。
> （頁 1205）

這一家大概是以推算日月交蝕之術爲其專長，因此將其附在正式國曆之後，以收相互參考之效。在宋朝贊寧編著的《大宋高僧傳》中，記有另一位出家的迦葉氏云：

> 釋菩提流志，南天竺國人也，淨行婆羅門種，姓迦葉氏。年十二，
> 就外道出家，事波羅奢羅，學聲明、僧法等論。曆數、咒術、陰陽、
> 讖緯，靡不該通。〔註66〕

可惜有關俗姓迦葉的菩提流志，精通讖緯曆數的記載僅止於此，不知其是否有相關著作或事跡。

另一位也是以日月交蝕之術見長的天竺天算家，是拘摩羅氏。其之所以見於史料的原因，與前述迦葉孝威相若，是在《舊唐書》卷三十四〈曆志三〉，記述大衍曆的求日月交蝕之術後的一段附論中：

> 按天竺僧俱摩羅所傳斷日蝕法，其蝕朔日度躍於鬱車宮者，的蝕。
> 諸斷不得其蝕；據日所在之宮，有火星在前三後一之宮並伏在日下，
> 並不蝕。若五星總出，並水見，又水在陰曆，及三星以上同聚一宿，
> 亦不蝕。凡星與日別宮或別宿則易斷，若同宿則難斷。更有諸斷，
> 理多煩碎，略陳梗概，不復具詳者。（頁 1265）

看得出來當時的天竺曆法，勝出於中土曆法之上的，正是日月交蝕之術。因此天竺三家的曆法，才會「並掌在太史閣」，作爲「大術」（唐朝國曆）的參考。

第二節　天文伎術人員之交遊與升轉

將天文官世襲化，是讓天文知識不致外流的方法之一。但是，如果天文

〔註66〕見《宋高僧傳》卷第三〈唐洛京長壽寺菩提流志傳〉，頁13。

官與其他政府官員，或民間人士私下往來密切，仍有可能在有意無意之間，把重要的天文機密向外流洩，對皇權統治造成不利的影響。因此有必要對天文官，加以某些人身自由上的限制。據目前所見的史料，唐代以前，未見有對天文官的升遷、交遊、作息等，作限制的正式記載。但是到了唐代，除了天文禁令明訂於律法外，更開始對天文官或通天文星曆者的人身自由，作出嚴密的規範。唐太宗因讖謠之言殺李君羨以應之，其理由即李君羨有交通「妖人」員道信的事實。〔註67〕高宗時，原本得寵的右相李義府，也曾因交結陰陽占人杜元紀而致罪。〔註68〕玄宗時更有如下規定：

> （玄宗開元十年九月乙亥）下制，約百官不得與卜祝之人交遊往來。
> 〔註69〕

所謂「卜祝之人」的含義極廣泛，就算不含天文在內，也算是開啟了官員不得與術數之士交遊的濫觴。而且玄宗時代此一禁令，執行似頗嚴格，楊慎矜即曾因交通善星占術數的史敬忠，而遭到政治迫害。〔註70〕但是管制的重點，仍在通曉朝廷天文機密的天文官員身上。天寶年間，玄宗下詔，直接對天文官員有了具體的約束：

> 天寶十三載三月十四日，敕太史監官，除朔望朝外，非別有公事，
> 一切不須入朝，及充保識，仍不在點檢之限。〔註71〕

充保識而仍不在朝官點檢之限，顯然是為了避免因此而讓天文官與其他官員，有太多接觸的機會，所做的特殊限制。只有在朔、望日早朝時，才須要入朝面聖，與百官同列。如此場面，自然也少有可與官員暢論的機會，其禁限之意，十分明顯。到了唐文宗時，有鑑於天文官員對於交遊禁令，日漸忘懷，因此又再度重申前令，並且要求御史臺嚴格督察：

> （唐文宗）開成五年十二月，敕：「司天臺占候災祥，理宜祕密。如
> 聞近日監司官吏及所由等，多與朝官並雜色人交游，既乖慎守，須
> 明制約。自今已後，監司官吏不得更與朝官及諸色人等交通往來，
> 委御史臺察訪。」〔註72〕

〔註67〕詳參《舊唐書》卷六十九〈李君羨傳〉，頁2524～2525。
〔註68〕見《舊唐書》卷八十二〈李義府傳〉，頁2769。
〔註69〕見《舊唐書》卷八〈玄宗紀上〉，頁184。
〔註70〕詳參《舊唐書》卷一百三十四〈楊慎矜傳〉，頁4563。
〔註71〕見《舊唐書》卷三十六〈天文志下〉，頁1336。
〔註72〕見《舊唐書》卷三十六〈天文志下〉，頁1336。

文宗之所以重申天文官不得與朝官及雜色人等交往的禁令，應該是當時此等情形已經相當嚴重，爲防萬一，才申此禁令；而在實際的史料中，也可以發現天文官確有與朝官交遊的記載。如德宗貞元年間，進士李章武初及第，頗負壯氣，某日曾訪太史丞徐澤而未遇，〔註73〕這在當時應是不爲朝令所允的事。從唐代帝王一再下詔禁止來看，無視於此一禁令，而與天文官交遊者，恐是仍大有人在。

限制天文官不得與朝官來往，以免洩露天文機密予不相干者，雖可收警惕之效，但犯禁者猶且不免。若是天文官他日高升其它官職，仍難免有向其他人吐露天文機密的危險在。於是，在傳統限制伎術官遷轉其它行業的觀念下，武則天時，更下了一道禁令，限制天文官及其它技術官員，遷官不得過其本色謂：

> 量才授職，自有條流；常秩清班，非無差等。比來諸色伎術，因營得官，及其升遷，改從餘任，遂使器用紕謬，職務乖違，不合禮經，事須改輒。自今本色出身，解天文者，進轉官不得過太史令。音樂者不得過太樂鼓吹署令。醫術者不得過尚藥奉御。陰陽卜筮者不得過司膳寺諸署令。有從勳官品子、流外、國官參佐視品等出身者，自今以後不得任京清要等官。若累限應至三品，不須進階，每一階酬勳兩轉。〔註74〕

是否整個中古時期，對於天文官的進轉，都有相類的限制，目前不得而知。但將天文官視同一般的技術官僚，對其升遷進轉加以限制，無形中貶低了天文官的社會地位。其結果雖可讓傳統天文的傳承，如同帝王所期待的，掌握在少數可資信任的家族手中，但卻也讓其他非出身天文家族者，望天文官職而卻步，深怕一旦進入此一領域，不止交遊、升遷頗受壓制，連子孫想要轉業，也並非易事。在表五所見的中古時期歷代天文官中，唐代以前對於天文官的升轉，應該尚無似武后詔書中，那般嚴密的規定。太史令轉、兼任其他官職者，並非異事，如曹魏時的太史令高堂隆，乃以侍中而領太史令一職，日後又曾任職光祿勳、太常等，頗受朝廷禮遇。〔註75〕又如前趙劉曜光初九年時的太史令臺產，他是以博士祭酒、諫議大夫而兼領太史令，日後又曾遷

〔註73〕其詳可參《太平廣記》卷三百四十一〈鬼二十六‧道政坊宅〉條，注出自《乾㸌子》，頁 2707。
〔註74〕見《全唐文》卷九五〈高宗武皇后‧定伎術官進轉制〉，頁 983。
〔註75〕詳參《三國志》卷二十五〈魏書‧高堂隆傳〉，頁 708。

轉太中大夫，歷任尚書、光祿大夫、太子少師等職，受爵爲關中侯，一生仕途順遂而榮寵。〔註76〕不過，我們也看到許多精通天文曆算猶過於天文官者，如崔浩、高允之流，卻無意出任天文官員，即使不是朝廷禁限頗多，恐也是受制於一般的社會價值觀，不願成爲技術之流，限制了自身的前途發展。唐代在武后頒下此制之後，執行情形如何，不得詳知，但此類禁令之遵循與否，往往是繫於當權者一念之間。如武后時道士出身的太史令尚獻甫，因深得武后寵信，在以天象自占不久於人世後，武后還刻意遷其爲水衡都尉，以禳災消禍。〔註77〕另一位以應消聲幽藪科及第的太史令嚴善思，在遷太史令前曾任監察御史、兼右拾遺、內供奉，中宗神龍初，遷給事中，至景龍中，又遷禮部侍郎、出爲汝州刺史，睿宗時，又召拜其爲右散騎常侍，唐隆元年，鄭愔等謀立譙王李重福爲帝，還草僞制封嚴善思爲禮部尚書，只是事敗未成而反受刑。〔註78〕當然，這或許也因爲尚、嚴二人，非天文本色出身有關。像李淳風，雖受帝王信任，但除了有將仕郎、承務郎〔註79〕等非關實務的散官封號，以及曾因修國史有功封爵昌樂縣男之外，終其一生，並未見有高於太史令的其他官職升遷，極可能任官僅止於太史令。〔註80〕瞿曇氏一家的情形也類似。其他無專傳事蹟留存之天文官，不易判知其官職升轉的實況。但在唐代大部份時候，對於天文官的升轉限制，應該都是存在的，這可以從兩個其他伎術之士升轉時，所受到的反對與壓力的例子，略知一般。其一例是中宗時，欲以通長生之術的方士鄭普思爲秘書監，遭到左拾遺李邕上書諫曰：

> ……道路籍籍，皆云普思多行詭惑，妄説妖祥，唯陛下不知，尚見驅使，此道若行，必撓亂朝政。臣至愚至賤，不敢以胸臆對揚天威，請以古事爲明證。孔丘云：「《詩》三百，一言以蔽之，曰：思無邪。」陛下今若以普思有奇術，可致長生久視之道，則爽鳩氏應得之，永有天下，非陛下今日可得而求；若以普思可致仙方，則秦皇、漢武久應得之，永有天下，亦非陛下今日可得而求；若以普思可致佛法，則漢明、梁武久應得之，永有天下，亦非陛下今日可得而求；若以

〔註76〕詳參《晉書》卷九十五〈臺產傳〉，頁2503。
〔註77〕詳參《舊唐書》卷一百九十一〈方伎・尚獻甫傳〉，頁5100〜5101。
〔註78〕其詳請參《舊唐書》卷一百九十一〈方伎・嚴尚思傳〉，頁5102〜5103。
〔註79〕有關將仕郎、承務郎等散官，請詳參《通典》卷三十四〈職官十六〉，頁938。
〔註80〕詳見《舊唐書》卷七十九〈李淳風傳〉，頁2717〜2719。

普思可致鬼道，則墨翟、干寶各獻於至尊矣，而二主得之，永有天
下，亦非陛下今日可得而求。此皆事涉虛妄，歷代無效，臣愚不願
陛下復行之於明時。唯堯、舜二帝，自古稱聖，臣觀所得，故在人
事，敦睦九族，平章百姓，不聞以鬼神之道理天下。伏願陛下察之，
則天下幸甚。〔註81〕

雖然最後是「疏奏不納」，但一般朝官對於因技術而入任要職者的強烈反彈，
可見一般，有時連帝王也不得不讓步。再看另一個發生在文宗時教坊樂官雲
朝霞身上的例子：

教坊副使雲朝霞善吹笛，新聲變律，深愜上旨，自左驍衛將軍授兼
揚府司馬。宰臣奏曰：「揚府司馬品高，郎官、刺史迭處，不可授伶
官。」上意欲授之，因宰臣對，亟言朝霞之善。（魏）謩聞之，累疏
陳論，乃改授潤州司馬。〔註82〕

帝王或許可能暫時忘記祖先的規制，給予所寵信的技術人員高官厚爵，但是
朝廷百官卻不能無視於其帶來的嚴重後遺症，即技術之尊貴，有可能凌駕傳
統儒學之上，混淆了社會上長期存在的價值體系，因此必須要力爭反對到
底。一般知識份子，對待通長生術的鄭普思、通音律的雲朝霞是如此，若換
作是通天文曆術者要破格升遷，態度恐怕也相去不遠。也難怪天文世家出身
的太史令庾儉，會「恥以術數進」，而推薦博奕以自代。〔註83〕另一位以丹
青著稱於世的畫家閻立本，也告誡其後生「宜深戒，勿習此末伎」。〔註84〕
其實，閻立本的仕途尚不算太差，在高宗時還當到將作大匠、工部尚書，甚
至中書令等要職。但他大概很難忘記，自己以丹青聞名於士林，所受到的委
屈與輕視。天文官的際遇，恐怕較之閻立本這樣的技術官，猶且不如。也無
怪乎，許多精通天文曆算的知識份子，不願出任天文官，即使民間人士，也
寧可以此自娛，而不願入仕宮廷，惹得朝廷經常要三令五申，禁止人民私習
天文圖讖。其主因或許正在於，朝廷對天文官的交遊、升轉，施以如此多的
限制，不能提供一個合理公平的競爭環境，很難吸引真正優秀的人才獻身於
此。

〔註81〕見《舊唐書》卷一百九十中〈李邕傳〉，頁5040。
〔註82〕見《舊唐書》卷一七六〈魏謩傳〉，頁4568。
〔註83〕見《舊唐書》卷十九〈博奕傳〉，頁2715。
〔註84〕見《舊唐書》卷七十七〈閻立本傳〉，頁2680。

表五：中古時期歷朝天文職官一覽表

年	代		職 稱	人 名	資料出處
東漢		靈帝熹平五年	太史令	單 颺	1.《三國志》卷二〈魏書·文帝紀〉，頁 58 2.《宋書》卷二十七〈符瑞傳上〉，頁 775
		獻帝	侍中、太史令	王 立	《三國志》卷一〈魏書·武帝紀〉，頁 13
		獻帝延康末、魏文帝黃初初	太史丞	許 芝	《宋書》卷二十七〈符瑞志上〉，頁 777
三國	魏	文帝黃初中	太史丞	韓 翊	《宋書》卷十二〈律歷志中〉，頁 231
		明帝太和初	太史令	許 芝	1.《晉書》卷十二〈天文志中〉，頁 338 2.《宋書》卷三十四〈五行志五〉，頁 1011
		明帝青龍四年	太史丞	馬 訓	《三國志》卷九〈魏書·曹爽傳〉，裴注引《世語》，頁 13
		明帝景初元年	散騎常侍領太史令	高堂隆	1.《晉書》卷十九〈禮志上〉，頁 588 2.《宋書》卷十五〈禮志二〉，頁 385
		齊王芳正始十年	太史令	高堂隆	1.《三國志》卷十一〈魏書·張志存傳〉，頁 361 2.《三國志》卷二十五〈魏書·高堂隆傳〉，頁 708
		不詳	太史令	陳 卓	《晉書》卷十一〈天文志上〉，頁 307
	吳	大帝孫權	太史丞	公孫滕	《三國志》卷六十三〈吳書·趙達傳〉，頁 1424
		大帝孫權末年	太史丞	丁 孚	《三國志》卷五十三〈吳書·薛綜傳〉，頁 1256
		烏程公孫皓寶元鼎年	太史郎	陳 苗	《三國志》卷六十一〈吳書·陸凱傳〉，頁 1404
		廢帝孫亮	太史令	吳 範	1.《三國志》卷五十七〈吳書·虞翻傳〉，裴注引《會稽典錄》，頁 1256 2.《三國志》卷六十三〈吳書·吳範傳〉，頁 1421～1423 3.《隋書》卷三十四〈經籍志三〉，頁 1015、1022
		年代不詳	太史令	陳 卓	《隋書》卷十九〈天文志上〉，頁 504
晉		懷帝永嘉三年	太史令	高堂沖	《晉書》卷十三〈天文志下〉，頁 369
		懷帝永嘉三年	太史令	陳 卓	1.《宋書》卷二十四〈天文志二〉，頁 705 2.《隋書》卷三十四〈經籍志三〉，頁 1018

	元帝	太史令	陳 卓	《晉書》卷九十五〈載洋傳〉，頁 2470
	恭帝元熙二年	太史令	駱 達	《宋書》卷二〈武帝紀中〉，頁 48
	年代不詳	太史令	韓 楊	《隋書》卷三十四〈經籍志三〉，頁 1018
東晉列國	蜀李班	太史令	韓 豹	1.《晉書》卷一百二十一〈李班載記〉，頁 3041 2.《十六國春秋輯補》卷七十八〈蜀錄三・李班〉，頁 55
	蜀李勢太和元年	太史令	韓 皓	1.《晉書》卷一百二十一〈李班載記〉，頁 3047 2.《十六國春秋輯補》卷七十九〈蜀錄四・李勢〉，頁 558
	前趙劉淵河瑞元年	太史令	宣于脩之（或作鮮于修之）	1.《晉書》卷一百一〈劉元海載記〉，頁 2650 2.《十六國春秋輯補》卷二〈前趙錄四・劉淵〉，頁 10
	前趙劉聰麟嘉元年	太史令	康 相	1.《晉書》卷一百二〈劉聰載記〉，頁 2674 2.《十六國春秋輯補》卷四〈前趙錄四・劉聰〉，頁 36
	前趙劉曜光初二年	太史令	弁廣明	1.《晉書》卷一百三〈劉聰載記〉，頁 2685 2.《十六國春秋輯補》卷〈前趙錄六・劉聰〉，頁 45
	前趙劉曜光初九年	博士祭酒、諫議大夫、領太史令	臺 產	1.《晉書》卷九十五〈臺產傳〉，頁 2503 2.《晉書》卷一百三〈劉曜載記〉，頁 2698 3.《十六國春秋輯補》卷八〈前趙錄八・劉聰〉，頁 59
	前趙劉曜光初十一年	太史令	任 義	1.《晉書》卷一百三〈劉聰載記〉，頁 2698 2.《十六國春秋輯補》卷八〈前趙錄八・劉聰〉，頁 60
	後趙石虎建武四年、十年、十四年	太史令	趙 攬	1.《晉書》卷一百六〈石季龍載記〉，頁 2768 2.《十六國春秋輯補》卷十六〈後趙錄六・石虎〉，頁 127
	前秦符生壽光三年	太史令	康 權	1.《晉書》卷一百十二〈符生載記〉，頁 2879
	前秦符堅建元初年	太史令	王 彫	1.《晉書》卷一百十四〈符堅載記下〉，頁 2910 2.《十六國春秋輯補》卷三十六〈前趙錄六・符堅〉，頁 279

前秦苻堅建元八年	太史令	魏　延	1.《晉書》卷一百十三〈苻堅載記上〉，頁 2895 2.《十六國春秋輯補》卷三十四〈前趙錄四·苻堅〉，頁 267
前秦苻堅建元九年	太史令	張孟（或作張猛）	1.《晉書》卷一百十三〈苻堅載記上〉，頁 2896 2.《十六國春秋輯補》卷三十四〈前趙錄四·苻堅〉，頁 268
前秦苻堅	太史令	張　淵	《魏書》卷九十一〈張淵傳〉，頁 1944
前燕慕容儁	奉車都尉、西海太守、領太史令、開陽亭侯、平舒縣五等伯	黃　泓	《晉書》卷九十五〈黃泓傳〉，頁 2492
同上	靈臺令	許　敦	同上
後秦姚興弘始元年	太史令	高　魯	1.《晉書》卷一百二十七〈慕容德載記下〉，頁 3163 2.《十六國春秋輯補》卷五十八〈南燕錄一·慕容德〉，頁 433
後秦姚興弘始六年	太史令	郭　黁	《十六國春秋輯補》卷五十二〈後秦錄四·姚興〉，頁 397
後秦姚興弘始十三年	太史令	任　猗	1.《晉書》卷一百十八〈姚興載記下〉，頁 2995 2.《十六國春秋輯補》卷五十三〈後秦錄五·姚興〉，頁 403
後秦姚興弘始十七年	太史令	張泉（疑即張淵）	1.《晉書》卷一百十八〈姚興載記下〉，頁 3002 2.《十六國春秋輯補》卷五十四〈後秦錄六·姚興〉，頁 410
後秦姚興父子	靈臺令	張淵（張泉疑為同一人）	《魏書》卷九十一〈張淵傳〉，頁 1944
後燕慕容垂	太史令	晁　崇	《魏書》卷九十一〈晁崇傳〉，頁 1943
後燕慕容氏	太史令	王　先	《魏書》卷一百五十之二〈天象志二〉，頁 2389
後涼呂光	太史令	郭　黁	1.《晉書》卷八十七〈李暠載記〉，頁 2257 2.《晉書》卷九十五〈郭傳〉，頁 2498
後涼呂光龍飛二年	散騎常侍、太常	郭　黁	1.《晉書》卷一百二十二〈呂光載記〉，頁 3062 2.《十六國春秋輯補》卷八十二〈後涼錄二·呂光〉，頁 576

		南涼禿髮傉檀嘉平三年	太史令	景　保	1.《晉書》卷一百二十六〈禿髮傉檀載記〉，頁3152 2.《十六國春秋輯補》卷九十一〈南涼錄三・禿髮傉檀〉，頁627
		北涼沮渠蒙遜永安八年	太史令	劉　梁	1.《晉書》卷一百二十九〈沮渠蒙遜載記〉，頁3194 2.《十六國春秋輯補》卷九十五〈北涼錄一・沮渠蒙遜〉，頁658
		北涼沮渠蒙遜玄始九年	太史令	張　衍	1.《晉書》卷一百二十九〈沮渠蒙遜載記〉，頁3198 2.《十六國春秋輯補》卷九十六〈北涼錄二・沮渠蒙遜〉，頁664
		北涼沮渠蒙遜時	太史令	趙　歐	1.《隋書》卷三十四〈經籍志三〉，頁1022 2.《宋書》卷九十八〈氐胡傳〉，頁2416
		南燕慕容超太上四年	太史令	成公綏	1.《晉書》卷一百二十八〈慕容超載記〉，頁3180 2.《十六國春秋輯補》卷六十二〈南燕錄五・慕容超〉，頁453
		同上	靈臺令	張　光	《十六國春秋輯補》卷六十二〈南燕錄五・慕容超〉，頁453
		夏赫連昌	太史令	張淵徐辯（兩人對為太史令）	1.《魏書》卷三十五〈崔浩傳〉，頁816 2.《魏書》卷九十一〈張淵傳〉，頁1945
		北燕馮跋太平七年	太史令	閔　尚	1.《晉書》卷一百二十五〈馮跋載記〉，頁3131 2.《十六國春秋輯補》卷九十九〈北燕二・馮跋〉，頁681
		北燕馮跋太平十年	太史令	張　穆	1.《晉書》卷一百二十五〈馮跋載記〉，頁3133 2.《十六國春秋輯補》卷九十九〈北燕二・馮跋〉，頁682 3.《魏書》卷九十七〈馮跋傳〉，頁2126
		北燕馮跋太平二十一年	太史令	閔　尚	《十六國春秋輯補》卷九十九〈北燕二・馮跋〉，頁684
		北燕馮跋	太史令	閔　盛	《魏書》卷九十一〈張淵傳〉，頁1954
南朝	宋	文帝元嘉十三年、二十年	太史令	錢樂之	1.《宋書》卷二十三〈天文志一〉，頁678 2.《宋書》卷十二〈律歷志中〉，頁262 3.《隋書》卷十九〈天文志上〉，頁504
		同上	兼（太史）丞	嚴　粲	同上
		宋孝武帝大明八年	太史令	道秀（疑即蔣道秀）	《隋書》卷十七〈律歷志中〉，頁417

	齊	宋順昇明三年末、齊太祖建元初	兼太史令、將作匠	陳文建	1.《南齊書》卷一〈高帝紀上〉，頁 23 2.《南齊書》卷十一〈天文志上〉，頁 203
	梁	齊和帝中興二年、梁武帝天監初	太史令	蔣道秀	《梁書》卷一〈武帝紀上〉，頁 29
		武帝天監八年	太史令、將作大匠	道秀（應即蔣道秀）	《新唐書》卷二十七上〈曆志三〉，頁 616
		武帝大同十年	太史令	虞　劃	《隋書》卷十九〈天文志上〉，頁 524
	陳	年代不詳	太史令	宋　景	《隋書》卷三十四〈經籍志三〉，頁 1025
			（善天官者）	周　墳	《隋書》卷十九〈天文志上〉，頁 504
北朝	魏	太祖皇始二年九月、天興元年十月前	太史令	晁　崇	1.《魏書》卷二〈太祖紀二〉，頁 30、33 2.《魏書》卷九十一〈晁崇傳〉，頁 1943 3.《魏書》卷一百七上〈律曆志上〉，頁 2659
		太祖皇始年間	太史令	王　先	《魏書》卷一白五之二〈天象志二〉，頁 2389
		太祖、太宗	太史令	王亮、蘇坦	《魏書》卷九十一〈張淵傳〉，頁 1954
		太宗神瑞二年	太史令	王亮、蘇坦	《魏書》卷三十五〈崔浩傳〉，頁 808
		太宗泰常年間	太史令	王　亮	《魏書》卷三十三〈公孫表傳〉，頁 783
		文成帝興安初	太卜令領太史	王　叡	《魏書》卷九十三〈王叡傳〉，頁 1988
		高祖太和中（太和十一年）	太史令	張明豫	《魏書》卷一百七上〈律曆志上〉，頁 2659
		高祖	太史令	趙樊生	《魏書》卷九十一〈張淵傳〉，頁 1954
		世宗景明中	奉車都尉領太史令、太樂史	趙樊生	《魏書》卷一百七上〈律曆志上〉，頁 2659
		世宗正始四年冬	太史令	辛寶貴	《魏書》卷一百七上〈律曆志上〉，頁 2660
		孝明帝熙平二年十二月	攝太史令	趙　翼	《魏書》卷一百八之二〈禮志二〉，頁 2766
		孝明帝神龜初	殄寇將軍、太史令	胡榮（疑即胡世榮）	《魏書》卷一百七上〈律曆志上〉，頁 2662
		孝武帝永熙中	太史令	胡世榮、張龍、趙洪慶	《魏書》卷九十一〈張淵傳〉，頁 1954
		未知確切年代	太史	趙勝、趙翼、趙洪慶、胡世榮、胡法通	《魏書》卷九十一〈張淵傳〉，頁 1954

東魏	孝靜帝興和元年十月	太史令、盧鄉縣開國男	趙洪慶	《魏書》卷一百七上〈律歷志上〉，頁2696
	同上	太史令	胡法通	同上
	同上	太史丞	敦慶	同上
	同上	太史博士	胡仲和	同上
北齊	文宣帝天保初	監太史	楊愔	《北齊書》卷三十四〈楊愔傳〉，頁456
	同上	監知太史局事	權會	《北齊書》卷四十四〈楊愔傳〉，頁592
	武成帝太寧初	浮陽郡公監太史	高叡	《北齊書》卷十三〈高叡傳〉，頁172
北周	武帝天和七年	太史中大夫	庾季才	《隋書》卷七十八〈庾季才傳〉，頁1765
	靜帝大象元年	太史上士	馬顯	《隋書》卷十七〈律歷志中〉，頁419
	年代不詳	太史令	庾季才	《隋書》卷二十〈天文志中〉，頁562
隋	北周末隋初	太史令	史良	《新唐書》卷二百一〈崔明信傳〉，頁5731
	文帝開皇初	太史令	周墳	《隋書》卷十九〈天文志上〉，頁505
	文帝開皇初年	前保章上士	任悅	《隋書》卷十七〈律歷志中〉，頁420
	同上	太史監候	粟相	同上
	同上	太史司歷	郭耀 劉宜	同上
	同上	太史司歷兼算學博士	張乾敘	同上
	文帝開皇四年	太史令	張賓	同上 428
	文帝開皇十四年	直太史	劉孝孫	《資治通鑑》卷一百七十八〈隋紀二·文帝開皇十四年秋七月丁弓乙未〉條，頁5545
	同上	直太史	張冑玄	同上
	文帝開皇十七年	太史令	劉暉	1.《隋書》卷十七〈律歷志中〉，頁434 2.《隋書》卷七十八〈張冑玄傳〉，頁1779
	同上	通直散騎常侍領太史令	庾季才	《隋書》卷十七〈律歷志中〉，頁434
	同上	通直散騎侍郎領太史令	張冑玄	1.同上，頁435 2.《隋書》卷七十八〈張冑玄傳〉，頁1779 3.《資治通鑑》卷一百七十八〈隋紀二·文帝開皇十七年三月壬辰〉條，頁5557

同上	太史丞	邢 雋	《隋書》卷十七〈律曆志中〉，頁434
同上	司曆	郭 翟 劉 宜	同上
同上	司曆	郭 遠	同上
同上	曆博士	蘇 粲	同上
同上	曆助教	傅 雋 成 珍	同上
文帝開皇十九年	太史令	袁 充	《隋書》卷十九〈天文志上〉，頁524
文帝仁壽四年、煬帝即位初	太史丞	高智寶	《隋書》卷六十九〈袁充傳〉，頁1611
煬帝大業初大業十年	太史令	庾 質	《隋書》卷七十八〈庾質傳〉，頁1767、1768
煬帝大業年間	太史令	張胄玄	《隋書》卷七十五〈劉焯傳〉，頁1719
煬帝大業年間	太史丞	耿 詢	《隋書》卷七十八〈藝術·耿詢〉，頁1770
恭帝義寧初	太史令	庾 儉	《隋書》卷七十八〈庾質傳〉，頁1768
唐	高祖武德二年·王充政權	太史令	樂德融	《資治通鑑》卷一百八十七〈唐紀三·高祖武德二年三月庚辰張〉條，頁584
	高祖武德初	太史令	庾 儉	1.同上 2.《舊唐書》卷七十九〈傅仁均傳〉，頁2710 3.《新唐書》卷二十五〈曆志一〉，頁5534
		太史令	傅 奕	1.《舊唐書》卷七十九〈傅仁均傳〉，頁2710 2.《舊唐書》卷七十八〈傅奕傳〉，頁2715 4.《舊唐書》卷一百九十一〈薛頤傳〉，頁5089 5.《新唐書》卷二十五〈曆志一〉，頁534
	同上	太史丞	薛 頤	《舊唐書》卷一百九十一〈薛頤傳〉，頁5089
	高祖武德九年五月二日	太史令	傅 奕	1.《舊唐書》卷七十九〈傅奕傳〉，頁2715 2.《資治通鑑》卷一百九十一〈唐紀七·高祖武德九年四月戊寅〉條，頁6001
		前曆博士	南宮子明	《舊唐書》卷三十二〈曆志一〉，頁1168
	同上	前曆博士	薛弘疑	同上

同上	算曆博士	王孝通	同上
高祖武德年間	太史令	薛　頤	1.《舊唐書》卷三十五〈天文志上〉，頁 1293 2.《舊唐書》卷一百九十一〈薛頤傳〉，頁 5089
同上	太史丞	王孝通	1.《舊唐書》卷七十九〈傅仁均傳〉，頁 2710 2.《全唐文》卷一三四〈王孝通·上緝古算經表〉，頁 1348
太宗貞觀	太史令	傅仁均	《舊唐書》卷七十九〈傅仁均傳〉，頁 2714
太宗貞觀七年正月癸巳日	直太史、將仕郎	李淳風	1.《舊唐書》卷三〈太宗紀下〉，頁 43 2.《舊唐書》卷三十五〈天文志上〉，頁 1293 3.《舊唐書》卷七十九〈李淳風傳〉，頁 2717
太宗貞觀九年	太史（令）	薛　頤	《舊唐書》卷一百九十二〈王遠知傳〉，頁 5124
太宗貞觀十四年	太史令	薛　頤	《新唐書》卷二十五〈曆志一〉，頁 536
同上	司曆	南宮子明	同上
太宗貞觀十五年	太史令	薛　頤	《資治通鑑》卷一百九十六〈唐紀十二·太宗貞觀十五年四月己酉〉，頁 6168
太宗貞觀十五年	太史丞	李淳風	1.《舊唐書》卷七十九〈李淳風傳〉，頁 2718 2.《新唐書》卷五十九〈藝文志三〉，頁 1547
太宗貞觀二十二年	太史令	李淳風	1.《舊唐書》卷七十九〈李淳風傳〉，頁 2718 2.《資治通鑑》卷一百九十九〈唐紀十五·太宗貞觀二十二年六月庚寅〉條，頁 6259
高宗咸亨初	太史令	李淳風	《舊唐書》卷七十九〈李淳風傳〉，頁 2718
高宗顯慶二年七月	太史令	李淳風	《舊唐書》卷二十一〈禮儀志一〉，頁 824
高宗顯慶四年	太史令	李淳風	《新唐書》卷五十九〈藝文志三〉，頁 1570
高宗龍朔二年	祕閣郎中	李淳風	《舊唐書》卷七十九〈李淳風傳〉，頁 2718
高宗麟德初	太史令	瞿曇羅	《新唐書》卷二十六〈曆志二〉，頁 559

高宗麟德二年五月辛卯日	祕閣郎中	李淳風	1.《舊唐書》卷四〈高宗紀上〉，頁87 2.《資治通鑑》卷二百一〈唐紀十七・高宗麟德二年四月戊辰〉條，頁6344
高宗上元中	太史令	姚玄辯	《舊唐書》卷七十七〈韋萬石傳〉，頁2672
高宗永隆二年	太史令	姚玄辯	《舊唐書》卷三十六〈天文志下〉，頁1320
武后聖曆年間	太史（令）	瞿曇羅	《舊唐書》卷三十三〈曆志二〉，頁1216
武后久視元年	太史令	尚獻甫	1.《舊唐書》卷三十六〈天文志下〉，頁1335 2.《舊唐書》卷一百九十一〈尚獻甫傳〉，頁5100
武后長安二年	渾儀監	尚獻甫	《新唐書》卷三十三〈天文志三〉，頁855
武后長安四年	太史令	嚴善思	1.《舊唐書》卷三十六〈天文志下〉，頁1322 2.《舊唐書》卷一百九十一〈嚴善思傳〉，頁5102
武后時	蘭臺太史令	傅孝忠	《新唐書》卷二白六〈武士㺅傳〉，頁5836
中宗神龍元年十一月	太史令	傅孝忠	1.《舊唐書》卷二十一〈禮儀志一〉，頁837 2.《舊唐書》卷九十二〈蕭至忠傳〉，頁2972
中宗神龍初	太史丞	南宮說	1.《舊唐書》卷三十三〈曆志二〉，頁1216 2.《新唐書》卷二十六〈曆志二〉，頁583
同上	司曆	徐保乂、南宮季友	《舊唐書》卷三〈曆志二〉，頁1216
中宗景龍三年秋七月乙卯朔	鎮軍大將軍、右驍衛將軍、兼知太史事	迦葉志忠	1.《舊唐書》卷七〈中宗紀〉，頁147 2.《舊唐書》卷五十一〈后妃傳上〉，頁2173 3.《舊唐書》卷九十二〈蕭至忠傳〉，頁2972 4.《新唐書》卷七十六〈后妃傳〉，頁3486
玄宗先天二年七月甲子日	太史令	傅孝忠	《舊唐書》卷七〈睿宗紀〉，頁162
玄宗開元六年	太史監	瞿曇悉達	《新唐書》卷二十八下〈曆志四下〉，頁691

玄宗開元十二年	太史監	南宮說	1.《舊唐書》卷三十五〈天文志上〉，頁 1304 2.《新唐書》卷三十一〈天文志一〉，頁 813 3.《資治通鑑》卷二百一十二〈唐紀二十八・玄宗開元十二年三月壬子〉條，頁 6759
玄宗開元十五年	曆官（疑爲司曆）	陳玄景	《新唐書》卷二十七上〈曆志三上〉，頁 587
玄宗開元二十一年	太史令	桓執圭	同上
玄宗開元年間	修撰官家令寺丞兼知太史監事	史元宴	《全唐文》卷三四五〈李林甫・進御用刊定禮記月令表〉，頁 3508
玄宗時	太史令	杜淹	《全唐文》卷一七四〈張鷟・太史令杜淹教男私習天文兼有玄象器物被劉建告勘當並實例〉，頁 1773
肅宗乾元元年四月	太史（令）	南宮沛	1.《舊唐書》卷三十六〈天文志下〉，頁 1324 2.《新唐書》卷三十三〈天文志三〉，頁 866
肅宗乾元元年	直司天臺	韓穎	《資治通鑑》卷二百二十〈唐紀三十六・肅宗乾元元年六月己酉〉條，頁 7056
肅宗乾元元年	司天監	韓穎	《新唐書》卷二百八〈李輔國傳〉，頁 5882
肅宗上元二年七月癸未朔	司天秋官正	瞿曇譔	同上
肅宗上元初	太史令	姚玄辯	《新唐書》卷九十八〈韋萬石傳〉，頁 3905
肅宗上元二年九月	司天監	韓穎	同上，頁 1325
肅宗時	太子宮門郎直司天臺	韓穎	《新唐書》卷二十七下〈曆志三下〉，頁 635
肅宗上元二年	直司天臺通玄院	高抱素	1.《舊唐書》卷十〈肅宗紀〉，頁 261 2.《舊唐書》卷九十五〈李範傳〉，頁 3017 3.《新唐書》卷八十一〈惠文太子李範傳〉，頁 3602 4.《全唐文》卷二〈高宗皇帝・免歧王珍爲庶人制〉，頁 138
同上	試太子洗馬兼知司天臺冬官正事	趙非熊	《舊唐書》卷九十五〈李範傳〉，頁 3017

代宗寶應元年	司天少監	瞿曇譔	《舊唐書》卷三十六〈天文志下〉，頁1336
同上	司天臺官屬	郭獻之	《新唐書》卷二十九〈曆志五〉，頁695
代宗廣德二年	司天臺夏官正	徐承嗣	《全唐大》卷四三八〈闕名·奏歲星太白同躔不犯狀〉，頁4462
德宗貞元八年	司天監	徐承嗣	1.《舊唐書》卷三十六〈天文志下〉，頁1318 2.《新唐書》卷二十九〈曆志五〉，頁716
德宗時	司天臺夏官正	楊景風	《新唐書》卷二十九〈曆志五〉，頁716
憲宗元和元年	司天（監）	徐昂	1.《新唐書》卷三十上〈曆志六上〉，頁739 2.《資治通鑑》卷二百四十二〈唐紀五十八·穆宗長慶二年十二辛卯〉條，頁7823
穆宗長慶年間	司天少監	徐昇	《新唐書》卷五十九〈藝文志三〉，頁1545
文宗開成二年三月	司天監	朱子容	同上，頁1333
宣宗時	司天監	李景亮	《全唐文》卷七七一〈李景亮·爲榮陽公賀老人星見表〉，頁8041
僖宗廣明元年	司天少監	侯昌業	《資治通鑑》卷二百五十三〈唐紀六十九·僖宗廣明元年正月乙卯朔〉條，頁8220
昭宗光化二年	司天少監	胡秀林	1.《新唐書》卷三十下〈曆志六下〉，頁771 2.《資治通鑑》卷二百六十二〈唐紀七十八·昭宗光化二年十一月〉條，頁8540
昭宗天祐元年	司天監	王墀	《資治通鑑》卷二百六十四〈唐紀八十·昭宗天祐元年閏四月丁酉〉條，頁8630
年代不詳	太史令	李諺（一作李該）李仙宗	《舊唐書》卷七十九〈李淳風傳〉，頁2718
年代不詳	太史監候	王思辯	同上
年代不詳	司天多官正	瞿曇晏	《通志》卷二十九〈氏族略·諸方複姓〉，頁475

第三節　天文星占的相關禁令

天文星占既然關乎政權存亡興衰的機密，統治者自然不能容許一般人，任意通習此等祕學。所以除了盡量讓天文官能以世襲的方式繼承，避免過多人通習此一神密之學外，當然還要對於學習與傳統相關學問與知識者，訂立禁令與罰則，以收嚇阻的功效。中古時期在中國天文史上的一個特殊地位即在於，這是史料有載第一個由政府正式頒佈天文禁令的時期，有人曾作統計，謂：「從公元三世紀初到公元十世紀中葉……這七百五十年裏，讖緯十次被禁，天文書籍六度被錮，陰陽術數類圖書三遭厄運，佛經道書兩逢劫難，《老》、《莊》與兵書也各有一次險惡經歷」。〔註85〕在此之前，或許也有禁令，但未見形諸文告；而在此之後，則是一代接一代，直至清帝國時期，都承繼來自中古時期所立下的天文禁令，形成中國天文史上，一個綿延不絕的天文禁錮傳統。

在本書第三章中曾有提及，在天下分裂、群雄並立的時代中，誰能證實自己擁有天命，往往就能獲得世人較多的支持，而對於天文星象變異，自然也都竭盡所能地，朝自身有利的方向作解讀。人人都自認為是眞命天子，有關的天文占卜之言，更如謠讖般滿天飛舞。一旦天下歸於一統，其後遺症便是，人心浮動一時之間難以平抑，令新得江山者坐寢難安，因此，天文禁令的頒佈，往往是在王朝建立不久後的前幾任帝王時期。我們先來看看，中古時期幾個統一的王朝，施行天文禁令的情形。

觀乎中古歷代的天文禁令，頗多頒佈在統一王朝的前面幾位帝王，晉武帝司馬炎算是開其端者。他在大致上結束了三國時代的紛擾局面後，便於泰始三年（267），頒下了史料有載的第一道天文禁令稱：

<blockquote>（泰始三年）十二月，……禁星氣讖緯之學。〔註86〕</blockquote>

在隔年一月所製定的《泰始令》，對於違犯天文禁令者，訂立了相關的處罰規定：

<blockquote>……挾天文圖讖，二歲刑。〔註87〕</blockquote>

觀諸司馬炎所禁的內容，一為星氣，一為讖緯。所謂「星氣」，指的是透過占星與望氣之術來預卜人間災祥的學問，與傳統天文關係密切。讖緯則是建立在陰

〔註85〕見安平秋、章培恆主編《中國禁書大觀》頁 31（上海：上海文化出版社，1990年）

〔註86〕見《晉書》卷三〈武帝紀〉，頁 56。

〔註87〕詳參《太平御覽》卷六四二〈晉律〉條，頁 3007（臺北：臺灣商務印書館，1986年）

陽五行學說上的神祕之學，讖是「立言於前，有徵於後，故智者貴焉」〔註88〕
的預言書，緯書則是興起於漢代，用以配合解說五經的神祕書籍。這兩類學問，
因爲都有預言國家命運與帝王得失的性質，若是任其流佈，則危險程度，亦不
下於天文星占，所以讖緯在風行於有漢一代之後，遭承繼的晉王朝下令禁絕。
司馬炎當初之所以下這道天文禁令的確實原因爲何，史無明載，如今也難以究
查，但可稍微推敲其背景。在本書第三章有關天文與政權移轉的論述中，曾指
出當年勸進曹丕接受禪讓的群臣奏章中，多數與天文讖緯難脫關係。司馬氏自
然也明白天文讖緯之學，對於天命轉移之際的人心影響力。而司馬氏在數十年
後取曹魏政權而代之時，也頗得天文圖讖之助。天命與政權在不到五十年之間，
由劉漢皇室轉移至曹魏政權，又從曹魏轉移至司馬氏之手，對於歷經兩代十多
年苦心經營，方取得天下的司馬炎而言，感受必定十分深刻。一方面他藉由天
文圖讖，作爲取信世人的工具，二方面他不希望司馬氏王朝的天命，又輕易爲
他人所取代。首要之務，莫過於禁絕天文讖緯之學的流傳，才能確保對天文圖
讖的獨家擁有權與解釋權，避免將來又被野心人士，用作取晉室而代之的堂皇
藉口。職是之故，便有了這道史料上首見的天文禁令。此令雖看似簡易，但事
實上已包含了天文術數的大致範圍，將傳統的讖緯之學，也納在其中，後世的
帝王，其施禁的心態，大致與司馬炎相彷。於是便在司馬炎所立的基礎上，不
斷地將天文禁令的範圍加大、程度加深，罰則也逐漸明定出來。

　　隋文帝楊堅，在終結南北朝的長期分裂局面之後，對於有的陰陽術數之學，
自然也不放心其任意在民間傳播。於是自登基以後，連發多道有關的命令：

1. （隋文帝開皇十三年二月）丁酉，制私家不得隱藏緯候圖讖。〔註89〕
2. （隋文帝開皇十三年）五月癸亥，詔人間有撰集國史、臧否人物者，
   皆令禁絕。〔註90〕
3. （隋文帝開皇十八年）五月辛亥，詔蓄貓鬼、蠱毒、厭魅、野道之家，
   投於四裔。〔註91〕
4. （隋文帝仁壽二年）閏（十）月甲申，詔尚書左僕射楊素與諸術者刊
   定陰陽舛謬。〔註92〕

〔註88〕見《後漢書》卷五十九〈張衡傳〉，頁1912。
〔註89〕見《隋書》卷二〈高祖紀下〉，頁38。
〔註90〕見同上註。
〔註91〕見同上註，頁43。
〔註92〕見同上註，頁48。

　　傳統的術數之學包羅萬象，緯候圖讖固是，貓鬼、蠱毒、厭魅、野道等巫術之學，也包含其中，當然必須一概禁絕。至於不准人間私撰國史、臧否人物，表面看來似乎與術數無關，但從傳統星占之學可以卜測國家或個人命運來看，自然也有預防撰史者假託星占為名，而對人物或史事，進行不利於在位者批評的用意在。到了仁壽二年時，可能因為徒有禁令，仍不足以遏止陰陽術數的相關書刊，在民間的廣泛流傳。於是又詔令尚書左僕射楊素，以及齊集宮中的民間通此術者，集體研討修定。所謂「刊定陰陽舛謬」，並非完全刪除其內容，而是依據統治者所好，調整其內容，造就陰陽術數的官方版本，供天下人作為依循的標準。隋代在這一方面的作為相當積極，繼楊堅之後，煬帝楊廣也對讖緯之書大加焚禁：

> 至宋大明中，始禁圖讖，梁天監已後，又重其制。及（隋）高祖受禪，
> 禁之踰切。煬帝即位，乃發使四出，搜天下書籍與讖緯相涉者，皆焚
> 之，為吏所糾者至死。自是無復其學，祕府之內，亦多散亡。〔註93〕

雖然仍舊未見明確的處罰規定，但從「為吏所糾者至死」一語觀之，敢私藏與讖緯相關的書籍，顯須付出相當高昂的代價。而所謂「祕府之內，亦多散亡」，是否意味著楊廣連宮中所藏的讖緯書籍，也納入焚毀之列，不得詳知。但在他的大力焚禁之下，外加隋末唐初的連年烽火，確實使得宮中祕書省內此類藏書，在數量上，降到一個極低的水準。據唐初所編撰的《隋書‧經籍志》中的記載，讖緯類書籍僅剩十三部、九十二卷，而亡佚的卻有十九部、一百四十卷之多，這可能與楊廣的焚禁政策，不無關係。

　　隋王朝的楊堅父子，雖然大力禁絕讖緯術數之學，但並未能就此確保江山無虞。不到四十年後，仍因隋煬帝楊廣的揮霍無度與倒行逆施，而拱手將政權讓與他人。唐高祖李淵在建國之後，對於陰陽術數之學，依然不敢掉以輕心，登基未久，即下詔曰：

> （唐高祖武德元年六月）癸巳，禁言符瑞者。〔註94〕

事實上，符瑞雖不一定由天象來呈現，但符瑞的出現，正所以代表天命所在，歷代承禪前一王朝政權，莫不假藉各地所現的符瑞，如鳳集、龍見或嘉禾、祥雲等等，對當權者歌功頌德一番之後，再以天意難違為由，取前朝政權而代之。李淵代隋，名為禪代，實則篡奪，為掩世人耳目，自然也免不了要有

〔註93〕見《隋書》卷三十二〈經籍志一〉，頁941。
〔註94〕見《新唐書》卷一〈高祖紀〉，頁7。

一些符瑞之應，來妝點門面。〔註95〕但在登基之初，洛陽尚有王世充爲患，江南一帶也還未完全平定，若是任由符瑞之說散播，難保不會被有心人士利用，反而傷到自己。爲免後患無窮，於是一即位就下了這條禁言符瑞的詔令。唐太宗李世民，在玄武門奪嫡事件後，對於得來不易的政權，自然也要善加保護，而陰陽術數之學，最容易令人心浮動。爲免世人對他奪嫡一事，妄加論斷，於是在即位之初，也下了這樣一道禁令：

> （唐高祖武德九年九月）壬子，詔私家不得輒立妖神，妄設淫祠，非
> 禮祠禱，一皆禁絕。其龜易五兆之外，諸雜占卜，亦皆停斷。〔註96〕

在統治權趨於穩固之後，唐太宗更著手於完備的法制，以進一步鞏固李唐皇朝的永續經營，於是有《貞觀律》的編製。唐代與天文相關的禁令，最初在《貞觀律》中應即有規定，而今可見其具體內容者，則是在高宗永徽年間所修成的《唐律》中：

> 諸玄象器物，天文、圖書、讖書、兵書、七曜曆、太一、雷公式，
> 私家不得有，違者徒二年（原註：私習天文者亦同）。其緯、候及論
> 語讖，不在禁限。〔註97〕

這道天文禁令，可稱得上是中古時期天文星占相關禁令的總結，甚至也成了此後歷朝施行天文禁令的底本，值得細論其內容。所謂「玄象器物」，指的是可以觀測天象的器物，《疏議》注解曰：「玄象者，玄，天也。謂象天爲器具，以經星之文及日月所行之道，轉之以觀時變。」只要是這一類的器物，即在禁限之列。《疏議》中也對所禁的其它項目的內容，作了簡要的說明，如：

> 天文者，《史記・天官書》云天文，日月、五星、二十八宿等。
>
> 圖書者，「河出圖，洛出書」是也。
>
> 讖書者，先代聖賢所記未來徵祥之書。
>
> 兵書，謂《太公六韜》、《黃石公三略》之類。
>
> 《七曜曆》，謂日、月、五星之曆。

〔註95〕有關這方面的研究，請詳參丁煌〈唐高祖太宗對符瑞的運用及其對道教的態度〉（《國立成功大學歷史學報》第二號，1975年）、李豐楙〈唐人創業小說與道教圖讖傳說〉（《中華學苑》第二十九期，1984年）

〔註96〕見《舊唐書》卷二〈太宗紀上〉，頁31。

〔註97〕見劉俊文《唐律疏議・箋解》卷九〈職制類〉第二十款，頁763（北京：中華書局，1996年）

太一、雷公式者，並是式名，以占吉凶者。

在這些對於相關書籍的禁限規定中，天文、圖書、讖書等，顯係繼承自晉朝泰始三年，禁星氣讖緯之學以來的傳統，重新再予以申明。對於兵書的禁限，則在是有選擇性的，依其所舉例，推測應是內容涉及陰陽術數等神祕之學者，才在查禁之列。至於一般的兵書，如《孫子》之流，理應不在查禁的範圍內。唐代禁兵書，在中古時期雖然算是首見，但其也不乏悠久的歷史傳統，早在秦始皇行焚書令時，即有謂「所不去者，醫藥、卜筮、種樹之書」，〔註98〕兵書當然也在禁止之列。

另外，所謂太一、雷公式，均是卜筮所用的格式，而有關卜筮的禁令，唐代應非開其端者，早在北魏時即已有之（詳見下文），也算是有歷史淵源。唐代官方設有專司卜筮的機構——太卜署，其用以卜筮的格式，有所謂「三式」，即太一、雷公與六壬式，其中太一、雷公式「並禁私家蓄」，六壬式則「士庶通用之」。〔註99〕顯見三式中的太一與雷公式，其所占卜的對象，可能不像一般的六壬式，是以個人命運爲主，因此才遭到禁限，其被禁當有其特殊的原因。其中較可詳論的是太一式。太一式又名太乙式，而太一本是古天帝之名，〔註100〕後爲術者所引，用爲卜筮之專名。在漢代的術數七家中，已有所謂「太乙家」的出現。〔註101〕其術主要是以一個九宮式盤，依照一定的法規，來推算吉凶禍福。顧炎武曾引用《周易·乾鑿度》詳論其術稱：

> 太一取其術，以行九宮。九宮者，一爲天蓬，以制冀州之野；二爲天內，以制荊州之野；三爲天沖，其應在青（州）；四爲天輔，其應在徐（州）；五爲天禽，其應在豫（州）；六爲天心，七爲天柱，八爲天任，九爲天英，其應在雍（州）、在梁（州）、在兗（州）、在揚

〔註98〕見《史記》卷六〈秦始皇本紀〉，頁255。

〔註99〕詳參《大唐六典》卷十四〈太卜署〉條，頁60欄下。

〔註100〕《史記》卷二十八〈封禪書〉有云：「天神貴者太一，太一佐曰五帝。古者天子以春秋祭太一東南郊，用太牢。」（頁1386）又同書卷二十七〈天官書〉則云：「中宮天極星，其一明者，太一常居也。」《史記·索隱》注曰：「案：《春秋合誠圖》云『紫微，大帝室，太一之精也。』」、又《史記·正義》注曰：「泰一，天帝之別名也。劉伯莊云：『泰一，天神之最尊貴者也。』」（俱見於頁1289）

〔註101〕據《史記》卷一百二十七〈日者列傳〉中引諸先生所言稱：「（漢）孝武帝時，聚會占家問之，某日可娶婦乎？五行家曰可，堪輿家曰不可，建除家曰不吉，叢辰家曰大凶，曆家曰小凶，天人家曰小吉，太一家曰大吉，辯訟不決。」（頁3222）

（州）。天沖者，木也；天輔者，亦木也。故木行太過不及，其眚在
青、在徐。天柱，金也，天心亦金也。故金行太過不及，在眚在梁、
在雍。惟水無應宮也。此謂以九宮制九分野也。〔註102〕

足見太乙式的基本占卜原理，與天文分野觀極爲相似，也是將人間國度的九
州，與九宮式盤相對應，各宮有其特定的名稱，再以五行的過與不及，來推
斷各宮及其所對應的人間國度的吉凶禍福，是一套融合了天文、氣象與陰陽
五行的神祕占術。〔註103〕太乙式發展到中古時期，似是成了一套專門用以推
斷軍國大事甚至帝位興替的術數，其最醒目的一次記載，則是在蕭子顯《南
齊書》卷一〈高帝本紀上〉中，「史臣曰」章的一段相關論述：

案：太一九宮占，推漢高五年，太一在四宮，主人與客俱得吉，計
先舉事者勝，是歲高祖破楚。晉元興二年，太一在七宮，太一爲帝，
天日爲輔佐，迫脅太一，是年安帝爲桓玄所逼出宮。……元興三年，
太一在七宮，宋武破桓玄。元嘉元年，太一在六宮，不利有爲，徐、
傅廢營陽王。七年，太一在八宮，關囚惡歲，大小將皆不得立，其
年到彥之北伐，初勝後敗，客主俱不利。十八年，太一在二宮，客
主俱不利，是歲氐楊難當寇梁、益，來年仇池破。十九年大小將皆
見關不立，凶，其年裴方明伐仇池，克百頃，明年失之。泰始元年，
太一在二宮，爲大小將奄擊之，其年景和廢。二年，太一在三宮，
不利先起，主人勝，其年晉安王子勛反。元徽二年，太一在六宮，
先起敗，是歲桂陽王休範反，並伏誅。四年，太一在七宮，先起者
客，西北走，其年建平王景素敗。昇明元年，太一在七宮，不利爲
客，安居之世，舉事爲主人，應發爲客，袁粲、沈攸之等反，伏誅。
是歲太一在杜門，臨八宮，宋帝禪位，不利爲客，安居之世，舉事
爲主人，禪代之應也。（頁23～24）

太一式的推算法則，玄妙中仍有其一定的規律，今人何丙郁氏，已能根據其
它相關資料，釐出其推算公式。依何氏的說法，在前引文中，蕭子顯所舉的
十多條有關軍國大事的占卜，眞正合於太乙九宮式推算法則者，只有十條。

〔註102〕詳見顧炎武著、黃汝成集釋《日知錄・集解》（長沙：岳麓書社，1994年）
卷三十〈太一〉條，頁1071。
〔註103〕有關太乙九宮式盤的樣式、應用及其操作原理，其詳可參以下諸篇：嚴敦傑
〈式盤綜述〉（《考古學報》第四期，1985年）、黃自元〈從西漢占盤看《靈
樞・九宮八風》的占星術性質〉（《上海中醫藥雜誌》，1989年第二期）。

在某些地方，蕭子顯爲了證明蕭齊之所以能禪代劉宋的必然性與正當性，不免多所附會，甚至強詞奪理，以求自圓其說。〔註104〕不過，對於一般不明究裏的人而言，這套術數，仍舊具有其洞識天機、預測天意的神祕功能在，絕對不能等閒視之。其推算結果，即使不可能百分之百正確，但只要能在十次推算中，偶中一二，亦足以發揮其蠱惑人心、煽動風潮的力量。對於統治者而言，已是莫大的威脅，無怪乎政府要下令禁止其流傳。至於雷公式被禁的原因，目前所能參考推論的資料有限，但應是與其能影響軍國大事不無關係，尤其要注意其在軍事行動方面的角色：

> （唐憲宗元和）十二年四月，敗賊於郾城，死者什三，數其甲凡三
>
> 萬，悉畫雷公符、斗星，署曰：「破城北軍。」〔註105〕

雷公符極可能就是根據雷公式，所畫的神祕求勝符咒，如此攸關軍事勝負的術數，自然也要嚴加管制，禁止其任意學習與流傳。

在《唐律》所見的天文禁令各項中，唯一不見其淵源傳統者，當屬七曜曆之禁。古來天文雖有禁，但曆法則不在遭禁之列，一般人若對曆術推步有興趣，仍可自由學習，不受限制。〔註106〕事實上，在唐律中也並未禁止一般曆法的學習，惟獨遭禁者，僅七曜曆一種。因此有必要對七曜曆的性質、內容作一番瞭解，方能明白其何以遭禁的原因。所謂「七曜」，指的是日、月及水、火、木、金、土等五大行星，共計七個天體。不過，七曜曆或七曜術，指的則是「一種異域輸入的天學——主要來源於印度，但很可能在向東北傳

〔註104〕據何丙郁在〈太乙術與《南齊書·高帝本紀上》史臣曰章〉（《中央研究院歷史語言研究所集刊》第六十七本第二份，1996 年 6 月）一文中所指出，蕭子顯出「泰始元年，太一在二宮」這一條中，「有意無意中採用位差一百二十年的一個局以圓其說」，而在「昇明元年，太一在七宮」這條一中，既已言「太一在七宮」，同條中又稱「是歲太一在杜門，臨八宮」，顯係自相矛盾。其中一個最大的可疵議處是，有關晉恭帝遜位給劉裕此一歷史大事，竟不見片語隻字的交代，顯然是因爲根據太乙九宮式的推算，該年不應有禪代的事發生，既無法驗證，只得割棄，但卻反應出太乙九宮式的無能爲之處。

〔註105〕見《新唐書》卷一百七十一〈李光顏傳〉，頁 5184。

〔註106〕在《日知錄·集釋》卷二十〈天文〉條中，曾有一段顧炎武與人討論私習天文之禁是否包含曆法在內的對話謂：「或問：『律何以禁私習？』曰：『律所禁者天文，也非曆也。』曰：『二者異乎？』曰：『以日月暈珥、彗孛飛流、芒角動搖斷吉凶者，天文家也。本躔離之行，度中星之次，以察發斂進退、敬授民事者，曆家也。《漢書·藝文志》天文廿一家，曆譜八十家，判然二矣！』」（頁 1051）

播的過程中，帶上了中亞色彩的曆法、星占及擇吉推卜之術。」〔註107〕七曜曆術早在東漢時，即已傳入中土，南北朝時其學大盛，據葉德祿從《隋書‧藝文志》中所作的統計，至隋末唐初時可見的七曜曆術相關著作，即已多達二十三種之多，〔註108〕從事研究或創作相關著作者，從文人士子到佛僧、道士都有，有人還認爲在陳、隋等朝代，七曜曆很可能是頒行天下，或者存於天文機構，用作國定曆法重要參考的曆法之一。〔註109〕以其研究風氣之盛，及研究者階層之普及觀之，雖自晉泰始三年後，即有天文禁令，但範圍應不及七曜曆。那麼，何以七曜曆在中土風行數百年未遭禁絕，到了唐代，這樣一個高度開放外來文明的時代，反而會走上被禁限的命運呢？這不是個容易回答的問題，但其原因，可能與七曜曆發展到唐代時，其應用上已不純粹是一種曆算之學有關。葉德祿曾謂：「降及李唐，除應用於曆算者外，社會人士多用以占卜吉凶善惡，所謂占星術者是也。」〔註110〕江曉原更指稱：「對中國人來說，七曜術最突出、最誘人處，是它提供了西方的生辰星占學。」〔註111〕所謂「生辰星占學」（Horoscope Astrology），是指以一個人的出生年月日時，給予相對應的星卜占詞，以定其人生禍福的占星術。中國傳統的星占學極少論及個人禍福，所言多是所謂「軍國星占學」（Judicial Astrology）的範疇，對於一般人想理解個人命運的意圖，並無太大幫助，況且又有長期的禁錮傳統，極不易習得。而七曜曆既是一種曆算之學，又可藉其推算個人命運，與人生的吉凶禍福，無怪乎會受到各方人士的熱愛。不過，按理這並不致於構成七曜曆被禁的主因，否則前面所提及的太卜署「三式」中的六壬式，也可以用來推斷個人命運，卻不在受禁之列，就有點兒不合情理。七曜曆之所以被禁，顯見其必有超出推算個人吉凶禍福，此一簡單功能者。事實上，早在南北朝時，就曾有以七曜術預卜軍事吉凶的事例：

> （僧釋曇光）……性喜事五經及算筮卜算，無不貫解。……（宋）
> 義陽王（劉）旭出鎮北徐，攜光同行。及景和失德，義陽起事，以

〔註107〕其詳請參江曉原〈天學眞原〉，頁311。

〔註108〕其詳請參葉德祿〈七曜曆入中國考〉（《輔仁學誌》第十一卷第一、二合期，1942年）

〔註109〕參江曉原〈天學眞原〉，頁318。

〔註110〕參葉德祿〈七曜曆入中國考〉（《輔仁學誌》第十一卷第一、二合期，1942年），頁19。

〔註111〕參江曉原《天學眞理》，頁334。

光預見，乃齋七曜以決光，光吐口無言，故事寧獲免。〔註112〕

此處所謂「七曜」，應是指講述七曜術的著作，或者是根據七曜術的卜筮法則而製成的式盤之類的卜具，劉旭未知造反的成敗如何，攜此物而求教於釋曇光，一方面顯示當時以七曜術來預卜吉凶禍福，應該頗為普遍。一方面也代表著，七曜術絕非僅止於預測個人命運而已。七曜曆術因其具有一般中土曆法，所缺乏的星占功能，而能在中古時期大行其道，受到各階層人士的歡迎。但卻也因此，註下其日後到了唐代，終遭禁絕的命運。試想，若有欲行造反者，皆如劉旭一般，執七曜術以決之，則帝王寢食焉能安寧？明乎此，當可知七曜曆之被禁，並非無由。

唐玄宗天寶十四載所爆發的安史之亂，因安史集團具有異族的色彩，且其欲稱帝建國，取李唐皇室而代之，自不免也要有一番天命在我之類的說詞相助。可以想見，在安史集團作亂長達八年的時間裏，社會上極可能流傳許多眩惑人心，而不利於李唐皇室的天文星占相關言論。又因為戰爭的紛擾，天文禁令的執行，勢必難以貫徹，可能私習天文星曆者，又逐漸自民間竄起，各種天命說橫流放肆。到了唐代宗時，天下粗定，不容混淆視聽的言論，繼續流傳，於是又再度下詔，重申天文禁令：

> （唐代宗大曆二年春正月己酉）敕：天文著象，職在於疇人；讖緯不經，蠹深於疑眾。蓋有國之禁，非私家所藏。雖禆竈明徵，子產尚推之人事；王彤必驗，景略猶置於刑典。況動涉訛謬，率皆矯誣者乎？故聖人以經籍之義，資理化之本，反言曲學，實蠹大猷，去左道之亂政，俾彝倫而攸敘。自四方多故，一紀於茲，或有妄庸，輒陳休咎，假造符命，私習星曆。共肆窮鄉之辯，相傳委巷之談，飾詐多端，順非而澤。熒惑州縣，註誤閭閻，懷挾邪妄，莫逾於此。其玄象器物、天文、圖書、讖書、七曜曆、太一、雷公式等，準法，官人百姓等，私家並不合輒有。自今以後，宜令天下諸州府，切加禁斷。各委本道觀察、節度等使，與刺史、縣令，嚴加捉搦。仍令分明牓示鄉村要路，並勒鄰伍遞相為保，如先有藏蓄者，限敕到十日內，齎送官司，委本州刺史等，對眾焚毀。如限外隱藏，有人糾告者，其隱藏人先決杖一百，仍禁身聞奏。其糾告人，先有官及無官者，每告得一人，超資授

〔註112〕梁·釋慧皎《高僧傳》卷十三〈中寺釋曇光〉條，頁750～751（臺北：廣文書局，1986年）

正員官，其不願任官者，給賞錢五百貫文，仍取當處官錢，三日內分
付訖。具狀聞奏，告得兩人以上，累酬官賞。其州府、長史、縣令、
本判官等不得捉搦，委本道使具名彈奏，當重科貶。兩京委御史臺切
加訪察聞奏，準前處分。咨爾方面勳臣，泊十連庶尹，罔不誠亮王室，
簡于朕心，無近憸人，慎乃有位，端本靜末，其誡之哉！〔註113〕

顯然當時各種天文符命之說橫流，已對李唐政權的存續，構成相當程度的威
脅。所以代宗在重申前令之餘，還加重犯禁者之刑責，祭出連坐的手段。對
於告發者，更給予賜官、升等或賞銀等等嘉獎，以鼓勵世人勇於檢舉。不只
地方由各州府長官查禁，連兩京也交由御史臺負責查緝，積極防堵的心態可
見一般。而這似乎也正顯示出，當時「假造符命、私習星曆」的氾濫情形，
已到令朝廷無法容忍的地步。

　　在統一的時代中，需要藉由對天文術數的禁限，以防止有心人士對政權
的不軌意圖。同樣地，在天下分裂、群雄環伺，或南北對立的時代中，更須
對天文圖讖之學，施予禁令，一方面杜絕有野心者之不良企圖，一方面可有
效掌握天文星占的解釋權，作為爭逐天下，或與敵方對立時，取信世人的基
礎。因此，不只是一統天下的帝王，要頒製天文禁令，即使只是偏霸一方者，
也視此為確保政權安定的要務。接著就來看看在分裂時代中，各政權有關天
文禁令的施行情形。

　　十六國中後趙的石虎，即位不久，就在建武二年〔336〕，承繼有晉遺風，
下了一道更嚴厲的天文禁令：

禁郡國不得私學星讖，敢有犯者誅。〔註114〕

石虎頒佈這條天文禁令的確實動機，不得而知，但推測與前述晉武帝司馬炎，
不欲江山為人所窺的心態，不概相去不遠。只是，他更進一步，將私習星讖
的刑罰，由晉代的二年徒刑，提升為死刑，可算是歷史上首見，以死刑來處
置私習星讖者的天文禁令，其防制心態之急切，可見一般。在石虎之後，另
一位十六國的君主，前秦的苻堅，也在建元十一年〔376〕對圖讖之學下嚴禁：

……增崇儒教。禁《老》、《莊》、圖讖之學，犯者棄市。〔註115〕

〔註113〕見《全唐文》卷四一〇〈禁藏天文圖讖制〉，頁 4203～4204。又見於《舊唐
　　　　書》卷十一〈代宗紀〉（頁 285～286），其內容略簡。
〔註114〕見《晉書》卷一百六〈石季龍載記〉，頁 2765。
〔註115〕見《資治通鑑》卷一百三〈晉紀二十五‧孝武帝寧康三年冬十月癸酉〉條，
　　　　頁 3270。

這是歷史上鮮見的一次將《老》、《莊》與圖讖之學同時並禁的例子，而且是「犯者棄市」，如此嚴厲的酷刑，原因頗耐人尋味。考諸今日所見史料，似乎未見苻堅本人對《老》、《莊》之學，有特別的偏見或惡感，其之所以屬禁《老》、《莊》，可能與王猛等北方士族，崇尚儒學的建議有關。當時前秦國內「中外四禁、二衛、四軍長上將士，皆令修學。課後宮，置典學，立內司，以授于掖亭，選閹人及女隸有聰識者，署博士以授經。」〔註116〕連宮中侍衛與掖庭宮女，都納入學習之列，其他人自然可想而知。而爲求崇尚儒學，其它學術便受到相當壓制，史云苻堅「復魏晉士籍，使役有常聞，諸非正道，典學一皆禁之。……自嘉之亂，庠序無聞，及堅之僭，頗留心儒學。」〔註117〕相對於當時南方東晉王朝境內，瀰漫濃厚的老莊清談風氣，儒學頗有沒落之勢，苻堅在北方力圖振作儒學，無論其動機爲何，對於爭取傳統知識份子的認同，應具有相當的功效。而《老》、《莊》之學，可能也就在此崇儒的背景下，受到禁錮的命運。不過，除了抑制《老》、《莊》之學以尊重儒學此一原因外，《老》、《莊》之所以被禁，可能還源自於這一類的學術經典，若是經由有心人士的巧妙利用，有時也不無發揮讖緯般功效的可能。例如隋末唐初時，就有人曾舉《莊子》中的篇名爲由，勸進時爲鄭王的隋室重臣王世充僭位建國：

> 有道士桓法嗣者，自言解圖讖，（世）充昵之……又取《莊子》〈人間世〉、〈德充符〉二篇上之，法嗣釋曰：「上篇言世，下篇言充，此即相國名矣！明當德被人間，而應符命爲天子也。」（世）充大悅曰：「此天命也。」再拜受之……既而廢（楊）侗於別宮。僭即皇帝位。
> 〔註118〕

《老》、《莊》之學內容頗多涉及玄虛之處，若遭類似桓法嗣之流者，加以渲染附會，則其危險程度，恐亦不下於一般的圖讖，這也可能是它遭禁的原因。另外，就苻堅本人而言，對於圖讖之學的禁止，除了是自晉代以來的傳統外，也可能是由於他對圖讖之學，有頗深的體認。苻堅在登基之初，即曾與圖讖結下不解之緣：

> 初，堅即僞位，新平王彤陳說圖讖，堅大悅，以彤爲太史令。嘗言於堅曰：「謹按讖云：『古月之末亂中州，洪水漸起健西流，惟有雄

〔註116〕見《晉書》卷一百十三〈苻堅載記上〉，頁 2897。
〔註117〕見同上註，頁 2895。
〔註118〕見《隋書》卷八十五〈王（世）充傳〉，頁 1898。

子定八州。』此即三祖、陛下之聖諱也。又曰：『當有艸付臣又土，
滅東燕、破白虜，氐在中，華在表。』按圖讖之文，陛下當滅燕，
平六州。願徙汧隴諸氐於京師，三秦大戶置之於邊地，以應圖讖之
言。」〔註119〕

這次的建議，頗有貶華益胡之意，而苻堅當時正仰賴丞相王猛等留在北方的
漢人士族，協助其治理國政，自然不會接受將胡漢遷徙易位的建議，王猛甚
至還認爲，王彫「左道惑眾，勸堅誅之」。王彫臨刑之前曾告訴苻堅謂，若干
年後他出身的新平城，將會出現載有讖記的帝王寶器：

彫臨刑上疏曰：「臣以趙建武四年，從京兆劉湛學，明于圖記，謂臣
曰『新平，古顓頊之墟，里名曰雞閭。記云，此里應出帝王寶器，
其名曰「延壽寶鼎」。顓頊有云，河上先生爲吾隱之於咸陽西北，吾
之孫有艸付臣又土應之。』湛又云：『吾嘗齋於室中，夜有流星大如
半月，落於此地，斯蓋是乎？』願陛下誌之，平七州之後，出於壬
午之年。」至是（按：建元十八年）而新平人得之以獻。〔註120〕

這樣的讖言，無論是王彫生前所造，或眞有如此神奇之事，對苻堅來說，能
得此一寶物，總是好事，爲此他還追贈已死的王彫，爲光祿大夫。苻堅對於
圖讖之言，其實頗爲篤信，而他南征的失敗，竟也早在謠讖之中，有其徵兆：

初，堅強盛之時，國有童謠云：「河水清復清，苻詔死新城。」堅聞
而惡之，每征伐，戒軍候云：「地有名新者避之。」〔註121〕

可惜千慮終有一疏，歷史的發展，似是在向他作無情的嘲弄。苻堅兵敗淝水
之後，逃回北方，日後爲姚萇的部下吳忠所擒，其地正是有一個新字，且曾
出過延壽寶鼎的新平城！而當姚萇向他逼取傳國玉璽時，苻堅依舊堅信，圖
讖有云天命在己，而怒斥姚萇道：

小羌乃敢干逼天子，豈以傳國璽授汝羌也！圖緯符命，何所依據？
五胡次序，無汝羌名。違天不祥，其能久乎！〔註122〕

當然，圖讖並沒有幫助苻堅，度過這次的劫難，他的王國，更在他魯莽南征
失利後，迅速走上毀滅之路。對於一向如此相信圖讖的帝王而言，自然很容

〔註119〕見《晉書》卷一百十四〈苻堅載記下〉，頁2910。
〔註120〕見同上註。
〔註121〕見同上註，頁2929。
〔註122〕見同上註，頁2928。

易意識到，一旦圖讖之言不利於己時，所可能造成的人心浮動與政治不安。因此下令禁絕一般人濫用圖讖，只讓有利於己的圖讖可以現世，應是保護政權存續，最直接的手段。信天文而禁天文，明圖讖而禁圖讖，幾乎也成了多數中古時期帝王的共同心態。

　　南北朝的對立局面大致成形之後，南北兩大政權，對於人心與天意的爭取，自然都是不遺餘力。天文圖讖之學，稍有解釋不當，即有可能對政權造成傷害，嚴加禁絕、保障皇權永續存在，自是當時南北雙方共有的體認。從現今所存的史料來觀察，北方的胡人政權，在實際作爲上，似是較南朝政權，更加積極與嚴酷。

　　篤信道教的北魏太武帝拓跋燾，爲求進一步鞏固自己的政權，在太平眞君五年（444），對於境內的陰陽術數之學與佛教界，同時下了一道措詞嚴厲的禁令，開啓了兩年之後，正式下詔毀佛的先聲：

> （北魏世祖太平眞君五年春正月）戊申，詔曰：「愚民無識，信惑妖邪，私養師巫，挾藏讖記、陰陽、圖緯、方伎之書。又沙門之徒，假西戎虛誕，生致妖孽。非所以壹齊政化，布淳德於天下也。自王公已下至於庶人，有私養沙門、師巫及金銀工巧之人在其家者，皆遣詣官曹，不得容匿。限今年二月十五日，過期不出，師巫，沙門身死，主人門誅。明相宣告，咸使聞知。」〔註123〕

這一次的施禁範圍，可謂十分廣泛，不僅傳統的陰陽讖緯之書遭禁，連私養僧巫與金銀工匠，也在被禁的範圍內。而且在兩天之後另一次禁令中，更嚴申前令謂：

> （北魏世祖太平眞君五年春正月）庚戌，詔曰：「……其百工伎巧、騶卒子息，當習其父兄所業，不聽私立學校。違者師身死，主人門誅。」〔註124〕

爲求禁絕佛教勢力的漫延，連爲佛寺建築、塑像的工匠之流，都難逃法禁，只能家傳其業，不得另立學校，傳授他人。當時許多佛教僧侶，皆通陰陽星算之學，其著名者如佛圖澄「妙通玄術……能聽鈴音以言吉凶，莫不懸驗。」〔註125〕又如鳩羅摩什「博覽五明諸論及陰陽星算，莫不必盡，妙達吉凶，言

〔註123〕見《魏書》卷四下〈世祖紀第四下〉，頁97。
〔註124〕見同上註。
〔註125〕見《晉書》卷九十五〈藝術・佛圖澄傳〉，頁2485。

若符契。」〔註126〕而這更是對政權容易造成威脅的因子，必須強力去除，再加上其它經濟因素的考量，終有兩年之後的全面毀佛行動。

　　拓跋燾的毀佛政策，在其死後，便逐漸放鬆，佛學終能漸次復甦。但其嚴禁陰陽術數的政策，則在其子孫身上，繼續嚴厲執行。其中漢化頗深的孝文帝拓跋宏，明瞭圖讖術數之學，在中國傳統政治文化中的不安定作用，以及其可能帶來的負面效應，因此他也在太和九年，下詔禁絕圖讖卜筮之學：

> （北魏孝文帝太和）九年春正月戊寅，詔曰：「圖讖之興，起於三季。既非經國之典，徒爲妖邪所憑。自今圖讖、祕緯及名爲《孔子閉房記》者，一皆焚之。留者以大辟論。又諸巫覡假稱神鬼，妄說吉凶，及委巷諸卜，非墳典所載者，嚴加禁斷。」〔註127〕

之後又下令：

> 諸有禁忌禳厭之方非典籍所載者，一皆除罷。〔註128〕

拓跋宏所禁的內容，與之前的諸多禁令，並無太大不同，其中只有所謂《孔子閉房記》一書的被禁，算是此處首見。此書內容爲何，今日已難以確知，但從書名推測其性質，大約也是不脫假藉孔子爲名，講述讖謠之類的書籍，即如顧炎武所言：「自漢以後，凡世人所傳帝王易姓受命之說，一切附之孔子。如沙丘之亡、卯金之興，皆謂夫子前知而預爲之讖。」〔註129〕這本《孔子閉房記》，在中古時期，似乎頗爲風行，許多精於術數之學的人，均喜引此書，以論帝位興替，直到隋唐之交，仍可見其蹤跡：

> 有道士桓法嗣者，自言解圖讖，（王世）充昵之。法嗣乃以《孔子閉房記》，畫作丈夫持一干以驅羊。法嗣云：「楊，隋姓也。干一者，王字也。居羊後，明相國代隋爲帝也。」〔註130〕

其內容與性質於此可見一般，無怪乎拓跋宏要下令嚴禁。對於北魏政權而言，實行漢化，已是其入主中原，甚至統一天下，所無可避免的道路，但也勢必要面臨，許多原本漢人社會中，文化價值觀念的衝擊。天文圖讖之學，在講究強者生存的遊牧民族之間，或許意義不大，但是在強調有天命者，方得有天下的漢人社會中，往往具有更甚於刀劍的不凡影響力。北魏君主在接受漢

〔註126〕見《晉書》卷九十五〈藝術・鳩羅摩什傳〉，頁2499。
〔註127〕見《魏書》卷七〈高祖紀上〉，頁155。
〔註128〕見同上註，頁186。
〔註129〕見《日知錄・集釋》卷三十〈孔子閉房記〉條，頁1065。
〔註130〕見《隋書》卷八十五〈王（世）充傳〉，頁1898。

文化之餘，自然也不能忽視傳統天文對其政權可能的威脅。前幾次的禁令中，雖未明白提及天文，但同被視爲陰陽術數的天文星占，其可妖邪惑衆的危險程度，豈在圖讖卜筮之下？終於到了宣武帝和孝明帝時，就接連下了兩道與天文直接相關的禁令：

> （北魏世宗永平四年夏四月）丙辰，詔禁天文之學。〔註131〕
>
> （北魏肅宗熙平二年夏四月）庚辰，重申天文之禁，犯者以大辟論。
> 〔註132〕

沿續石虎與苻堅等胡族政權的嚴禁政策，對於違犯天文之禁者，以大辟論處。嚴刑峻罰，似乎成了北方胡族政權，對付違犯天文禁令者的一貫策略。至於繼承北魏的高齊與宇文周兩政權，在史料中，雖未見其有下詔嚴禁天文，但依常理推斷，其延續北魏以來的天文禁錮政策，應是預料中事。

比較耐人尋味的是，與北朝相對立的南朝諸政權，在現存史料中，竟然極少發現相關的天文禁令，與北朝政權一再下令嚴禁的情況，恰成顯明的對比。東晉有可能是延續西晉初年泰始以來的禁令，宋、齊、梁、陳諸朝又如何呢？僅見的史料是「至宋大明中，始禁圖讖，梁天監以後，又重其制。」〔註133〕至於詳情如何，則未明言。

觀察自晉武帝泰始三年頒佈天文禁令後，整個中古時期，似乎每隔一段時間，特別是在政權輪替之後不久，就會再重申一次天文禁令。其背後所彰顯的事實，正是單憑朝廷禁令，並不能完全遏止世人學習天文圖讖，或研討相關學問的興趣。即使是在棄市、大辟等嚴酷的處份威脅下，天文圖讖之學，仍在民間流行，學習者有之，授者有之，研究者有之，道聽塗說者，更不在話下。所以才需要勞動歷代的統治者，不斷地重申前令，以加強警惕，希望就此阻絕天文術數的流傳，確保政權的安定長久。因此，到底天文禁令執行的情形如何，似是吾人不能不關心的問題。

遺憾的是，除了唐朝以外，歷代留下的因觸犯天文禁令而受刑罰的資料，都極其有限，很難從這少量的資料中，一探天文禁令執行的確實情況。而且有許多資料，顯現的正好是反面訊息，即使有天文禁令，仍有很多人利用機會研討天文，讓人對歷代天文禁令的執行成效，不能不有所質疑。以首頒天

〔註131〕見《魏書》卷八〈世宗紀〉，頁210。

〔註132〕見《魏書》卷九〈肅宗紀〉，頁225～226。

〔註133〕見《隋書》卷三十二〈經籍志一〉，頁941。

文禁令的晉朝而言，張華就曾與人密語天文：

> 初，吳之未滅也，斗牛之間常有紫氣，道術者皆以吳方強盛，未可
> 圖也，惟華以爲不然。及吳平之後，紫氣愈明。華聞豫章人雷煥妙
> 達緯象，乃邀煥宿，屏人曰：「可共尋天文，知將來吉凶。」因登樓
> 仰觀。〔註134〕

晉之平吳，事在泰始三年以後，此時雷煥猶能以「妙達緯象」爲世人所稱，可見通習天文術數，似乎仍舊不爲忌諱。而且張華本人「圖緯方伎之書莫不詳覽」，〔註135〕其子張禕「博學曉天文」，〔註136〕不像有受到天文禁令的影響。不過，從其要屏除閒雜人等後，方敢登樓仰觀星象、共論天文吉凶的動作來看，到底在論及國家大事時，天文禁令仍有其約束力。晉武帝雖然親頒天文禁令，但對於明習天文術數者，卻未見有何懲處，當時人郭琦「善五行，作《天文志》、《五行志》，注《穀梁》、《京氏易》百卷」，〔註137〕晉武帝還徵其出任佐著作郎之職。晉惠帝時，有范隆者，「頗習祕曆陰陽之學」，〔註138〕又有杜夷「算曆圖緯靡不畢究」。〔註139〕從這些例子，不禁令人質疑，在當時，這些以明天文圖讖之學而聞名於世的學者專家，究竟算不算是觸犯天文禁令？如果是，其何以能安然學習而不被刑？如果不是，晉武帝所謂的「禁星氣讖緯之學」，其眞意又是如何？

　　同樣的問題，也發生在曾屢下天文禁令的北魏時期。漢人士族中，非天文官而明天文曆法者，大有人在，其著名者如崔浩，「博覽經史，玄象陰陽，百家之言，無不關綜」，太宗拓跋嗣還經常「命浩筮吉凶，參觀天文，考定疑惑」，〔註140〕並讓崔浩「恆與軍國大謀，甚爲寵密」。另一位與崔浩同時的北魏名士高允，也是「博通經史天文術數」之人，並曾與崔浩等人「考校漢元以來，日月薄蝕、五星行度」，〔註141〕顯然也是明習天文星占者。孝明帝正光年間，有五原郡人段榮，「少好曆術，專意星象」，曾「語人曰：『《易》云「觀於天文以察時變」，又曰：「天垂象，見吉凶」。今觀玄象，察人事，不及十年，

〔註134〕見《晉書》卷三十六〈張華傳〉，頁 1075。
〔註135〕見同上註，頁 1068。
〔註136〕見同上註，頁 1077。
〔註137〕見《晉書》卷九十四〈郭琦傳〉，頁 2436。
〔註138〕見《晉書》卷九十一〈范隆傳〉，頁 2352。
〔註139〕見《晉書》卷九十一〈杜夷傳〉，頁 2353。
〔註140〕見《魏書》卷三十五〈崔浩傳〉，頁 807。
〔註141〕詳參《魏書》卷四十八〈高允傳〉，頁 1068。

當有亂矣！』」〔註142〕而孝莊帝永安年間，恆州有「民高崇祖善天文，每占吉
凶有驗，特除中散大夫」，〔註143〕崔浩、高允等人的例子，尚可說是北魏皇室
對於漢人士族的優容，可是像高崇祖，只是一介平民，其善天文且能占吉凶，
難道未犯天文禁令？何以還能接受朝廷徵召為官的禮遇？段榮以玄象言國家
吉凶事，是否也觸犯天文禁令？

　　至於東晉以後的南方諸朝，天文禁令執行的情況又是如何呢？就史料中
所見，似乎也有與北方諸朝相類的情形。例如東晉時的虞喜，為人「專心經
傳，兼覽讖緯，乃著《安天論》以難渾、蓋」。〔註144〕又如梁武帝蕭衍，他在
龍潛之時，即曾與「明陰陽五行、風角星算……著《黃帝年曆》，又嘗造渾天
象」的陶弘景交遊甚密，在蕭衍即將禪代之際，「弘景援引圖讖，數處皆成『梁』
字，令弟子進之。」〔註145〕又如沈約也曾勸進蕭衍道：「天文人事，表革運之
徵。永元以來，尤為彰著。讖云『行中水，作天子』，此又歷然在記。天心不
可違，人情不可失，苟是曆數所至，雖欲謙光，亦不可得也。」〔註146〕陶、
沈二人敢以天文圖讖，預政權之交替，是當時蕭衍氣勢已成，令其無所畏，
或者天文禁令並未貫徹執行？

　　欲完整解答這些中古時期，特別是隋唐以前，諸朝在頒訂天文禁令，與
實際執行狀況之間的落差問題，實非易事。有限的資料，無法作過度的推論。
若要對這些疑問稍為解惑，觀察當時在何種情況下，觸犯天文禁令而遭到處
罰的例子，可能比較容易理解，何以某些人看似觸法，卻可安然無恙。以天
文禁令最嚴酷的北魏而言，北魏世祖時的尚書令劉潔，因反對世祖征討蠕蠕，
屢言詆毀這次的軍事行動，後竟因求圖讖而受罪：

> 世祖之征也，潔私謂親人曰：「若軍出無功，車駕不返者，吾當立樂
> 平王。」潔又使右丞張嵩求圖讖。問：「劉氏應王，繼國家後，我審
> 有名姓否？」嵩對曰：「有姓而無名。」窮治款引，搜嵩家，果得讖
> 書。潔與南康公狄鄰及嵩等，皆夷三族，死者百餘人。〔註147〕

又如元坦，本是北魏咸陽郡王，高齊篡魏後，被降封新豐縣公，其子世寶心

〔註142〕見《北齊書》卷十五〈段榮傳〉，頁207。
〔註143〕見《魏書》卷九十一〈張淵傳〉，頁1954。
〔註144〕見《晉書》卷九十一〈虞喜傳〉，頁2349。
〔註145〕詳參《梁書》卷五十一〈陶弘景傳〉，頁743。
〔註146〕參《梁書》卷十三〈沈約傳〉，頁234。
〔註147〕見《魏書》卷二十八〈劉潔傳〉，頁689。

有不滿，最後元坦也遭殃，「坐子世寶與通直散騎侍郎彭貴平因酒醉誹謗，妄說圖讖，有司奏當死，詔並宥之。坦配北營州，死配所。」〔註148〕從這些例子可以見到，此一時期對於觸犯天文禁令者，加以處份與否的關鍵，其實並不在於其行為的本身，而在其行為的動機。若純粹只是研討天文圖讖之學，而沒有其它不利甚或危害統治者的動機，一般是不會致罪的，有時還能像郭琦、高崇祖那般，得到朝廷的賞賜。不過，一旦對天圖讖的學習或言論，涉及妨礙國家安全或皇權統治時，則不僅觸犯天文禁令，更犯了叛逆的罪名，當然要處以極刑。清代的天算家梅文鼎，對於天文禁令之範圍與標準為何，也曾提出類似動機論的看法謂：

> 夫私習之禁，亦禁其妄言禍福、惑世誣民耳。若夫日月星辰，有目
> 共睹，古者率作興事，皆用為候，又何禁焉？〔註149〕

雖然以動機及行為目的，來作為中古時期天文禁令執行時，是否加以懲處的標準，就現存的史料觀之，大致還言之成理。不過，在唐代以前的史料中，仍未發現有人單純因觸犯天文禁令遭罰，而不涉及叛亂或謀反者。無法釐清是否因觸犯天文禁令，或是犯下叛亂罪而受罰，如此並無助於瞭解天文禁令的執行情況。這種情形到了唐代，很幸運地，因為唐代留存至今的許多「判」文中，觀察出一些蛛絲馬跡。

　　唐代的「判」，有一些是唐代吏部擇取官吏時，為求考驗出應試者，在面臨實際的法律案件時的處理能力，所設計的一種假設性案例。有一些則是實際案例之判決文。若是吏部選人時的假設性案例，應試者可依據案情輕重，衡量法理情等多方面的因素後，作出適當的判決文，自其中取文理優長者錄用之。〔註150〕雖然是假設性的案例，不一定確有其人其事，但尚不致於完全憑空捏造，較有可能是依據當時曾經發生過的事例，略加改編編而成。所以，仔細探究這些判文，對瞭解唐代相關法律的執行情形，以及當時社會，對某些法律問題的看法等，均具有正面的意義。在現存的《全唐文》中，有為數眾多的各類判文，與天文令相關者，約有十數篇，其中有考試用的假設性判

〔註148〕詳見《北齊書》卷二十八〈元坦傳〉，頁383～384。

〔註149〕見梅鼎文著、梅成校輯《梅氏叢書輯要》卷六十〈學曆說〉，頁824～832（臺北：藝文印書館，1971年）

〔註150〕唐代吏部取人的標準有四，分別是：「身」，取其體貌豐偉、「言」，取其詞論辯正、「書」、取其楷法遒美、「判」，取其文理優長，其詳可參《通典》卷十五〈選舉三・歷代制下〉，頁360。

文，也有實際案例的判文，茲集成表六以示之：

表六：《全唐文》中犯天文圖讖禁令之判文一覽表

判　名	作　者	資　料　出　處
太史令杜淹教男私習天文兼有玄象器物被劉建告勘當並實	張　鷟	《全唐文》卷一七四，頁 1773
對家僮視天判	劉庭琦	《全唐文》卷二九九，頁 3034
對習星曆判	徐安貞	《全唐文》卷三〇五，頁 3097
對習星曆判	韋　恆	《全唐文》卷三三〇，頁 3347
對讖書判	薛　邕	《全唐文》卷三三五，頁 3394
對習卜算判	唐子元	《全唐文》卷三五一，頁 3554
對家僮視天判	員　俶	《全唐文》卷三五一，頁 3555
對習星曆判	張子漸	《全唐文》卷三九七，頁 4053
對習星曆判	褚廷詢	《全唐文》卷四〇三，頁 4122
對家僮視天判	薛　驥	《全唐文》卷四〇四，頁 4134
對習星曆判	薛重暉	《全唐文》卷四〇四，頁 4137
對習星曆判	郭休賢	《全唐文》卷四〇八，頁 4173
對讖書判	孫　宿	《全唐文》卷四三九，頁 4477
對私習天文判	崔　瓘	《全唐文》卷四五九，頁 4687
對被髮禱斗學盤盂書判	闕　名	《全唐文》卷九八五，頁 10193

這些判文之中，比較令人矚目的，是太史令杜淹父子犯禁被告的判決文，算是一個狀況相當特殊的實例，犯禁者正是當時天文機構的最高主管。前文已述及，中古時期的天文官，向有家族世襲的傳統。太史令教其少子學習天文，看似天經地義，但可能因杜淹的少子，並非天文機構的生員，其學習便成了唐律中的所謂「私習」，違犯天文禁令，因而為鄰人劉建所告。且其有可能因為天文觀測或研究的方便，家中藏有相關的玄象器物，也同樣不為法律所允，因此這樣的告訴，是可以成立的。張鷟在判文中，考量了杜淹身為太史令地位的特殊，及其行為的動機，作出了這樣的判決：

> 淹之少子，雅愛其書，習張衡之渾儀，討陸績之玄象，父為太史，
> 子學天文，堂構無墮。私家不容輒聚，史局何廢流行？准法無辜，

按宜從記。

依張鷟之見，杜淹身爲太史令，其子有興趣學習天文，乃自幼耳濡目染，並無可議之處，且可使「堂構無墮，家風不墜」，不應因此受罰。何況其教子習藝，或藏有玄象器物，均無不軌之動機，縱使法有明文規定，禁止私家聚藏，但若不如此，太史令又何由增進其伎術能力？太史局又何由求進步？因此張鷟認爲，杜淹的行爲，實屬無辜，不應因此致罪。顯然張鷟所考量的，情與理，略勝於法律層面的硬性規定。

其它十多則假設性的判例，最常見的有兩類，一爲「對家僮視天判」，一爲「對習星曆判」。之所以屢次出現在判文的考試中，可想而知這一類的法律案件，在當時的社會上，應該經常發生，各級官吏必須有面對這一類案件的準備。所以才在判文的考試中，出題來測驗應考者的處理能力。

先討論「對家僮視天判」，其案情一般敘述如下：

> 甲於庭中作小樓，令家僮更直於上視天。乙告違法，甲云專心候業，
> 不伏。

前舉太史令杜淹教其子習天文一案，張鷟依情論理，體會其天文世家的家業傳承，並無不良動機，故得不罪。換作是一般平民，若無特殊企圖，既非職務所需，習天文究竟何爲，不能不令人置疑。若純爲興趣所致，豈不知朝廷有關相禁令？且命家僮夜間輪值，以觀天象，如此大費周章，說是純爲「專心候業」，頗難令人信服。因此，在可見的判文中，大多主張應該置之於法，以儆效尤。如劉庭琦的判決文說道：

> 士惟各業，法貴師古，苟睽厥道，蓋速其尤。甲也黔人，頗遊玄藝，
> 門庭之中，駕小樓而對月，星象之下，縱微管以窺天。懸究昭回，
> 遠窺雲物，傳諸子弟，頗覯前修，授以家僮，未詳其可。雖有詞於
> 候業，亦難免於刑典，更資研問，方寬糾繩。

劉庭琦認爲，在天文禁令之下，除天文官外，無人可以天文爲業。某甲不過是一介平民，雖對天文占候之學有興趣，但卻公然違法，不僅在家中設置觀測天象之小樓，還藏有窺管之類的玄象器物。最不可原諒的是，竟將此種窺天之伎術，傳授給其家僮，並命其輪班代觀天象而記錄之。其動機與行爲，皆已明顯觸犯天文禁令，應該依法深究。另一篇由薛驥所寫的判文，也認爲這樣的行爲不可輕貸，而其措詞較之劉庭琦更加強烈：

> 仰觀俯察，通幽洞微，明分野之災祥，知廢興之休咎。故漢皇應籙，

> 瑞日揚光，宋景推誠，妖星退舍，以標之甲令，著自前經，苟非主
> 司，習者多罪。甲官非馮氏，名在平人，詩書爲席上之珍，無聞教
> 子；圖緯豈門庭之事，輒訓家僮，公然違法，法在無赦，難專候業，
> 定欲窺天，措之罪刑，應須搶地。乙告非法，既叶公途，請實條章，
> 無容詞訴。

薛鱸考量的角度，也是認爲某甲既非以天文爲業，應知自來「苟非主司，習者多罪」的道理，不思以詩書教授子弟，反圖以天文觀候之事，傳授家僮窺天之術，實在無可原諒，定須「措之罪刑」，方能杜世人僥倖之心。而對於控告某甲的某乙，也認爲其行爲協於公途，應予獎勵。

接著來看另一類「對習星曆判」，其判文前的案情敘述一般情形如下：

> 得甲稱人有習星曆，屬會吉凶，有司劾以爲妖，款云天文志所載，
> 不伏。

私習星曆之術又預言天下事之吉凶，本爲法律所不容。但該名被告，卻提出了一個可供討論的理由，辯稱自己所言，乃取自歷代正史中人人可讀的天文志，何罪之有？唐人科舉考試中，有所謂「三史」一科，修習《史記》、《漢書》、《後漢書》等所謂「三史」，也是當時一般士人應具備的學問基礎之一。〔註151〕事實上，三史中均不乏天文禁令所不許私自傳習討論的曆志，天文志、五行志等相關內容，既然准許士人閱讀三史，以應科考或充實知識，自不能將天文等相關志書，從史書中剝離，閱者應該不算犯禁。然而，若是閱讀者以此爲談資，取天文志中的內容，影射附會、引古論今，甚至用以談論國政吉凶，又當如何處置？於情，加以嚴懲，似稍嚴酷；於理，不加處置，恐引人效尤；於法，似乎未見明確規定。平心而論，史書中的天文志，究竟算不算是唐律中所禁的天文書籍？閱讀天文志，算不算是違反天文禁令？都是在執行天文禁令時，有可能被提出來討論的問題。因此，在這一部份的判文中，各家的看法便有較大的差異。徐安貞主張被告所抗辯的，純粹是脫罪的藉口，還是應該依法嚴懲：

> 大君有位，北辰列象，庶官分職，南正司天，和玉燭而調四時，制銅
> 儀而稽六合，是則官修其業，物有其方。彼何人斯，而言曆數？假使

〔註151〕據《新唐書》卷四十四〈選舉志上〉云，穆宗長慶年間，「諫議大夫殷有言：
『三史爲書，勸善懲惡，亞於六經。比來史學都廢，至有身處班列，而朝廷
舊章莫能知者。』於是立史科及三傳科。」（頁 1166）有關唐代「三史」的
研究，可詳象高明士〈唐代「三史」的演變──兼述其對東亞諸國的影響〉
（《大陸雜誌》第五十四卷第一期，1977 年）

道高王朔，學富唐都，徒取衒於人間，故無聞於代掌，多識前載，方
期爲已，役成稱賤，寧是潤身。眷彼司存，行聞糾愆，語其察變，應
援石氏之經，會以吉凶，合引班生之志，誠其偏習，宜肅正刑。

徐安貞的意見認爲，百業各有所司，既非天文官，即不該習天文事，若眞有
此本事，何不到天文機構任職？以此在一般無知民眾面前炫耀，以言吉凶、
蠱惑人心，又是何居心？縱使辯稱所學乃出自史書的天文志，但天文志也不
過佔史書的一小部份，卻用心鑽研於此，顯然所學有所偏邪，也應該嚴予糾
正。因此他認爲，雖然被告的抗辯，乍聽之下，似有道理，但其實是脫罪詭
詞，必須正之以刑，才足以服人。不過，也有人持不同的意見，認爲律法本
未明定習學史書的天文志，並加以引用來解釋現實生活的狀況，是否涉及違
法。如果不聽其抗辯，即予定罪，未免失之嚴苛，將來還有誰敢讀史書？所
以主張應該給被告一個申訴平反的機會，如薛重暉即持此種看法謂：

藝術多端，陰陽不測，吉凶潛運，倚伏難明。豫曉災祥，子產稱博
通之首；逆窮否泰，裨竈爲廣學之宗。是知羽駕奔星，初平言七日
之會；乘槎上漢，嚴君定八月之期。習學之規，技無妨於紀曆，屢
會之禮，法禁言於吉凶。有司嫉惡居心，繩愆軫慮，恐惑彝憲，劾
以爲妖，冀必靜於金科，庶不刑於玉律。眷言執旨，雖款載於天文；
審事語情，實恐迷於至理。即定刑罰，恐失平反，庶詰有司，方期
後斷。

單憑朝廷一紙禁令，要完全阻絕人們對於天文的興趣與學習，其實並非易事。
況且在天文禁令的執行過程中，不免有許多律法規定時的疏漏之處，閱讀史
書中的天文志、曆志等內容，若因此而成爲能解說天象的名家，是否也算觸
犯天文禁令，就是一個很有爭議的問題。〔註152〕另外，對於某些人天生這一

〔註152〕宋代在同樣有天文禁令的情況下，倒是留下過可供參考的相關事例。如宋太
宗端拱二年（989），曾有一次彗星之變，宰相趙普因此而上了一篇〈論彗星〉
的奏疏，而爲免落人私習天文的口實，還特別將其疏中所論天文掌故的來源，
一一交代清楚，所謂「將所按經典，逐件進呈」，同時還提到，「臣今老邁，
豈會陰陽？惟將正理參詳以前書證驗，三墳五典必可依憑。」（其文收入宋·
呂祖謙編《宋文鑑》卷四十一，頁三～十一。臺北：臺灣商務印書館景印文
淵閣四庫全書第 1350 冊）而其在疏中提到的《尚書》、《左傳》、《漢書·天文
志》、《晉書·天文志》、《蜀記》、《梁書》、《唐書》等，多是經史典籍，顯見
在宋代以此類書籍而明習天文故事，並不在天文禁令的制限之內。趙普之所
以如此謹慎，可能跟宋代的私習天文處份，較之唐代嚴屬有關，唐律只規定

方面的資質過人，自學而能有超乎常人的絕藝，本身又無犯罪紀錄與不軌企圖者，若是科之以刑，則無異痛失一位優秀的天文人才。如此執法似乎稍嫌嚴酷，不近情理。但若輕予饒恕，則又恐天下人群起而效之，啓有心者不法之端。官員在面對此類案件時，如何定奪也頗感爲難，崔璉的〈對私習天文判〉，講的正是一個此類的眞實案例，其案情敍述是：

> 定州申望都縣馮文，私習天文，殆至絕妙，被鄰人告。言追文至云，移習有實，欲得供奉。州司將科其罪，文兄遂投匭，請追弟試敕，付太史試訖，甚爲精妙，未審若爲處份。

唐朝在武后當政時，爲求盡得天下人爲耳目，在京城設四匭，欲密告、有冤屈者，皆可投匭以告，請求上訴或聖裁。〔註153〕馮文私習天文一事，定州地方官，已認定馮文犯禁，當受其而刑。但其兄認爲，馮文自幼即有此天份，私習純爲興趣，並無惡意。且原本有意以其藝供職於朝廷，只是苦無機會，如此受罰，太過冤枉。於是投匭以抗告，希望朝廷能准其弟到天文機構接受測試，若天文技術果眞精妙，則讓馮文留在天文機構服務，以所長報效朝廷，企求能免置之以刑。這確實是一個十分棘手的案件，崔璉最後在判文上寫道：

> ……按其所犯，合處深刑。但以學擅專精，志希供奉，事頗越於常道，律當遵於異議，即宜執奏，伏聽上裁。

於法，本應嚴加處置，但於情於理，又似乎應該給馮文一展所長，以求自保的機會。執法者在兩邊爲難的情況下，只好將問題擲回給皇帝，行爲已然犯禁，但動機純善，技藝又高超，赦與不赦，州官也不敢作主，只好請求皇帝親自裁奪。這是唐人執行天文禁令時，兼顧情法的一面。

在討論過唐代天文禁令的執行情形後，最後還要問一個問題，即當時天文禁令的施行，成效究竟如何？有人犯禁，並不代表世人就視天文禁令爲無物，奉公守法，仍是多數人遵循的生活法則，天文禁令應該還是有其相當的約束力在。非常可惜的是，從現存的史料中，無法對整個中古時期天文禁令的執行成效，作一番量化的具體觀察。不過，還是可以從唐代少數的反面例子中，一探天文禁令執行的成效如何。

私習者徒刑二年，但宋太宗卻曾有這麼一道詔令：「（太平興國二年冬十月）丙子，禁天文、卜相等書，私習者斬！」（見《宋史》卷四〈太宗本紀一〉，頁57）。

〔註153〕其詳請參《唐會要》卷五十五〈匭〉條，頁1122～1126。

有唐一代在遭到長期天文禁令的約束之後，縱然仍有極少數人犯禁，但在司法的壓力下，習學之人漸少，是可以想見的。到了代宗時，又因為經歷安史之亂的長年動盪不安，天文官流失頗多，天文機構運作困難，甚至嚴重到必須下詔求才的地步：

> 大曆二年正月二十七日敕：「艱難以來，疇人子弟流散，司天監官員多闕。其天下諸州官人百姓，有解天文玄象者，各委本道長吏具名聞奏，送赴上都。」〔註154〕

究其原因，戰亂是其一，朝廷長年的天文禁錮也難辭其咎。這種非常時期的非常措施，在一般人不明瞭朝廷的確切動機之前，成效自然十分有限。在彰顯唐代長期天文禁錮的成效之餘，卻也暴露出，一旦天文人才荒發生時的困窘與無奈。時至德宗，問題仍然存在，只好再下一道求才詔書：

> 南正北正，司天地之職；羲氏和氏，統日月之官。蓋所以幽贊神明，發揮曆象，經百王而不易，涉千古而無疑。愼竃疊跡於前，甘石比肩於後，莫不仰稽次舍，俯察機祥，克窮盈縮之端，備極陰陽之際。朕臨御區宇，多歷歲年，睠彼清臺，罕聞其妙。豈人不逮昔，將求之未盡？雖天道難知，固以不言示教，而時君取戒，寧可遐棄厥司？宜令諸州及諸司，訪解占天文及曆算等人，務取有景行審密者，並以禮發遣，速送所司，勿容隱漏。〔註155〕

從皇權統治的觀點來看，天文禁令的實施，當有助於維持政權的穩定，並有效打擊不法者的野心企圖。但是長期禁錮的結果，讓天文技術的傳播與學習，集中在少數天文家族的手中，朝廷的天文機構，也幾乎成了唯一可合法傳佈天文知識的地方。如此一元化的知識傳播管道，時日一久，即容易產生不思進步的官僚墮落現象。因此，適度容許民間人士，經由其它管道學習，再進入天文機構服務，以求對官方天文人員，產生刺激與競爭作用，促使其不斷精益求精、追求進步，應是可思採行的手段。不過，歷代的統治者，並不作如斯想，卻只是一味地禁絕天文知識的流傳與學習。以唐朝為例，如前文所述，私習天文星曆、命家僅窺天或者自學天文有成、閱讀史書天文志，都涉及觸犯天文禁令，要受到相關法令的懲處，一般人不免要對天文敬而遠之。這在防堵假藉天文之名，進行不法勾當的同時，也扼殺了學術自由發展的空

〔註154〕見《唐會要》卷四十四〈太史局〉，頁933。
〔註155〕見《全唐文》卷五十二〈德宗三・訪習天文曆算詔〉，頁563。

間。一種學術在欠缺競爭與刺激的封閉狀態下，逐漸趨於刻板僵硬，甚至沒落，是可以預知的事。中古時期的天文禁令，所扮演的，正是這般扼殺學術生機與發展的角色。從唐朝代宗、德宗前後所頒的天文求才詔中，可以看出統治者在這方面的矛盾心理。天文機構的正常運作，是維持皇權不可或缺的工具，而戰亂之後，不止天文人才流失，許多天文儀器也慘遭破壞，亟須專業人才重建。過去長期禁錮之下，除官方天文機構外，別無其它管道可資學習，一旦此唯一管道也遭受破壞，其重建工作，若不向民間求才，又當如何？問題是，私習天文星曆、命家僮視天，甚至太史令之子習天文，全都不為法律所允，試問有誰敢冒朝廷之大不韙，去瞭解天文玄象？如果有人敢於應徵，豈不自承從前曾犯禁以學天文？即使再如何以禮相待，恐怕也不易招到真正優秀的天文專才。否則豈不反面證明，過去長期以來的天文禁令，根本形同虛設？而這可能也是統治者，在檢視天文禁令不無成效的同時，所始料未及的負面效果吧！

圖三：陝西出土瞿曇譔墓誌蓋

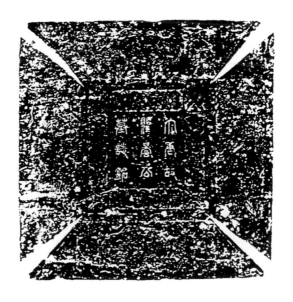

圖四：陝西出土瞿曇譔墓誌銘文

取材自晁華山〈唐代天文學家瞿曇譔墓的發現〉（《文物》，1978 年 10 月）

第六章　天文伎術者的社會地位

　　由於中國傳統天文在政治與軍事上的特殊功能，負責其事的天文技術人員，自古以來便有著不同於一般官員的責任與地位，有道是：

> 居是官者，專察天象之常變，而述天心告戒之意，進言於其君，以致交脩之儆焉。……夏仲康之世，《胤征》之篇：「乃季秋月朔，辰弗集于房。」然後日食之變昉見於《書》。觀其數義、和以「俶擾天紀」、「昏迷天象」之罪而討之，則知先王克謹天戒，所以責成於司天之官者，豈輕任哉！〔註1〕

天文官因為怠忽職守而被處以「俶擾天紀」、「昏迷天象」的重大罪名，可見對其倚任之重。到了漢代以後，太史則因制度上的規定，職兼天文官與史官之事，目前所見資料，至少在司馬遷之前，其職位尚符合「司天之官者，豈輕任哉」的標準。只是其後史官漸有專司，太史也漸成專業的天文官，不再職掌撰史之事，太史的地位，發生了較大的變化。唐代的劉知幾論之曰：

> 漢興之世，武帝又置太史公，位在丞相上，以司馬談為之。漢法，天下計書先上太史，副上丞相，敘事如《春秋》。及談卒，子遷嗣。遷卒，宣帝以其官為令，行太史公文書而已。尋自古太史之職，雖以著述為宗，而兼掌曆象、日月、陰陽、管數。司馬遷既歿，後之續《史記》者，若褚先生、劉向、馮商、揚雄之徒，並以別職來知史務。於是太史之署，非復記言之司。故張衡、單颺、王立、高堂隆等，其當官見稱，唯知占候而已。〔註2〕

〔註1〕見《宋史》卷四十八〈天文志一〉，頁949。
〔註2〕見唐・劉知幾撰、清・浦起龍釋《史通通釋》卷十一〈外篇・史官建置〉，頁

太史令從原先「天下計書先上太史、副上丞相」的崇高地位，到中古以後，漸成「唯知占候而已」的天文官，是一個與時推進的專業化過程，其實無須過度苛責。而且即使在司馬遷的時代，他本人就曾感歎過：「文史星曆近乎卜祝之間，固主上所戲弄，倡優蓄之，流俗之所輕也。」〔註3〕顯見即使在漢代，雖然制度上讓太史擁有閱讀政府第一手文書的權利，但其地位是否受到尊重，仍繫於帝王的態度，並不因此職位而特顯尊貴。中古以後則是連制度上的保障，都被取消，專為帝王提供天象占候上的服務，其受尊重與否，更是帝王一念之間的事。因此，如果要探討中古時期天文官的地位，其與帝王間的相互關係如何，是吾人首要觀察的重點。

不過，如果僅知道天文官與帝王間的關係，則頂多只是瞭解天文官在宮廷中的地位，要深入瞭解其整體的社會地位如何，尚須從其與其他社會階層間的互動，一探究竟。在此，本文挑選了兩個在中古時期，較具社會影響力的階層：士人與僧、道，藉由其對天文的看法，以及本身的天文參與情形，來側面說明天文與天文官，在中古社會所扮演的角色與地位。

第一節　帝王與天文官

若從供需的角度，來考量帝王與天文官之間的互動，則對帝王而言，天文官所能提供的，是對其政權正當性的天意解釋，及在天象變異發生時，能預作提醒與祈禳，甚至將天變朝有利於帝王的方向作解釋。而對天文官來說，帝王所能提供的，是一個安穩的工作環境及享之不盡的名利厚祿。一般而言，若是雙方這種供需關係，能夠達到平衡，則彼此就能各取所需地和諧相處。否則，雙方都有受殃的可能，而一旦衝突發生，處於政治權力相對弱勢的天文官，往往就要面對接踵而來的政治迫害。

首先來看三國時代吳國太史令吳範的例子。

吳範乃會稽上虞人，「以治曆數、知風氣、聞於郡中」。孫權在位時，他「委身服事，每有災祥，輒推數言狀，其術多效，遂以顯名」。因為占驗屢中，被孫權擢升為騎都尉，兼領太史令。不過，他與孫權的關係，卻並不怎麼和諧，原因是：

307（臺北：里仁書局點校本，1980年）。
〔註3〕見《漢書》卷六十二〈司馬遷傳〉，頁2732。

> 權……數從訪問，欲知其決。範祕惜其術，不以至要語權。權由是
> 恨之。

孫權或許對於天象變異發生時，總是只知其然，不知其所以然，感到不奈，因此要求吳範，全盤託出其中要訣。但在吳範自身的考量是，「所以見重者術，術亡則身棄矣！故終不言。」這番話正說出了一般技術官僚的苦衷，若是天文技術全讓主上知悉，則自己將無技可獻，又要以甚麼來繼續邀獲主上榮寵？因此，吳範選擇不向孫權低頭，但卻因此種下彼此的心結，註定他難得善終的命運。原本在孫權立為吳王之後的論功行賞中，要封吳範為都亭侯，豈知孫權難棄前嫌，「臨詔當出，權惡其愛道於己也，削除其名。」日後因為吳範的好友魏滕犯罪當死，吳範仗義相救，在孫權面前「叩頭流血，言與涕並」，才勉強救了魏滕一命。在吳範病死之後，因其「長子先死，少子尚幼，於是業絕」，恐怕是他也不願意後代子孫，再以此術邀寵君上，以免又為此惹禍上身。〔註4〕

孫權胸襟如此狹隘，其下的天文官，自然待遇不會太好，吳範如此，另一位術數專家趙達，遭遇也與吳範相去不遠：

> 權即尊號，令達算作天子之後，當復幾年？達曰：「高祖建元十二年，
> 陛下倍之。」權大喜，左右稱萬歲，果如達言。……
>
> 初，權行師征伐，每令達有所推步，皆如其言。權問其法，達終不
> 語，由此見薄，祿位不至。

趙達之所以祕惜其術的原因，大概也與吳範相去不遠。而孫權最後竟不因趙達過世而罷休，由於趙達生前曾對外宣稱，其女婿盜去其術數祕籍，所以在趙達入土之後，「權聞達有書，求之不得，乃錄問其女。及發棺無所得，法術絕焉。」據說趙達精於「九宮一算之術，究其微旨，是以能應機立成，對問若神，至計飛蝗，射隱伏，無不中效。」〔註5〕可是趙達可萬萬也沒推算到，遇上孫權這樣的主子，竟連死後也不得安寧！

身為技術官僚，最要緊的是要能以技術奉承主上，如其不然，也不能公然得罪，否則下場當如吳範、趙達般。而對於有野心的當權者，也同樣得罪

〔註4〕以上有關吳範的敘述，請詳參《三國志》卷六十三〈吳書·吳範傳〉，頁1421
　　　～1423。

〔註5〕以上有關趙達敘述，請詳述《三國志》卷六十三〈吳書·趙達傳〉，頁 1424
　　　～1425。

不起，否則下場也不會太好。東晉時，有篡位意圖的權臣桓溫，為求得知將來起事的良機，特地從蜀地找了一位知天文者來，問其東晉國祚的脩短。這名知天文者，曉得桓溫不懷好意，答以「世祀方永」，並且解釋「太微、紫微、文昌三宮氣候如此，決無憂虞。至五十年外不論耳。」野心勃勃的桓溫，豈能再等五十年？對知天文者的回答，當然是極度不滿意，派人送絹一匹、錢五千文來作為答謝。但知天文者卻以此為惡兆，連忙去向同樣出身蜀地的桓溫西曹主簿習鑿齒求救：

> 星人乃馳詣鑿齒曰：「家在益州，被命遠下，今受旨自裁，無由致其骸骨。緣君仁厚，乞為標碼棺木耳。」鑿齒問其故，星人曰：「賜絹一匹，令僕自裁；惠錢五千，以買棺耳。」鑿齒曰：「君幾誤死！君嘗聞于知星宿有不覆之義乎？此以絹戲君，以錢供道中資，是聽君去耳。」星人大喜，明便詣溫別。溫問去意，以鑿齒言答，溫笑曰：「鑿齒憂君誤死，君定是誤活。然徒三十年看儒書，不如一詣習主簿。」〔註6〕

此則記事雖看似一則笑譚，卻是真實地道出了天文技術者的無奈與悲哀，以實言忠告主上，不一定合於上意，還可能為自己引來殺機；但若諂媚以言，又違反自身的職業道德與專業素養。不僅是這位不願成為桓溫叛亂集團一份子的蜀地知星人如此，多數在中古歷朝擔任天文官的人，都有相類似的經驗。像前秦符生時代的太史令康權，遭遇正是如此：

> 太史令康權言於生曰：「昨夜三月並出，孛星入於太微，遂入於東井。兼自去月上旬沉陰不雨，迄至于今，將有下人謀上之禍，深願陛下修德以消之。」生怒，以為妖言，撲而殺之。〔註7〕

另一位後趙石虎時期的太史令趙攬，則是因為涉及更換皇儲的宮廷政爭而遭誅滅。當時的政治局勢，先是太子石邃不肖，石虎先廢而後殺之，改立石宣為太子。但石虎的另一子石韜，也有寵於石虎，經常不將石宣放在眼裏。石宣為此頗不能平，「嫉之彌甚」，恨不能除之而後快。適逢宦官趙生又從中撥弄，兄弟兩人仇隙不斷擴大，終至「相圖之計起矣」！有一次，石韜在其府第中，起了一座宣光殿，富麗堂皇，「梁長九丈」，石宣「視而大怒，斬匠，截梁而去」。石宣也不甘示弱，再將梁增為十丈以報復，兩人之間的衝突，從

〔註6〕 見《晉書》卷八十二〈習鑿齒傳〉，頁 2152～2153。
〔註7〕 見《晉書》卷一百十二〈符生載記〉，頁 2879。

暗鬥轉爲明爭。石宣不容太子地位遭受威脅，於是祕密設下計謀，派遣刺客謀殺石韜，而太史令趙攬也被捲入其中：

> 時東南有黃黑雲，大如數畝，稍分爲三，狀若匹布，東西經天，色黑而青，酉時貫日，日沒後分爲七道，每道相去數十丈，間有白雲如魚鱗，子時乃滅。韜素解天文，見而惡之，顧謂左右曰：「此變不小，當有刺客起于京師，不知誰定當之？」是夜，韜讌其僚屬于東明觀，樂奏，酒酣，愀然長歎曰：「人居世無常，別易會難。各付一杯，開意爲吾飲，令必醉。知後會復何期而不飲乎！」因泫然流涕，左右莫不歔欷，因宿於佛精舍。宣使楊柸、牟皮、牟成、趙生等緣獼猴梯而入，殺韜，置其刀箭而去。旦，宣奏之。季龍哀驚氣絕，久之方蘇。……先是，散騎常侍（領太史令）趙攬言於季龍曰：「中宮將有變，宜防之。」及宣之殺韜也，季龍疑其知而不告，亦誅之。
> 〔註8〕

或許是由於之前趙攬有過陰承石宣之意，建議石虎因天文星變，除去領軍王朗的紀錄，使得石虎懷疑其與石宣站在同一陣線，因此認定石韜之死，趙攬也難脫關係，以致受此池魚之殃。

即使不涉入宮廷政爭，天文官還是有可能因爲堅持本身的專業，開罪帝王而獲譴。如隋代的天文世家庾季才家族的仕途，就因其不願諂媚侍主，而屢受磨難。

庾季才在隋文帝開皇九年時，因反對楊堅寵臣張胄玄與袁充的新曆，以致得罪楊堅，「由是免職，給半祿歸第」。之後，其子庾質則是在隋煬帝大業初年，接掌太史令，卻因應對不合楊廣之意，而被黜爲外官：

> （庾質）操履貞愨，立言忠鯁，每有災異，必指事面陳。而煬帝性多忌刻，齊王暕亦被猜嫌。質子儉時爲齊王屬，帝謂質曰：「汝不能一心事我，乃使兒事齊王，何向背如此邪？」質曰：「臣事陛下，子事齊王，實是一心，不敢有二。」帝怒不解，由是出爲合水令。

這可眞正是欲加之罪何患無詞。不過，雖如此，庾質在不久之後，又回到天文崗位，仍是不改其鯁直的本色，以致再度得罪楊廣。那是大業八年時，楊廣決心征服高麗，特召庾質到臨渝，問其勝敗之數如何。庾質竟答以「伐之可克……不願陛下親行」、「陛下若行，慮損軍威……事宜在速，緩必無功。」

〔註 8〕 以上史事請詳參《晉書》卷一百七〈石季龍載記〉，頁 2783～2784。

等不甚中聽的話。楊廣原本欲藉伐高麗以立威於世，並爲自己博取千秋美名，但庾質所言，卻是勸他切莫親征的反面建議，令楊廣十分不悅，當場將庾質革職待罪。直到遠征不利還師之後，才再讓他官復太史令原職。到了大業九年，煬帝欲二度伐遼時，再問庾質成敗之機如何，庾質「猶執前見」，煬帝不聽，怒而出師，待隔年無功而返後，方知庾質爲忠，但心中忿恨並未全消。大業十年，煬帝欲自西京往東都巡遊，庾質又諫以「比歲伐遼，民實勞敝，陛下宜鎮輔關內，使百姓畢力歸農」，他本人也以有病在身爲由，不願隨巡東都。煬帝因此震怒。「遣使馳傳，鎖質詣行在所。至東都，詔令下獄，竟死獄中」，下場可謂悽涼。﹝註9﹞另一位通天文的耿詢，也曾在煬帝東征前上書曰：「遼東不可討，師必無功。」差一點就被煬帝所斬，經人苦諫得免，「及平壤之敗，帝以詢言爲中，以詢守太史丞」。﹝註10﹞所謂伴君如伴虎，對歷代天文技術官僚而言，這樣的形容是頗爲貼切的。

不過，是否帝王與天文官之間的關係，就一定如此緊張呢？倒也未必盡然。對於某些善於奉承的天文官而言，仍可悠遊於帝王面前而怡然自得。天文官彼此之間，也有可能因爲對曆法或天文占驗的看法不同，而起爭執與糾紛，當爭議無法以科學驗證其是非時，帝王的態度，便成了定論是非的關鍵，此時最能看出天文官平日與帝王的關係如何。關係良好者，往往能得到帝王的特意護航，而處於爭議中的有利地位。關係普通者，就自然處於相對不利的位置。茲舉隋朝初年，一次有名的曆法爭議爲例詳作說明。這次的曆法之爭，起因於隋文帝開皇四年二月，楊堅下詔，決定採行華州刺史張賓等人，「依何承天法，微加增損」所製成的「開皇曆」，作爲隋朝的新國曆，其詔稱：

> 張賓等存心算術，通洽古今，每有陳聞，多所啓沃，畢功表奏，具已披覽。使後月復育，不出前晦之宵，前月之餘，罕得後朔之旦。減朓就朒，懸珠舊準。月行表裏，厥途乃異，日交弗食，由循陽道。驗時轉算，不越纖毫，邈聽前修，斯祕未啓。有一於此，實爲精密，宜頒天下，依法施用。（《隋書・律曆志中》，頁421）

頒佈新國曆，乃新朝大事，爲此楊堅也相當愼重。當年參與曆議的政府官員，除主其事的張賓之外，還網羅了天文部門與非天文部門的曆法學者，包括儀同

﹝註9﹞ 以上有關庾氏父子的記述，其詳請參《隋書》卷七十八〈藝術・庾季才傳〉，頁1761、1768。

﹝註10﹞ 詳參《隋書》卷七十八〈藝術・耿詢傳〉1770。

劉暈、驃騎將軍董琳、索盧縣公劉祐、前太史上士馬顯（按：指的是在北周時的官職）、太學博士鄭元偉、前保章上士任悅、開府掾張徹、前蕩邊將軍張膺之、校書郎衡洪建、太史監候栗相、太史司曆郭翟、劉宜、兼算學博士張乾敘、門下參人王君瑞、荀隆白，而由太常盧賁總監其事。而張賓何以能以一介地方刺史而擔此重任呢？原來，他早在楊堅龍潛之時，即與其有深厚的淵源：

> （北周）時高祖作輔，方行禪代之事，欲以符命曜於天下。道士張賓，揣知上意，自云玄相，洞曉星曆，因盛言有代謝之徵，又稱上儀表非人臣相。由是大被知遇，恆在幕府。及受禪之初，擢賓爲華州刺史。（《隋書·律曆志中》，頁 420）

因爲有這層特殊的淵源，楊堅與張賓的關係，可說非比尋常。命其修造新曆，顯然是要將這項榮耀，加諸其身，連天文官都只有從旁協助的份兒，而不得主持其事。

可是，以如此龐大之陣容，所造成的新曆，是否眞如楊堅在詔書中所稱許的那般優異呢？恐怕未必！此處要引出這次曆法爭議的另一位主角——劉焯。劉焯是信都昌亭人，爲人「犀額龜背，望高視遠，聰敏沉深，弱不好弄」，少與河間景城人劉炫結盟爲友，四出尋訪名師，後以儒學知名於世。對於天文術數，也頗精通，著有「《九章算術》、《周髀》、《七曜曆書》十餘部，推步日月之經，量度山海之術，莫不覈其根本，窮其祕奧，著《稽極》十卷、《曆書》十卷、《五經述議》，並行於世」。在楊堅下詔頒行張賓所修的開皇曆之後，劉焯與另一位精通曆法的廣平人劉孝孫，上表抗議，「並稱其失，言學無師法，刻食不中」，舉出開皇曆中的六大缺失。〔註11〕他批評張賓的開皇曆，雖云取之於北朝名家何承天，卻是「失其精華，得其糠粃者也」。面對如此嚴厲的指控，張賓與已被擢升爲太史令的劉暉，並未從科學層面提出反駁，而是藉由張賓與楊堅之間的特殊關係，尋求政治解決：

> 二人協議，共短孝孫，言其非毀天曆，率意迂怪，焯又妄相扶證，惑亂時人。孝孫、焯等，竟以他事斥罷。（《隋書·律曆志中》，頁

〔註11〕據《隋書》卷十七〈律曆志中〉云，劉焯「所駁凡有六條：其一云，何承天不知分閏之有失，而用十九年之七閏。其二云，賓等不解宿度之差改，而冬至之日守常度。其三云，連珠合璧，七曜須同，乃以五星別元。其四云，賓等唯知日氣餘分恰盡而爲立元之法，不知日月不合，不成朔旦冬至。其五云，賓等但守立元定法，不須明有進退。其六云，賓等唯識轉加大餘二十九以爲朔，不解取日月合會準以爲定。」（頁 423～424）

428）

「竟以他事斥罷」，意即在曆法爭端上，張賓、劉暉提不出甚麼有力的證據，對劉焯所控加以反駁，但楊堅卻因不忍寵臣受窘，而執意偏坦一方。劉焯此後即被斥返鄉韜光養晦，劉孝孫則以掖縣丞直太史，因受劉暉所抑，累年不調，寓宿觀臺。最後竟令其弟子輿櫬，自抱其書，痛哭於闕下，以申其與曆法共存亡之決心。幸得國子祭酒何妥相助，得以改授大都督，並允其與另一名以算術直太史的張胄玄，持其曆與張賓曆比校短長。兩人「共短賓曆，異論鋒起，久之不定」，而此時當初製曆的張賓已死，衛護開皇曆的，則是已成為楊堅新寵的太史令劉暉。到了開皇十四年七月，開皇曆已經整整施用了十年之久，其術之粗疏漸顯，測候日蝕舛誤頻出。楊堅此時本有意進用劉孝孫與張胄玄的曆術，不料「孝孫因請先斬劉暉，乃可定曆」，以致引發「高祖不懌，又罷之」。不久之後，劉孝孫去世，張胄玄在楊素、牛弘等重臣的推薦下，蒙楊堅召見，「胄玄因言日長影短之事，高祖大悅，賞賜甚厚，令與參定新術」。不甘雌伏的劉焯，知道張胄玄受重用，以為修改國曆之事，又有希望，於是「又增損孝孫曆法，更名七曜新術，以奏之」。但是因為七曜新術「與胄玄之法，頗相乖爽」，為楊堅的另一寵臣袁充與張胄玄共加詆毀，又罷劉焯曆而不用。至開皇十七年時，張胄玄所修新曆告成，此時太史令劉暉與國子助教王頗、司曆劉宜等仍執舊曆術為是，雙方相互問難，楊堅最後交付楊素等重臣校其長短。正好此時有內史通事顏敏楚上奏稱，張胄玄所製新曆，符合漢代落下閎改顓頊曆為太初曆時所言，該曆日後當相差一日，八百年後當有聖者再出，調製新曆的說法。楊堅頗欲藉此「神其事」，並炫耀其符合聖者改曆的說法，對崇尚舊曆者，便不再優容，於是下詔賞罰，一場曆法爭議，最後竟演變成一場「曆獄」：

> 下詔曰：「朕應運受圖，君臨萬宇，思欲興復聖教，恢弘令典，上順天道，下授人時，搜揚海內，廣延術士。旅騎尉張胄玄，理思沉敏，術藝宏深，懷道白首，來上曆法。令與太史舊曆，並加勘審。仰觀玄象，參驗璿璣，胄玄曆術與七曜符合，太史所行，乃多疏舛，群官博議，咸以胄玄為密。太史令劉暉，司曆郭翟、劉宜，驍騎魏任悅，往經修造，致此乖謬。通直散騎常侍、領太史令庾季才，太史丞邢儁，司曆郭遠，曆博士蘇粲，曆助教傅儁、成珍等，既是職司，須審疏密。遂虛行此曆，無所發明。論暉等情狀，已合科罪，方共

飾非護短，不從正法。季才等，附下罔上，義實難容。」於是暉等
四人，元造詐者，並除名；季才等六人，容隱奸慝，俱解見任。胄
玄所造曆法，付有司施行。（《隋書‧律曆志中》，頁434～435）

想起十多年前，楊堅對開皇曆的護航支持，劉暉等人可能也要對最後所受的
制裁，徒呼負負。張賓或許還該慶幸自己過世得早，否則以開皇曆的主持者
而論罪，乃「造詐者」之元凶，其罰恐不輕。此後數年，張胄玄曆一躍而為
國曆，他也被擢拜為員外散騎侍郎領太史令，與袁充兩人，「互相引重，各擅
一能，更為延譽。胄玄言充曆，妙極前賢，充言胄玄曆術，冠於古今」，成為
最炙手可熱的天文權貴。

　　袁充此人，本仕陳朝，陳滅後歸隋，因「性好道術，頗解占候，由是領
太史令」。在楊堅考慮是否廢楊勇，改立楊廣為太子之際，「充見上雅信符應，
因希旨進曰：『比觀玄象，皇太子當廢！』上然之。」因此他對楊廣的繼位，
也算是頗有貢獻的功臣之一。袁充不同於一般只知鑽研專業知識的天文官，
他極善於以專業取悅帝王，博取主上歡心，也讓自己仕途順遂。開皇二十年，
袁充依其觀察所得，上奏言，隋興以來日漸長，影漸短，他徵引《春秋元命
苞》、京房《別對》等緯書中所言，奏稱「大隋啟運，上感乾元，影短日長，
振古未之有也」。引得楊堅龍心大悅，以此詔告天下，並興工役以應之。到了
仁壽初年，「充言上本命與陰律呂合者六十餘條而奏之」，並上言稱頌道：「改
元仁壽，歲月日子，還共誕聖之時並同，明合天地之心，得仁壽之理。故知
洪基長算，永永無窮。」又博得楊堅「大悅，賞賜優崇，儕輩莫之比」。楊廣
繼位之後，袁充因早有助楊堅易儲之功，自然又特別得到楊廣的寵信。他也
極力奉承這位生性好大喜功的新皇帝。仁壽四年楊廣初登大位，袁充即與太
史丞高智寶上奏指稱，仁壽四年正逢甲子年，其數與唐堯受命之年合，「信所
謂皇哉唐哉，唐哉皇哉者矣！」又「諷齊王暕率百官拜表奉賀」，自然又讓楊
廣歡心不已。即使有天文異象發生，袁充也善於迎合楊廣的意思，將凶兆解
釋為吉兆：

其後熒惑守太微者數旬，于時繕治宮室，征役繁重，充上表稱「陛
下修德，熒惑退舍」。百僚畢賀。帝大喜，前後賞賜將萬計。時軍國
多務，充候帝意有所為，便奏稱天文見象，須有改作，以是取媚於
上。大業六年，遷內史舍人。從征遼東，拜朝請大夫、秘書少監。
其後天下亂，帝初罹雁門之厄，又盜賊益起，帝心不自安。充復假

> 託天文，上表陳嘉瑞，以媚於上……書奏，帝大悦，超拜祕書令，
> 親待逾昵。帝每欲征討，充皆預知之，乃假託星象，獎成帝意，在
> 位者皆切患之。（《隋書・袁充傳》，頁 1612～1613）

袁充能夠適時迎合上意，難怪與楊廣君臣關係如此親密。他又與張冑玄相互結引，因此想要駁倒張冑玄的曆法，顯然不是容易的事。

　　一生堅持自身曆法爲國曆上選的劉焯，在張冑玄得勢之後，仍不放棄。開皇二十年時，他以自己新編修的皇極曆，「駁正冑玄之短」，上呈給正受命集合天下曆算之士，討論日長影短問題的皇太子楊廣。楊廣雖對他的新曆頗爲嘉許，可惜朝中反對聲浪過大，並未能獲得採納。劉焯倒是因此被擢「爲太學博士，負其精博，志解冑玄之印，官不滿意，又稱疾罷歸。」對於自己所製之曆，始終未獲採用，及無法升任天文官，劉焯頗引以爲憾。至仁壽四年時，他又再度上書太子楊廣，指出張冑玄的曆法中，大小失誤共有五百三十六條，以交食等古今天象，對其曆法加以驗證後，發現乖舛四十四條，並指控其剽竊自劉孝孫曆及劉焯曆者，有七十五條之多，簡直就將張冑玄曆，批判得體無完膚。最後並上啓自陳謂：「開皇之初，奉敕脩撰，性不諧物，功不克終，猶被冑玄竊爲己法，未能盡妙，協時多爽，尸官亂日，實點皇猷。請徵冑玄答，驗其長短。」隔年（大業元年），楊廣已繼位爲帝，劉焯新造得稽極曆，獲著作郎王劭、諸葛穎二人的推薦，終獲楊廣的青睞，「下其書與冑玄參校」。在雙方恩怨糾結頗深的情況下，結果是「互相駁難，是非不決，焯又罷歸」。這已是劉焯一生第四次在曆法爭議中，受挫遭罷斥。大業四年，楊廣至汾陽宮，太史奏稱「日食無效」，煬帝思及劉焯，有意召劉焯以行其曆。不幸的是，「袁充方幸於帝，左右冑玄，共排焯曆，又會焯死，曆竟不行」。就這樣，一場前後綿延近三十年的曆法爭議，直到劉焯這位堅持己見、力爭到底的曆法專家過世後，才算畫下一個不完美的休止符。〔註12〕

　　隋初這次的曆法爭議，劉孝孫、劉焯等人在天文曆法專業上，其受後人肯定的程度，遠非張賓、劉暉或張冑玄、袁充等人可資比擬，〔註13〕但卻一

〔註12〕 以上所述有關這次隋初的曆議之爭，相關史料請詳參《隋書》卷十七、十八
　　　　〈律曆志中、下〉（頁 414～501）、卷六十九〈袁充傳〉（頁 1610～1613）、卷
　　　　七十五〈儒林・劉焯傳〉（頁 1718～1719）、卷七十八〈藝術・張冑玄傳〉（頁
　　　　1779～1782）等之内容。

〔註13〕 如劉焯的皇極曆即屬未經施行的曆法，但編輯《隋書・律曆志》的唐代天文
　　　　曆法大家李淳風，卻十分推崇劉焯的曆法，而成了極少數未獲施行卻編入正

直到兩人過世，其曆法都未受當局肯定。顯見當時的曆法爭議，有著濃厚的政治鬥爭氣息，而不是純粹的科學之辯。能夠跟帝王之間維持良好關係者，多半是善於心機與人際關係之流，如張賓、張冑玄、袁充等人。堅持己見，不願向帝王妥協奉承的天文官，若非像劉焯那般，終身不受重用，要不然也可能像庾季才父子，仕途坎坷多舛。較之袁充所受的待遇，實有霄壤之別。這種「張冑玄佩印而沸騰，劉孝孫輿棺而慟哭」〔註14〕的現象，在探討中古時期的天文官與帝王關係過程中，是必需注意的。

　　當然，天文官或許也不無可能，因其天文專業而受帝王尊重，不必靠阿諛奉承來博取帝王歡心，但關鍵仍在能否遇上明理的君主。唐太宗可算是中古時期的一位明君，而天文官李淳風與他之間的關係，就比較近似於此等因專業而受尊重者。李世民對李淳風的信任，除了表現在他願意同李淳風，討論類如「女武氏當王」，〔註15〕此等關乎國家重大機密的讖言之外，在駕崩前夕，也召來淳風與論後事：

> 太宗極康豫。太史令李淳風見上，流淚無言。上問之，對曰：「陛下夕當晏駕。」太宗曰：「人生有命，亦何憂也。」留淳風宿。太宗至夜半，奄然入定，見一人云：「陛下暫合來，還即去也。」帝問：「君是何人？」對曰：「臣是生人判冥事。」太宗入見，判官問六月四日事，即令還，向見者又迎送引導出。淳風即觀玄象，不許哭泣。須臾乃寤，至曙，求昨所見者，令所司與一官，遂注蜀道一丞。上怪問之，選司奏，奉進止與此官，上亦不記。旁人聞悉，方知官皆由天也。〔註16〕

明理的皇帝，可遇不可求，李淳風與李世民之間的互動，已可算是中古時期天文官與帝王關係中，少數既不緊張對立，又不必違心巴結的佳例。但這可不代表當時天文官的地位，就比較崇高，即使像李淳風如此高度專業的天文官，遇上李世民如此難能一見的明主，一旦不稱主上之意，仍不免可能有殺身之禍：

史的曆法。事實上，李淳風的麟德曆，不少內容乃因襲皇極曆而來，所謂「古曆有章、蔀，有元、紀，有日分、度分，參差不齊。淳風爲總法千三百四十以一之。增損中晷術以考日至，爲木渾圖以測黃道，餘因劉焯皇極曆法，增損所宜，當時以爲密。」（見《新唐書》卷二十六〈曆志二〉，頁559）
〔註14〕見《舊唐書》卷三十二〈曆志一〉，頁1152。
〔註15〕詳參《舊唐書》卷七十九〈李淳風傳〉，頁2718～2719。
〔註16〕見唐‧張鷟《朝野僉載》卷六，頁148～149（北京：中華書局點校本，1979年）。

> 唐太史李淳風，校新曆，太陽合朔，當蝕既，於占不吉。太宗不悅
> 曰：「日或不食，卿將何以自處？」曰：「如日不蝕，臣請死之。」
> 及期，帝候於庭，謂淳風曰：「吾放汝與妻子別之。」對曰：「尚早。」
> 刻日指影於壁，至此則蝕。如言而蝕，不差毫髮。〔註17〕

李世民可能也樂於接受臣屬「賀太陽不虧」時的榮耀，以致與李淳風有此一
賭。以當時的曆術而言，李淳風能否做到「如言而蝕，不差毫髮」，可能不必
太當真。即使到時候，日果真不蝕，李世民也未必真會殺了李淳風。但我們
仍可從其中體會出，身為天文官，與帝王間的相處，確是難上加難。這似乎
正也是傳統中國天文曆法發展的盲點所在。因其與政府長期的支持與贊助，
並使天文官擁有不同於普通技術官僚的待遇，突顯其在傳統政治中的獨特與
重要性。但卻也因此扼殺了其朝真正科學之路發展的契機，只能長期在帝王
的旨意下打轉，一旦試圖掙脫，便得不到政治的支持，一旦失去政治上的支
持，便幾乎無法立足生存。

第二節　士人階級與天文曆法

　　要成為明達事理的通儒名士，對於天文術數，應該抱持甚麼樣的看法，
是頗富興味的問題。是將其視若怪力亂神、不予理會，或者將其視為正統學
問，用心學習？對此，明末大儒黃宗羲曾說道：

> 三代以上，人人皆知天文。「七月流火」，農夫之詞也；「三星在天」，
> 婦人之語也；「月離於畢」，戍卒之作也；「龍尾伏晨」，兒童之謠也。
> 後世文人學士，有問之而茫然不知者矣。〔註18〕

所謂「三代以上，人人皆知天文」的說法，或許稍嫌誇張。但是在天文禁令
尚未普遍嚴屬的時候，天文並非天文技術官員的專利，文人士子談論天文，
甚或學習天文，應是不足為奇的事。清代的天算家梅文鼎，也認為「通天地
人斯謂儒」，〔註19〕另一位清代名士曾國藩，則將平生不識天文曆象，引以為
恥，告誡其子曰：

〔註17〕見《太平廣記》卷七十六〈方士一‧李淳風〉條（臺北：文史哲出版社點校
　　　　本，1987年），頁479，注出自《國史纂異》及《記聞》。
〔註18〕見《日知錄‧集釋》卷三十〈天文〉條，頁1049。
〔註19〕見梅文鼎著、梅穀成校輯《梅氏叢書輯要》卷六十〈雜著‧學曆說〉（臺北：
　　　　藝文印書館，1971年）。

> 余平生有三恥，學問各途，皆略涉其涯涘，獨天文算學，毫無所知。
> 雖恆星五緯，亦不認識，一恥也。……爾若爲克家之子，當思雪此
> 三恥。推步算學，縱難通曉，恆星五緯，觀認尚易。家中言天文之
> 書，有十七史中各天文志，及《五禮通考》中所輯觀象授時一種，
> 每夜認明恆星二三座，不過數月，可畢識矣。〔註 20〕

當時已是距離康熙皇帝廢除天文禁令的近百年之後，曾國藩尙有如此感歎，
足見長年的天文禁錮，讓文人士子對於天文術數的生疏，已成普遍的現象。
在無天文禁令的清代後期是如此，那在天文禁令嚴酷的中古時期，士人階層
對天文曆算或者天文官，又是抱持甚麼樣的態度呢？

　　首先必須說明的是，縱使有嚴酷的天文禁令，但中古時期的士人階層，
仍能透過家學傳承或其他管道，習得天文曆算之術，與此道並不因天文禁令
而隔絕。像在禁令最嚴酷的北魏，就有崔浩與高允這兩位精通天文術數的當
代名士，經常爲軍國大事貢獻所見，其高論甚至不輸給專業的天文官。

　　崔浩是清河名士崔玄伯的長子，崔玄伯「少有俊才，號曰『冀州神童』」，
〔註 21〕崔浩身爲神童之後，自幼表現也不同凡響，「少好文學，博覽經史，
玄象陰陽，百家之言，無不關綜，精研義理，時人莫及。」〔註 22〕有人更稱
他是「東漢以來儒家大族經西晉末年五胡亂華留居北方未能南渡者之代
表」。〔註 23〕斯人遇斯時，恰好北魏太宗拓跋嗣，也是個雅好陰陽術數的帝
主，因此與崔浩十分投契：

> 太宗好陰陽術數，聞浩說《易》及《洪範》五行，善之，因命浩筮吉
> 凶，參觀天文，考定疑惑。浩綜覈天人之際，舉其綱紀，諸所處決，
> 多有應驗，恆與軍國大謀，甚爲寵密。（《魏書・崔浩傳》，頁 807）

在本書第四章討論中古時期天文星占與軍事作戰的關係時，即曾多次提及崔
浩，經常憑藉其對天文術數知識的理解，以及過人一等的軍政常識，如對國
際局勢、歷史掌故、各國政情等的深刻瞭解，駁倒朝中大臣。甚至連專業的
天文官，如太史令張淵、徐辯等，都曾在廷議中爲其所折服。其實崔浩以其

〔註 20〕見《曾文正公家書》頁 324（臺北：世界書局，1996 年）。
〔註 21〕詳參《魏書》卷二十四〈崔玄伯傳〉，頁 620。
〔註 22〕以下有關崔浩事蹟的敘述，除另外加註者外，均參自《魏書》卷三十五〈崔
　　　　浩傳〉，頁 807～828，恕不再另作說明。
〔註 23〕詳參陳寅恪〈崔浩與寇謙之〉（收於《陳寅恪先生文集（一）・金明館叢稿初
　　　　編》，臺北：里仁書局，1981 年）。

名士之身，而能受寵爲帝王師，天文徵應屢中，其駁倒天文官的事跡，尚不止在軍事方面。北魏太宗時，有一次關於遷都鄴城與否的爭議，崔浩也駁倒了當時的太史令：

> 神瑞二年，秋穀不登，太史令王亮、蘇坦因華陰公主等言讖書國家當治鄴，應大樂五十年，勸太宗遷都。浩與特進周澹言於太宗曰：「今國家遷都於鄴，可救今年之飢，非長久之策也。東州之人，常謂國家居廣漠之地，民畜無算，號稱牛毛之眾。今留守舊都，分家南徙，恐不滿諸州之地。參居郡縣，處榛林之間，不便水土，疾疫死傷，情見事露，則百姓意沮。四方聞之，有輕侮之意，屈丐、蠕蠕必提挈而來，雲中、平城則有危殆之慮，阻隔恆、代千里之險，雖欲救援，赴之甚難，如此則聲實俱損矣。今居北方，假令山東有變，輕騎南出，耀威桑梓之中，誰知多少？百姓見之，望塵震服。此是國家威制諸夏之長策也。至春草生，乳酪將出，兼有菜果，足接來秋，若得中熟，事則濟矣。」太宗深然之，曰：「唯此二人，與朕意同。」
> （《魏書·崔浩傳》，頁808）

從其中可以見出崔浩論事的精明所在，他知道這次主其事者乃華陰公主，誠不可直接冒犯，而太史令所舉，又是讖書所言，不易辯駁。所以在他對太宗的闡述分析中，幾乎完全不涉及天文圖讖這些玄虛的學問，只從自然環境、軍事佈局、人民心態及敵我態勢等現實面，來讓太宗相信，遷都之利少且暫，而維持現狀之利多而久，最後終能贏得太宗的信服。事實上，遷都本是國之大事，不能率意爲之，尤其是以游牧民族入主中原之地，不僅是換個居住場所而已，更是人民生活習慣、軍事均勢、政治版圖等的劇烈變動。如果事先欠缺妥善的規畫，一旦引發衝突，後果不堪設想。崔浩對太宗的建議，幸得太宗採納，沒有冒然遷都，較之日後高祖拓跋宏，爲求加速漢化，而不顧各方反對地遷都，以致造成內部的動亂與不安，實屬高瞻遠矚之至。

崔浩不僅善於說理，也精於用數，遇到難解的天象變異，他更經常語出驚人但卻一語中的，以天文徵驗預卜世事興衰的能力，猶在專業天文官之上。憑藉的，就是他在天文星占等純粹術數的推算之外，還多了一層對國際局勢與政治謀略的瞭解，且看他何個解說當時一次罕見的熒惑亡失之事：

> 初，姚興死之前歲也，太史奏：「熒惑在匏瓜星中，一夜忽然亡失，不知所在。」或謂下入危亡之國，將爲童謠妖言，而後行其災禍。

太宗聞之，大驚，乃詔諸碩儒十數人，令與史官求其所詣。浩對曰：
「案《春秋左氏傳》說神降於莘，其至之日，各以其物祭也。請以
日辰推之，庚午之夕，辛未之朝，天有陰雲，熒惑之亡，當在此二
日之內。庚之與末，皆主於秦，辛爲西夷。今姚興據咸陽，是熒惑
入秦矣！」諸人皆作色曰：「天上失星，人安能知其所詣，而妄說無
徵之言。」浩笑而不應。後八十餘日，熒惑果出於東井，留守盤遊，
秦中大旱赤地，昆明池水竭，童謠訛言，國內諠擾。明年，姚興死，
二子交兵，三年國滅。於是諸人皆服曰：「非所及也！」（《魏書・崔
浩傳》，頁 808～809）

這次的天象變異，顯然連天文官也感到棘手，因爲熒惑所在之國，必有災殃，
因此，緊密觀察熒惑何在，據實報告，是天文官的必要職責。如今熒惑消失、
不知所在，若是落到本國分野，卻未作預告與祈禳，萬一發生災禍，天文官
肯定難辭其咎。但是天象玄虛，滿朝文武也無人知曉，熒惑究竟移往何處，
崔浩之所以能推知熒惑消失之時日，大概是因爲他平日即有觀象的習慣，史
傳云：「浩明識天文，好觀星變。」常置金銀銅鋌於酢器中，令青，夜有所見，
即以鋌畫紙作字以記其異。」所以他有可能比其他人，更清楚熒惑消失的時
間與原因。不過，關於熒惑移往何處，崔浩所言頗涉陰陽玄虛之學，不論眞
假，應屬眩人之言。其之所以能精準預言，兩年後姚興政權的衰亡，愚意以
爲，還是源自於他對人事的瞭解，特別是對對各國政情，與國際形勢的掌握
得宜。事實上，在此之前，他就曾因北魏後宮出現兔子，而推卜出是「有鄰
國貢嬪嬙」的吉兆，隔年「姚興果獻女」，顯見他對後秦與北魏之間的互動關
係，知之頗深。當時後秦的皇太子姚泓，與其弟廣平公姚弼之間的不和，早
已不是祕密。大臣們曾多次向姚興建議，及早剷除姚弼的勢力，以絕後患，
可惜姚興不忍爲之。姚弼亦非等閒之輩，對於不利於他的人，也會設法報復，
如「姚文宗有寵於姚泓，姚弼深疾之，誣文宗有怨言，以侍御史廉桃生爲證。
興怒，賜文宗死。是後群臣累足，莫敢言弼之短。」右僕射梁喜、侍中任謙、
京兆尹尹昭等人，也都曾向姚興建言，削去姚弼左右，減其權威，以保社稷
安定，避免將來兄弟相殘。但愛子心切的姚興，卻只是「默然」以對。姚氏
昆仲之間的瑜亮情結，便在姚興的猶豫不決下，愈演愈烈。日後姚興染疾，
姚弼自認機不可失，趁著「太子泓屯兵於東華門，侍疾於諮議堂」之際，「潛
謀爲亂，招集數千人，被甲伏于其第」，準備發動政變。幸得重臣姚懿、姚洸

等心向太子，姚興又及時病癒，才未釀成事端。姚興事後得知，卻仍是不忍將姚弼置之於法，只去掉其尚書令的頭銜，其他一切依舊。縱使撫軍東曹使姜虯等人，上疏力陳姚弼之罪及縱容之弊，但姚興仍只是以「默然」相對。

後秦政政權如此多事，廣平公姚弼侍寵，數與太子姚泓明爭暗鬥，潛圖篡位之計。而姚泓本身諧弱多病，未孚人望，在姚弼的威脅下，怎能自安？且除了姚弼之外，不服姚泓者還大有人在。一旦姚興過世，一場喋血千里的政權內部鬥爭，幾乎是勢不可免。日後後秦政局的發展，也正是如此，最後被東晉的劉裕，率兵勦滅。〔註 24〕熟悉國際形勢與各國政情的崔浩，對於後秦政權內部的紛爭，想必知之甚詳，所以敢配合熒惑入東井的星占意義，預測其象必不利於後秦政權。與其說是他對天象預測得精準，還不如說是他對各國政局發展與國際大勢，有深刻的瞭解。繼此之後，又有一次崔浩也憑藉其天文、人事雙管齊下的分析功夫，再度精準預測劉裕篡晉自立之事：

> （北魏太宗泰常）三年，彗星出天津，入太微，經北斗，絡紫微，犯天棓，八十餘日，至漢而滅。太宗復召諸儒術士問之曰：「今天下未一，四方岳峙，災咎之應，將在何國？朕甚畏之，盡情以言，勿有所隱。」咸共推浩令對。浩曰：「古人有言，夫災異之生，由人而起。人無釁焉，妖不自作。故人失於下，則變見於上，天事恆象，百代不易。《漢書》載王莽篡位之前，彗星出入，正與今同。國家主尊臣卑，上下有序，民無異望。唯僭晉卑削，主弱臣強，累世陵遲，故桓玄逼奪，劉裕秉權。彗孛者，惡氣之所生，是爲僭晉將滅，劉裕篡之之應也。」諸人莫能易浩言，太宗深然之。五年，裕果廢其主司馬德文而自立。南鎮上裕改元赦書。時太宗幸東南澤滷池射鳥，聞之，驛召浩，謂之曰：「往年卿言彗星之占，驗矣！朕於今日始信天道。」（《魏書・崔浩傳》，頁 811～812）

信天道不如盡人事，崔浩所言雖由天道，其實卻是關乎人事。如同他在分析前述後秦政情發展時所憑藉的，「災異之生，由人而起，人無妖釁，妖不自作」，災異所應，必在有咎之國。但天下紛立，誰也不敢確保災異不會應在自己頭上，所以太宗雖召群臣共議，大家最後還是推給擅長以天道解析人事的崔浩。崔浩也不負眾望，不僅解去眾人心中疑惑，而且斷定此次彗星災應，當在北

〔註 24〕以上有關後秦政局的敘述，請詳參《晉書》卷一百十八〈姚興載記下〉，頁 2997～3003。

魏勁敵——東晉政權的身上。而當時劉裕在相繼平定東晉內部的孫恩、盧循、桓玄等重大反叛事件後，又率軍北伐討滅後秦，一度還收復長安，居功之偉，無人能比。東晉政權，早已是其囊中之物，誠如晉恭帝司馬德文在被迫寫下禪讓詔書時所歎：「晉氏失之已久，今復何恨！」〔註25〕崔浩對於南方政權內部的紛擾，應是了然於胸，才能作如此準確判斷。而引述《漢書・天文志》作補充說明，恐怕也只是爲了取得眾人的信服，替他自己對於國際局勢，過人的理解與分析能力，披掛經典的外衣罷了。

由於崔浩言天文事蹟屢有徵驗，恆與軍國大計，雖非宰相，卻被北魏太宗奉若國師，乃至帝王本身的私密之事，太宗也不避諱向他請益：

> 太宗恆有微疾，怪異屢見，乃使中貴人密問於浩曰：「《春秋》：星孛北斗，七國之君皆將有咎，今茲日蝕於胃昴，盡光趙代之分野。朕今彌年，療治無損，恐一旦奄忽，諸子並少，將如之何？其爲我設圖後之計。」浩曰：「陛下春秋富盛，聖業方融，德以除災，幸就平愈。且天道懸遠，或消或應。昔宋景見災修德，熒惑退舍。願陛下遣諸憂虞，恬神保和，納御嘉福，無以闇昧之說，致損聖思。必不得以，請陳瞽言。自聖化龍興，不崇儲貳，是以永興之始 社稷幾危。今宜早建東宮，選公卿忠賢，陛下素所委仗者，使爲師傅，左右信臣，簡在聖心者，以充賓友，入總萬機，出統戎政，監國撫軍，六柄在手。若此，則陛下可以優遊無爲，頤神養壽，進御醫藥。萬歲之後，國有成主，民有所歸，則奸宄息望，旁無覬覦。此乃萬世之令典，塞禍之大備也。今長皇子燾，年漸一周，明叡溫和，眾情所繫，時登儲副，則天下幸甚。立子以長，禮之大經。若須並待成人而擇，倒錯天倫，則生履霜堅冰之禍。自古以來，載籍所記，興衰存亡，尠不由此。」太宗納之。（《魏書・崔浩傳》，頁812～813）

明顯可以見出，崔浩對於太宗所問，乃屬聲東擊西式之回答。太宗因天象變異而心生憂慮，恐自己來日無多，諸子年少，後繼無人。因此希望藉由崔浩對天文星占的過人學識，自其中尋求解決之道。豈知崔浩的回答，卻是完全出人意表，根本不從天文占驗言事，反將其斥爲「闇昧之說」，而藉此機會向太宗進諫。雖說父子之間人所難言，但因崔浩的特殊身份，使其可以大膽建議，速立年漸一周的嫡長子拓跋燾爲皇儲，以杜絕諸子及大臣觀望之心。只

要輔以忠臣能士，太宗自可安心療病，頤神養壽。這正是崔浩以士人身份，論述天文星變時的優勢所在。雖在廷議之中，屢以天文占驗折服眾人，可是一旦談及帝王密事，卻可擺脫天文玄虛的束縛，直以人事論天道之休咎所寄。比起一般天文官，只能「專守常占，而不能鉤深致遠」，〔註26〕通天文星占的士人階層，自然就更容易有揮灑的空間。

　　另一位與崔浩同時代的北魏名士高允，平生「性好文學，擔笈負書，千里就業，博通經史天文術數，尤好春秋公羊」。〔註27〕他明習天文曆法，曾首先揭發漢高祖時五星聚井之說的謬誤，與崔浩之間有過一番辯難問答：

> 時浩集諸術士，考校漢元以來，日月薄蝕、五星行度，並識前史之失，別爲魏曆，以示允。允曰：「天文曆數不可空論。夫善言遠者必驗於近。且漢元年冬十月，五星聚於東井，此乃曆術之淺。今譏漢史，而不覺此謬，恐後人譏今猶今之譏古。」浩曰：「所謬云何？」允曰：「案《星傳》，金水二星常附日而行。冬十月，日在尾箕，昏沒於申南，而東井方出於寅北。二星何因背日而行？是史官欲神其事，不復推之於理。」浩曰：「欲爲變者何所不可？君獨不疑三星之聚，而怪二星之來？」允曰：「此不可以空言爭，宜更審之。」時坐者咸怪，唯東宮少傅游雅曰：「高君長於曆數，當不虛也。」後歲餘，浩謂允曰：「先所論者，本不注心，及更考究，果如君語，以前三月聚於東井，非十月也。」又謂雅曰：「高允之術，陽元之射也。」眾乃歎服。允雖明於曆數，初不推步，有所論說。唯游雅數以災異問允。允曰：「昔人有言，知之甚難，既知復恐漏泄，不如不知也。天下妙理至多，何遽問此？」（《魏書·高允傳》，頁 1068）

高允所論，認爲漢元年冬十月，不可能發生五星聚井的現象，在當時應是一個相當新穎的說法。連精於天文曆法的崔浩，乍聽之下都半信半疑，復加考究之後，才認同高允的說法。只是崔浩所言五星聚井應在漢前三月一事，依據現代的科學推算，也同樣不可能。〔註28〕但即使如此，仍可看出崔、高二

〔註26〕參《魏書》卷九十一〈術藝·張淵傳〉，頁 1945。

〔註27〕以下有關高允事蹟的敘述，除另外加註者外，均參自《魏書》卷四十八〈高允傳〉，頁 1067～1073，恕不再另作說明。

〔註28〕據黃一農："A Study of Five-Planet Conjunctions in Chinese Histrory"（Early china，15，pp.97～112，1990）中所言，漢初最可能出現五星聚東井的時間，既非漢元年十月，也不是漢前三月，而是漢二年四月初九（西元前二五年五

人，在這方面都絕非泛泛之輩，習於墨守成規的天文官，所知可能還在這些士人之下。北魏這一次的曆法校定，主其事者並非專業的天文官，而是也精於曆術的士人崔浩。崔浩曾在世祖時，奉敕修過新的曆法：

> 浩又上五寅元曆，表曰：「太宗即位元年，敕臣解急就章、孝經、論語、詩、尚書、春秋、禮記、周易。三年成訖。復詔臣學天文、星曆、易式、九宮，無不盡看。至今三十九年，晝夜無廢，臣稟性弱劣，力不及健婦人，更無餘能。是以專心思書，忘寢與食，至乃夢共鬼爭議。遂得周公、孔子之要術，始知古人有虛有實，妄語者多，真正者少。自秦始皇燒書之後，經典絕滅。漢高祖以來，世人妄造曆術者十有餘家，皆不得天道之正，大誤四千，小誤甚多，不可言盡。臣慜其如此。今遭陛下太平之世，除偽從真，宜改誤曆，以從天道。是以臣前奏造曆，今始成訖。謹以奏呈。唯恩省察，以臣曆術宣示中書博士，然後施用。非但時人、天地鬼神知臣得正，可以益國家萬世之名，過於三皇、五帝矣！」〔註29〕

從這份奏表中，我們也可以知道，崔浩之所以能精通天文曆法，除了本身的資質與家學淵源之外，與其士人身份也很有關係。因其能得帝王之信任，遍覽宮廷祕藏之天文星占曆術相關典籍，前後竟長達近四十年之久。無怪乎他所作的分析與解釋，常在專業天文官之上。可能也正因為如此，北魏世祖這次考訂曆法的任務，就捨天文官而交由崔浩來主持，以一展其長才。這固然是因為帝王對崔浩的信任，但也可以看得出來，天文官與士人之間，頗存在著某種競爭的關係。士人校曆，雖不致影響到天文官的仕途，然而對於天文官的專業能力，則無異是當頭棒喝！在這次校曆中發言的主要人物，高允與游雅等，也都是士人階級出身，足見當時北魏雖有嚴酷的天文禁令，但精於天文曆術的士人，仍然不少。反倒是專業的天文官，似乎未在禁令的保護傘之下，保有其專業上的絕對優勢，從崔浩屢次駁倒太史令，及曆法校定由士人主持參與的情形來看，士人階級在這方面，恐怕還給天文官帶來不少的壓力與刺激。

高允不只是精於曆術，對於天文變異，也有其不同於一般天文官的看法。世祖曾命其集天文徵應以成書，他上奏表達他對天文變異的看法道：

> 「往年被敕，令臣集天文災異，使事類相從，約而可觀。臣聞箕子陳

月二十九日）。
〔註29〕參《魏書》卷三十五〈崔浩傳〉，頁825～826。

謨而《洪範》作，宣尼述史而《春秋》著，分所以章明列辟，景測皇天者也。故先其善惡而驗以災異，隨其失得而效以禍福，天人誠遠，而報速如響，甚可懼也。自古帝王莫不尊崇其道而稽其法數，以自修飭。厥後史官並載其事，以爲鑒誡。漢成帝時，光祿大夫劉向見漢祚將危，權歸外戚，屢陳妖眚而不見納。遂因《洪範》、《春秋》災異報應者而爲其傳，覬以感悟人主，而終不聽察，卒以危亡。豈不哀哉！伏維陛下神武則天，叡鑒自遠，欽若稽古，率由舊章，前言往行，靡不究鑒，前皇所不逮也。臣學不洽聞，識見寡薄，懼無以裨廣聖聽，仰酬明旨。今謹依洪範傳、天文志撮其事要，略其文辭，凡爲八篇。」

世祖覽而善之，曰：「高允之明災異，亦豈減崔浩乎？」

從崔浩和高允的例子中，可以見出士人階層對於天文災異的認同，其依據與分析，絕不同於普通術士或天文職官。他們對於天文星占的分析解說，不一定來自天文星占的專門著作，反多是源自於士人習讀的古籍，如洪範、春秋或各史天文志等。這些古典經籍，並不在朝廷禁限的範圍內，因此在屬行天文禁令的北魏，仍可見到諸如崔、高之輩等明習天文曆法的士人。由於對天文變異的理解與分析，源自經史典籍，而經史典籍中，對於天文災異，本有一套儒家式的修德消災的教化論述。受其影響，士人分析天文變異，常能超越一般天文官純就術數論事的怪力亂神層次，進而以理論事、以勢論事，加上其對國內外政局、各種人事物的歷史沿革，與帝王心理等各方面的掌握得宜，即使在玄妙的星占理論上，不如專業的天文官，但若要論及天文與人事間之徵應，其預測的準確度，往往仍高於天文技術官。觀察崔浩屢次在廷議之中，重挫張淵、徐辯及王亮、蘇坦等天文官，連曆法的修訂，也是由崔浩、高允等文士主持，天文官反倒居輔助的角色，即可見出，在天文專業層次的解說分析上，士人階層的影響力，似乎並不在天文技術人員之下。

不過，士人階層能夠參與天文星占的討論，並且能得到帝王信任如崔浩者，事實上並不多見。在這方面，帝王們仍是習於與專業的天文官密談，以免洩漏天機。在北魏以後，史料中就難得再見像崔浩般的例子。倒是在曆法修訂方面，士人階層參與的次數頗多，與天文官之間時而合作，時而競爭。如果我們將中古歷代曾經編修完成且見於史志的曆法，稍作整理，對其修曆者的背景略作探索，應該更能瞭解士人階層與天文技術者，在這方面的競爭與合作關係，其詳請見下表七：

表七：中古時期曆法編修一覽表

曆法名稱	編修者	職稱	施行時期	史料出處	備註
黃初曆	曹魏‧韓翊	太史丞	未頒行	《晉書》卷十七〈律曆志中〉	
太和曆	曹魏‧高堂隆	太史令	未頒行	同上	
景初曆（即泰始曆）	曹魏‧楊偉	尚書郎	237～451	《晉書》卷十八〈律曆志下〉	
正曆	晉‧劉智	侍中	未頒行	同上	
乾度曆	晉‧李修、卜顯	善算者	未頒行	同上	
通曆（即永和曆）	晉‧王朔之	著作郎	未頒行	同上	
三紀甲子元曆	後秦‧姜岌	天水人	384～417	同上	
玄始曆	北涼‧趙歐	太史令	412～439 452～522	《魏書》卷一百七上《律曆志上》	
五寅元曆	北魏‧崔浩	白馬公	未頒行	《魏書》卷三十五〈崔浩傳〉	北魏名士
元嘉曆	宋‧何承天	太子率更令領國子博士	445～509	《宋書》卷十三〈律曆志中〉	
大明曆	宋‧祖沖之	南徐州從事史	510～589	《宋書》卷十二〈律曆志下〉	
景明曆	北魏‧公孫崇	太史令	未頒行	《魏書》卷一百七上〈律曆志上〉	
正光曆	北魏‧崔光	侍中、國子祭酒領著作郎	523～565	《魏書》卷一百七上〈律曆志上〉	九家共修，以龍祥、業興為主，崔光總其成而表之
	張洪	中堅將軍、屯騎校尉			
	張龍祥	蕩寇將軍、故太史令張明豫之子			
	李業興	校書郎			
	盧道虔	騎馬都尉			
	衛洪顯	前太極採材軍主			
	胡（世）榮	殄寇將軍、太史令			
	道融	雍州沙門統			
	樊仲遵	司州、河南人			
	張僧豫	定州鉅鹿人			

甲子元曆 （興和曆）	東魏‧李業興	兼散騎常侍執讀	540～550	《魏書》卷一百七下〈律曆志下〉	主修
	王春	大丞相府東閣祭酒、夷安縣開國公			委其刊正
	和貴興	大丞相府戶曹參軍			
	孫搴	大丞相（府）主簿			
	●曄	驃騎將軍、左光祿大夫			並令參豫，定其是非
	李景	前給事黃門侍郎			
	崔遲	勃海王世子開府諮議參軍事、定州大中正			
	李子述	李業興之子、國子學生、屯留縣開國子			
	盧道約	左光祿大夫			
	李諧	大司農卿、彭城侯			
	裴獻伯	左光祿大夫、東雍州大中正			
	溫子昇	散騎常侍、西袞州大中正			
	陸操	太尉府常史			
	盧元明	尚書右丞、城陽縣開國子			
	李同軌	中書侍郎			
	元子明	前中書侍郎			
	宇文忠之	中書侍郎			
	元仲悛	前司空府長史、建康伯			表同錄異、詳考古今、共成此曆
	杜弼	大丞相（府）法曹參軍			
	李博濟	尚書左中兵郎中、定陽伯			
	辛術	尚書起部郎中			
	元長和	尚書祠部郎中			
	胡世榮	前青州驃騎府司馬、安定（縣）子			

	趙洪慶	太史令、盧鄉縣開國男			
	胡法通	太史令			
	張喆	應詔左右			
	曹魏祖	員外司馬督			
	郭慶	太史丞			
	胡仲和	太史博士			
天保曆	北齊・宋景業	散騎侍郎	551～557	《隋書》卷十七〈律曆志中〉	
〔北周〕曆	北周・明克讓	露門學士	5559～578	同上	
	庚季才	麟趾學士			
天和曆	北周・甄鸞		556～578	同上	
丙寅元曆（大象曆）	北周・馬顯	太史上士	579～583	同上	
靈憲曆	北齊・信都芳	大丞相府參軍		《北齊書》卷四十九〈方技・信都芳傳〉	未成書而卒
大同曆	梁廣		未頒行	《新唐書》卷二十七上〈曆志三〉	
九宮行棊曆	東魏・李業興		未頒行	同上	
七曜律曆	梁庚・庚曼倩孫		未頒行	同上	
（劉孝孫）曆	北齊・劉孝孫		未頒行	《隋書》卷十七〈律曆志中〉	廣平人
（張賓）曆	張賓		未頒行	同上	廣平人
甲寅元曆	北齊・董峻		未頒人	同上	
	鄭元偉				
開皇曆	隋・張賓	華州刺史	584～596	《隋書》卷十七〈律曆志中〉	道士出身、主修
	劉暉	儀同			議造新曆
	董琳	驃騎將軍			
	劉祐	索盧縣公			
	馬顯	前北周・太史上士			
	鄭元偉	太學博士			
	任悅	前北周・保章上士			
	張徹	開府掾			
	張膺之	前北周・蕩邊將軍			
	衡洪建	校書郎			
	粟相	太史監候			

	郭翼	太史司曆			
	劉宜	太史司曆			
	張乾敘	兼自學博士			
	王君瑞	門下參人			
	荀隆伯	門下參人			
	盧賁	太常卿			總監
七曜新術	隋・劉焯	冀州秀才	未頒行	《隋書》卷十七〈律曆志中〉	
（張胄玄）曆	隋・張胄玄	太直史	597～608	《隋書》卷十七〈律曆志中〉	
皇極曆	隋・劉焯		未頒行	《隋書》卷十七〈律曆志中〉	
大業曆	隋・張胄玄	員才散騎侍郎領太史令	609～618	《隋書》卷十七〈律曆志中〉	
戊寅元曆	唐・傅仁均	員外散騎侍郎	619～664	《舊唐書》卷三十三〈曆志二〉	道士出身
	庚儉	太史令			參議
	傅奕	太史丞			
	南宮子明	前曆博士			校曆人
	薛弘疑	前曆博士			
	王孝通	前曆博士			
	崔善為	大理卿、清河縣公			監校曆
麟德曆	唐・李涼風	直太史	665～728	《舊唐書》卷三十三〈曆志二〉	
經緯曆	唐・瞿曇羅	太史令		《新唐書》卷二十六〈曆志二〉	與麟德曆參用
光宅曆	唐・瞿曇羅	太史令	未頒行	《新唐書》卷二十六〈曆志二〉	
乙巳元曆（景龍曆、神龍曆）	唐・南宮說	太史令	未頒行	《新唐書》卷二十六〈曆志二〉	
	徐保乂	司曆			
	南宮季友	司曆			
九執曆	唐・瞿曇悉達	太史監	未頒行	《開元占經》	
大衍曆	唐・僧一行		729～761	《新唐書》卷二十七上〈曆志三上〉	
至德曆	唐・韓穎	太子宮門郎、直司天臺	758～762	《新唐書》卷二十七下〈曆志三上〉	山人出身
（寶應）五紀曆	唐・郭獻之	司天臺官屬	762～783	《新唐書》卷二十九〈曆志五〉	

（建中）正元曆	唐・徐承嗣	司天監	784～806	《新唐書》卷二十九〈曆志五〉	
	楊景風	司天臺夏官正		《新唐書》卷二十九〈曆志五〉	
（元和）觀象曆	唐・徐昂	司天監	807～821	《新唐書》卷三十上〈曆志六上〉	
（長慶）宣明曆	唐・徐昂	司天監	822～892	同上	
（景福）崇玄曆	唐・邊岡	太子少詹事	893～938	《新唐書》卷三十下〈曆志六下〉	術士出身
	胡秀林	司天少監			
	王墀	均州司馬			

　　觀察上表，可以發現，中古時期問世的曆法中，無論是曾經公告施行的
國曆，或私人修成未曾頒行的曆法，均有非天文技術官的士人階層的蹤跡。
在歷朝曾付諸施行的正式曆法中，也頗多並非出自專業天文官之手，如景初
曆、元嘉曆、大明曆等等。楊偉、何承天、祖沖之，都可說是士人階層，其
所造曆法，能得到帝王的垂青成爲國曆，止顯現出士人在這一方面的能力，
並不輸給專業天文官。另外，有些曆法雖有天文官參與，但眞正主持與論定
得失者，仍是以士人階層爲主。如北魏的正光曆，總成其事的崔光，並未具
有天文官的資格，但這份曆法卻是由他總集當時已問世的九部曆法而成，而
其他參與討論的曆法專家中，僅有胡世榮一人屬於天文技術官僚。又如由李
業興主修的東魏甲子元曆，參與此次曆議的各方人士，多達二十八人，其中
只有趙洪慶、胡法通、郭慶、胡仲和等四人，算是天文技術官，其他二十四
人，雖因史料欠缺，無法完全透悉其背景，但從其所任官職來看，應該大多
可以納入士人階層的範圍內。隋代所修的開皇曆，也是如此。主修者張賓，
是道士出身，是否可納爲士流，有待詳考，但是總監此曆的盧賁，則是北方
士族出身的太常卿，參與討論的天文官，仍然只佔少數。不過，我們也該注
意到，從唐代以後，除了僧一行主修的大衍曆及術士邊岡主修的崇玄曆之外，
大部份分施用與未施用的曆法，多是具備天文技術官背景者的作品。這大概
與唐代施行七曜曆之禁有關，也有可能是因爲入唐以後科舉盛行，天文曆術
並非考試重點所在，又有嚴屬的天文禁令，所以能精此道者也日益減少之故。
　　論述至此，有一個問題，值得提出來討論，即關於士人習曆，是否超越
天文禁令的範圍？若是，何以有如此多的士人，公然在帝王的允許下參與修
曆？若否，曆法其實也是天文占驗時，極重要的參考工具，如何能不被禁？
有關天文禁令的範圍，是否包括曆法在內，在本書第五章第三節中曾提及清

代天算家梅文鼎的看法，認爲禁令並不包含曆法在內，且說「曆學明則占家無容所欺」。〔註30〕自古星占術之所以能眩惑人心，正是因爲士人普遍不明天文曆法，江湖術士才會有發揮的空間。清人曾國藩，在這方面也認爲，禁天文占驗與禁曆法，是有所區別的：

> 國朝大儒，於天文曆數之學，講求精熟，度越前古……皆稱絕學，然皆不講占驗，但講推步。觀星象雲氣，以卜吉凶，《史記‧天官書》、《漢書‧天文志》是也。推步者，測七政行度，以定授時，《史記‧律書》、《漢書‧律曆志》是也。〔註31〕

占驗者，天文也，推步者，曆法也。即使在已經罷除天文禁令的清代後期，士人儒生仍畏於談論天文占驗，更遑論在禁令森嚴的中古時期。至於曆法推步，則因不涉及國家吉凶禍福之事的論述，有興趣、有能力者皆可爲之，自古的禁令本就不爲曆法設限。如此，我們或許就比較能夠理解，在天文禁令嚴酷的中古時期，何以有這麼多非天文技術官僚的士人階層，精通曆法推步之學。

　　唐代是頭一個明確將七曜曆，納入天文禁令範圍的朝代，但誠如本書第五章第三中節所述，七曜曆之所以被禁，實因其中除了曆法推步之術外，同時隱含頗多天象吉凶占驗的成份在內。若是一般的曆法，不涉及吉凶占驗者，應該也不在被禁的範圍內。在唐代史料中，仍可發現不少士人階層，明習曆法的例子，如史家劉子玄之子劉岳‧「明天文律曆」〔註32〕、文學名士王勃「於推步曆算尤精」〔註33〕、名相宋璟之師李元愷「博學，善天文律曆」〔註34〕、被名士賀知章譽爲「五總龜」「問無不知」的殷踐猷，爲人「博學，尤通氏族、曆數、醫方」〔註35〕、盛唐時的名儒鄭欽說「通曆術、博物」〔註36〕等等，顯見唐代士人學習曆術者，所在多是。之所以少見唐代士人參與修曆，主要原因可能還是在於，士人的學習風尚所致。眾所週知，唐代士人重科考，科考並不以天文曆法爲題，士人無法以此干祿，又易因觸法動輒得咎，願意投入的文人士子，自然就相對有限。唐玄宗時的洋州刺史趙匡，曾上〈選舉議〉奏疏，其中有一

〔註30〕見梅文鼎著、梅穀成校輯《梅氏叢書輯要》卷六十〈雜著‧學曆說〉（臺北：藝文印書館，1971 年）
〔註31〕見《曾文正公家書》頁 325～326（臺北：世界書局，1996 年）
〔註32〕詳參《舊唐書》卷一百二〈劉眂傳〉，頁 3174。
〔註33〕詳參《舊唐書》卷一百九十上〈王傳勃〉，頁 5006。
〔註34〕詳參《舊唐書》卷一百九十二〈李元愷傳〉，頁 5122。
〔註35〕詳參《新唐書》卷一百九十九〈儒學中‧殷踐猷傳〉，頁 5683。
〔註36〕詳參《新唐書》卷二百〈儒學下‧鄭欽說傳〉，頁 5704。

條論及他對科考題目中，是否應有天文曆法問題的看法謂：

> 天文律曆，自有所司專習，且非學者卒能尋究，並請不問，惟五經
> 所論，蓋舉其大體，不可不知。〔註37〕

趙匡的意見，大概就是當時一般士人，學習天文知識最常見的管道，即循著古典經籍所載而學，既不違犯天文禁令，也可滿足自己在這方面的需求。不過，若非天資聰穎者，可能所習也只是皮毛而已。因此趙匡也建議在科舉考試中，關於天文律曆的題目，能免則免。那萬一科考果真考了這一類的題目，又該如何處理？有人就曾針對此一問題，提出過疑問謂：

> 職制律曰：「凡玄象器物、天文、圖書、讖書、兵書、七曜曆、太一、
> 雷公式，私家不得有，違者徒一年，注曰『私習亦同』。」然則律條
> 所制，不得貯其書，亦無習其術，已云不習，何備試問？唯年來之
> 例，被敕策問者題下，問中時觸禁忌，然而問者無辜，對者無咎，
> 此問之事，可謂生常。今之學者，動設巢窟，不獨安己，將又窺人。
> 假令問者依例適發其微，對者固稱畏法不習，則得否之決，將至申
> 訴，訴者稍得其理，問者反坐其罪。罪科之間，不可不慎，請豫降
> 處份，令問答如流。〔註38〕

雖然未能在實際的科考題目中，找到有關天文律曆的問題，但顯然在唐人的科考中，是有著這樣的疑惑。即天文曆法是法所禁習，但經典中卻是不乏天文星曆的論述，如前述趙匡所稱「五經所論，蓋舉其大體，不可不知」，所以仍不免有此類的題目出現。爭議也正在此，發問者固可以「通天地人斯謂儒」為由，主張應舉的士人，應該明習天文律曆。但是，應舉者也可以辯稱，此類學問，易犯禁忌，動輒得咎，本非士人專長，學不如不學，知不如不知。雙方若各執一詞，頗難論斷其是非。朝廷若不對此事，預先作下規範，一旦爭議發生，將使科考公正性遭受質疑，有損朝廷威信。

雖然唐代也有不少明習天文星曆的士人，但卻未出現像崔浩、高允之流的人物，這與唐代的士林風習應有著密切的關係。既是朝廷所禁，即使精通，也頂多只是個技術官僚，擠不進真正的士流。因此一般的士人，恐怕對於天文星曆，多是抱持敬而遠之的心態，既非不予尊重，但不願耗費心力深入學習。所習得者，則多停留在以天文星變，進行對帝王的道德勸說的層次，不

〔註37〕詳參《全唐文》卷三五五〈趙匡‧選舉議〉，頁 3604。
〔註38〕見《全唐文‧唐文續拾》卷一六〈管原道真‧律文所禁可試問否事〉，頁 11347。

願脫離儒家的倫理規範，深入探究「怪力亂神」的星占之學。韓愈在為范陽盧行簡之父所寫的墓誌銘中，就表達出了唐代士人的這種心態：

> 吾曰：「陰陽星曆，近世儒莫學，獨行簡以其力餘學，能名一世，舍而從事於人，以材稱。」〔註39〕

士人階層對於陰陽星曆，所抱持的心態，往往也正是如此。對於精通此道者，表面上多予以讚美，也想從其口中，探知某些不為人知的祕密，以增加自己的政治籌碼。可是，一旦發現其對於士人階層，造成威脅或具備相當的政治影響力時，則又會以各種理由，對其口誅筆伐，必欲除之而後快。唐代有頗多士人階層排斥技術官僚的案例，如本書第五章第二節所提及的，中宗時左拾遺李邕諫用方士鄭普思、文宗時魏謩諫用教坊副使雲朝霞等。事實上，這是士人階層對於技術官僚的一貫態度，即技術官為帝王所寵並無不可，一旦要將其納入士流、進入文官體系，反對之聲便此起彼落，擺明不願與技術官同流的態度。一般知識份子，對待通長生術的鄭普思、通音律的雲朝霞是如此，換作是天文技術官，是否也是如此，倒不宜一概而論，到底其專業性質與士人間的利害關係，不同於普通技術官僚。因此我們仍可在史料中見到，即使政府三令五申，百官不得與天文官交遊，但仍不乏士人同天文官往來的實例，如：

> （唐德宗）貞元中……進士李章武初及第，亦負壯氣。詰朝，訪太史丞徐澤，遇早出，遂憩馬於其院。〔註40〕

雖不知李章武訪徐澤所為何事，但依唐代百官不得與天文技術官來往的規定，這顯然是違規的。另外像晚唐時的名士杜牧，從他對《孫子・計篇》的「天者、陰陽、寒暑、時制也」所下的註解中，也可以看出他應該也有相當的天文星占素養：

> 杜牧曰：陰陽者，五行、刑德、向背之類是也。今五緯行止，最可據驗；巫咸、甘氏、石氏、唐蒙、史墨、梓慎、禆竈之徒，皆有著述，咸稱祕奧，察其指歸，皆本人事。準《星經》曰：「歲星所在之分，不可攻；攻之反受其殃也。」《左傳》昭三十二年夏，吳伐越，始用師於越，史墨曰：「不及四十年，越其有吳乎？越得歲而吳伐之，

〔註39〕見《全唐文》卷五六六〈韓愈・襄陽盧丞墓誌銘〉，頁5728。

〔註40〕見《太平廣記》卷三百四十一〈鬼二十六・道政坊宅〉條，注出自《乾膜子》，頁2707。此處之官稱似略有誤失，蓋唐代自肅宗年間天文機構定名為司天監後，即未再變異，太史丞若非司天少監之誤記，當即唐人對於大文官員至德宗時，仍有人以舊名呼之而未改。

必受其凶。」註曰：「存亡之數，不過三紀，歲星（月）三周三十六歲，故曰不及四十年也。」此年歲在星紀，星紀吳（其）分也；歲星所在，其國有福，吳先用兵，故反受其殃。哀二十二年，越滅吳，至此三十八歲也。李淳風曰：「天下誅秦，歲星聚於東井。秦政暴虐，失歲星仁和之理，違歲星恭肅之道，拒諫信讒，是故胡亥終於滅亡。」復曰：「歲星清明潤澤所在之國分大吉。君令合於時，則歲星光喜，年豐人安；君尚暴虐，令人不便，則歲星色芒角而怒，則兵起。」由此言之，歲星所在，或有福德，或有災祥，豈不皆本於人事乎？……秦之殘酷，天下誅之，上合天意，故歲星禍秦而祚漢。熒惑，罰星也；宋景公出一善言，熒惑退移三舍，而延二十七年。以此推之，歲爲善星，不福無道；火爲罰星，不罰有德。舉此二者，其他可知。況所臨之分，隨其政化之善惡，各變其本色芒角大小，隨爲禍福，各隨時而占之。〔註41〕

杜牧以一士人身份，而能對天文星占史事如此熟稔，足見其閱讀典籍時便留意於此，當時應非禁忌，再從其引用李淳風的星占論述來看，其對李氏的星占著作，似乎也有頗深的涉獵。如杜牧之流的士人階層，縱使其目的仍是要宣揚儒家的人事優於天象的道德教誨，卻仍是不得不引用星占家的言論，朝廷雖有禁令，但似乎並不影響其對星占著作的認識。因爲天文技術者經常能提供士人階層，從天象徵應而來的特殊訊息，所以甘冒違犯朝規之險，而與其交往者，仍是大有人在。對於一般技術官或許心存不屑，但是對天文官，則不一定如此，甚至連告老退休還鄉的天文官，也會成爲士人預知時政的請益對象：

咸通中，有司天曆生姓吳，在監三十年，請老還江南。後敘優勞，授官江南郡之掾曹，辭不赴任，歸隱建業舊里。有寓居盧符寶者，亦名士也，嘗問之曰：「近年以來，相坐多不滿四人，非三臺星有災乎？」曰：「非三臺也。」「紫薇星受災乎？」曰：「此十餘年內，數或可備，苟或有之，即其家不免大禍。」後路公巖、于公琮、王公鐸、韋公保衡、楊公收、劉公鄴、盧公攜，相次登於臺座，其後皆不免。惟于公琮賴長公主保護，獲全於遣中耳。〔註42〕

〔註41〕 見曹操等《十一家注孫子》頁 4（臺北：華正書局，1989 年）

〔註42〕 見南唐・劉崇遠《金華子雜編》卷下，頁 56（收在點校本《玉泉子・金華子》，上海：古籍出版社，1988 年）。

言禍福、卜吉凶，成了天文官或精通天文星占的術士，與士人交遊時的最大
利器。雖然心中可能並不尊崇，但至少在表面上，士人階層不排斥與天文術
士來往，並維持彼此的關係，爲的是能夠互取所需。請再看名士王鐸與術士
邊岡之間的事例：

> 唐乾符中，荊州節度使晉公王鐸，後爲諸道都統。時木星入南斗，數
> 夕不退。晉公觀之，問諸知星者吉凶安在？咸曰：「金火土犯斗即爲
> 災，唯木當應爲福耳。」咸或然之。時有術士邊岡洞曉天文，精通曆
> 數，謂晉公曰：「唯斗帝王之宮宿，唯木爲福神，當以帝王占之。然
> 則非福於今，必當有驗於後，未敢言之。」它日，晉屏左右密問岡，
> 曰：「木星入斗，帝王之兆，木在斗中，朱字也。」識者言唐世嘗有
> 緋衣之讖，或言將來革運，或姓裴，或姓牛，以爲「裴」字爲緋衣，
> 「牛」字著人即「朱」也。所以裴晉公度、牛相國僧孺每懼此謗。李
> 衛公斥《周秦行紀》，乃斯事也。安知鐘於碭山之朱乎？〔註43〕

邊岡即唐代最後一部國曆──崇玄曆的主編者，看來跟王鐸有相當良好的交
情，才敢如此因天文而言及國家改姓革運之事。所謂「碭山之朱」，指的就是
唐末出身宋州碭山的大藩朱溫。日後他確如邊岡所言，殺害唐昭宗，又廢其
所立的李柷，自立爲梁帝，結束了李唐皇室近三百年的統治。

但是士人階層因利害關係的表面尊崇，並無助於提升天文技術者的整體
地位，難怪天文世家出身的太史令庾儉，會「恥以術數進」，而推薦傅奕以自
代。〔註44〕另一外以丹青著稱於世的畫家閻立本，其告誡子孫的一番話，最
能說出一般技術官僚內心的苦楚與無奈：

> 太宗嘗與侍臣學士泛舟於春苑，池中有異鳥隨波容與，太宗擊賞數
> 四，詔座者爲詠，召立本令寫焉。時閣外傳呼云：「畫師閻立本！」
> 時已爲主爵郎中，奔走流汗，俛伏池側，手揮丹粉，瞻望座賓，不
> 勝愧報。退誡其子曰：「吾少好讀書，幸免牆面，緣情染翰，頗及儕
> 流。唯以丹青見知，躬廝役之務，辱莫大焉！汝宜深誡，勿習此末
> 伎。」立本爲性所好，欲罷不能也。〔註45〕

〔註43〕見宋·孫光憲《北夢瑣言》卷十六，頁117（臺北：源流文化出版事業公司點
校本，1983年）
〔註44〕見《北史》卷八十九〈藝術上·劉靈助傳附沙門靈遠〉，頁2928。
〔註45〕見《舊唐書》卷七十七〈閻立本傳〉，頁2680。

總而言之，中古時期的士人階層，通天文曆法者有之，參與修曆改曆者有之，與天文職官交往者有之。但是在傳統鄙夷技術官僚風習未改的情況下，天文技術官僚即使身份與一般技術官僚略有不同，但並未獲得士人格外的青睞，士人階層並不排斥天文星占之學，但真正精熟者有限，通習曆法則是傳統儒生的基本修養，士人並不會以此為進天文機構任職的臺階，少見士人階層任職於天文機構者。天文技術官與士人階層間的關係，時而競爭，時而合作，但是仍難進入被士人認同的層次，社會地位也未因其與士人間的往來而提升。

第三節　佛、道與天文伎術者

　　印度是佛教的發源地，當地的天文曆算之學發達，佛僧中亦不乏精通天文術數之輩，況且佛學理論要能參透宇宙天地真理，當然天文星占的知識也不可欠缺。中古時期正是佛教傳入中國，由萌芽、普及而漸至茁壯鼎盛的時期，佛僧中頗不乏精於天文曆算的大師級人物，他們參與國家的天文曆法事務，留下重要的影響，與天文官之間也有相當的互動，在討論天文官的社會地位時，自不應遺漏佛教與佛僧在這方面的角色。至於源自中國本土文化的道教，其理論原本就摻雜了相當成份的陰陽五行等術數內容，而道教中的許多儀式，如作醮、祈禳、符籙等，也經常充斥著日月星宿等天文知識。因此，要成為一位傑出的道士，明習天文星占之學，能夠解說宇宙天地間，天體神祕的變化與徵應，乃是不可或缺的重要條件。尤其到了唐代，由於李唐皇室的尊崇，道士得到特別的重視，出任天文官甚至是天文機構主管者，更屢見不鮮。在這方面，要討論的，已經不是道士與天文官之間的關係，因為有的道士本身就是天文官。由於佛、道二教在中古時期，頗深入民間，可說是當時的兩大主要宗教信仰，瞭解佛、道與天文及天文官之間的互動關係，應可有助吾人瞭解，天文星占之學的社會影響力，及其與一般庶民間的互動情形。對於理解天文官在帝王、知識階層等上層社會之外的地位，會有相當的幫助。

　　佛教傳來中國，連帶也將天竺極為進步發達的天文曆算之學，藉由佛經與佛僧，傳入中國。中古時期的許多天竺名僧，如佛圖澄、鳩羅摩什等人，在十六國的亂世中，皆曾因其能參透天地奧祕的本領，而備受胡王的敬重，甚至被禮為國師。其中著稱者，如佛圖澄即受後趙石勒、石虎兩任胡王的尊

禮，史云佛圖澄其人：

> 少學道，妙通玄術……善誦神咒，能役使鬼神……又能聽鈴音以言吉凶，莫不懸驗。（《晉書・佛圖澄傳》，頁 2485）

有關他「妙通玄術」的事蹟，頗多與社會民生有關，如：

> 時天旱，（石）季龍遣其太子詣臨漳西滏口祈雨，久而不降，乃令澄自行，即有白龍二頭降於祠所，其日大雨方數千里。……
>
> 澄嘗與季龍升中臺，澄忽驚曰：「變！變！幽州當火災！」乃取酒潠之，久而笑曰：「救已得矣。」季龍遣驗幽州，云爾日火從四門起，西南有黑雲來，驟雨滅之，雨亦頗有酒氣。（《晉書・佛圖澄傳》，頁 2489）

由於佛圖澄的術數靈驗事蹟，遠近皆知，常能預見未來之事，因此不止胡王將其尊為國師，人民百姓更對他奉若神明，有謂「國人每相語：『莫起惡心，和尚知汝。』及澄之所在，無敢向其方面涕唾者。」〔註46〕

另一十六國時期的天竺名僧鳩羅摩什，平生「博覽五明諸論及陰陽星算，莫不必盡，妙達吉凶，言若符契。」而他之所以到中國來，還有著一段奇特的天文因緣：

> 符堅聞之，密有迎羅什之意。會太史奏云：「有星見外國分野，當有大智入輔中國。」堅曰：「朕聞西域有鳩羅摩什，將非此邪？」乃遣驍騎將軍呂光率兵七萬，西伐龜茲，謂光曰：「若獲羅什，即馳驛送之。」〔註47〕（《晉書・鳩摩羅什傳》，頁 2500）

北魏時又有僧靈遠，也頗精於天文星占：

> 時又言有僧靈遠者，不知何許人，有道術。嘗言尒朱榮成敗，預知其時。又言代魏者齊，葛榮聞之，故自號齊。及齊神武至信都，靈遠與勃海李嵩來謁。神武待靈遠以殊禮，問其天文人事。對曰：「齊當興，東海出天子・今王據勃海，是齊地。又太白與月並，宜速用兵，遲則不吉。」靈遠後罷道，姓荊字次德。求之，不知所在。〔註48〕

不過，若要論及中古時期與天文曆算關係最密切，且留給後世最大影響者，

〔註46〕以上所述關於佛圖澄的事蹟，俱見於《晉書》卷九十五〈藝術・佛圖澄傳〉，頁 2485～2489。

〔註47〕以上所述關於鳩羅摩什的事蹟，俱見於《晉書》卷九十五〈藝術・鳩羅摩什傳〉，頁 2499～2500。

〔註48〕見《北史》卷八十九〈藝術上・劉靈助傳附沙門靈遠〉，頁 2928。

當屬唐僧一行。一行俗名張遂，乃鄭國公張公謹之孫，堪稱名門之後，爲人「少聰敏，博覽經史，尤精曆象　、陰陽、五行之學。」出家前多方求學，不限佛門，曾向道士尹崇，借閱揚雄的《太玄經》，也以博學著稱的尹崇，原本還擔憂他無法體悟揚雄書中要旨，但在見過一行所寫的《太衍玄圖》及《義決》二書之後，即嗟伏讚歎一行乃「後生顏子」。出家後雖主修梵律，「然有陰陽讖緯之書，一皆詳究。尋訪算術，不下數千里，知名者往尋焉。」〔註49〕

　　總括一行一生對天文曆算的貢獻，可分兩部份來說，一是大衍曆的編修，一是新天文儀器的製作。

　　「開元九年，麟德曆署日蝕比不效。詔僧一行作新曆，推大衍數立術以應之，較經史所書氣朔、日名、宿度可考者皆合。」〔註50〕大衍曆的修成，是中古時期曆算界的大事，它綜合了此前諸多曆法的優點，又有許多創新的特點，可說是集中古時期曆法大成的一部優秀曆法。可惜的是，一行圓寂前，未能親眼見到這部曆法付諸實施，但這部大衍曆在施行後，在當時及後世，卻都得到極高的評價，有謂：

　　　　時邢和璞者，道術人，莫窺其際，嘗謂尹愔曰：「一行和尚眞聖人也。
　　　　漢落下閎造曆云：『八百歲當差一日，則有聖人定之。』今年期畢矣。
　　　　屬大衍曆出，正其差謬，則落下閎之言可信。非聖人孰能預於斯矣！」
〔註51〕

《新唐書・曆志》中則稱：

　　　　自太初（曆）至麟德（曆），曆有二十三家，與天雖近而未密也。至
　　　　一行，密矣。其倚數立法固無以易也，後世雖有改作者，皆依倣而
　　　　已。〔註52〕

宋代精於星曆的著作佐郎劉義叟更曾向歐陽修說道：

　　　　前世造曆者，其法不同而多差。至唐一行始以天地之中數作大衍曆，
　　　　最爲精密。後世善治曆者，皆用其法，惟寫分擬數而已。〔註53〕

爲了讓曆術推步的參數能夠更臻精確，自開元十二年起，一行還和太史監南宮

〔註49〕以上所述請參《舊唐書》卷一百九十一〈方伎・一行傳〉，頁5112。
〔註50〕見《新唐書》卷二十七上〈曆志三〉，頁587。
〔註51〕見《大宋高僧傳》卷五〈唐中嶽嵩陽寺一行傳〉，頁91（北京：中華書局，1987年）。
〔註52〕《新唐書》卷二十七上〈曆志三〉。
〔註53〕見《新五代史》卷五十八〈司天考第一〉，頁703。

說合作，帶著天文機構的技術人員，進行了一次規模龐大的「日晷」測量。他們將全國分成二十四個地區，分別進行該地的北極高度和冬至、夏至日影長度的測量，證明自漢儒鄭玄以來，天文學界普遍認同的「凡日影於地，千里而差一寸」（或云「王畿千里，影移一寸」）的傳統說法，並不完全正確。他們從實測中發現影差和南此距離，並非固定關係。例如在今日河南省的滑縣、浚儀、扶勾、上蔡四個地區的測量中，測出從滑縣到上蔡的北極高度差一度半，南北距離則爲五二六里二七〇步（唐尺），由此得出大約是三五一里八〇步，北極高度相差一度的結論。〔註54〕這個數字實即子午線一度的距離，雖然因爲當時的儀器設備未臻精密，而與現代的科學數據，有些許差距，〔註55〕但也徹底修正了千年以來的錯誤觀念，讓曆術推步能更加精確。〔註56〕這也堪稱是中古時期佛僧參與天文曆法事務，與天文官合作無間的一次成功範例。

除了編修大衍曆之外，一行在天文觀測儀器的製作與應用上，也與天文官合作有成，史云：

〔註54〕 這段敘述在《舊唐書》卷三十五〈天文志一〉的原文如下：「開元十二年，太史監南宮說擇河南平地，以水準繩，樹八尺之表而以引度之。始自滑州白馬縣，北至之晷，尺有五寸七分。自滑州臺表南行一百九十八里百七十九步，得汴州俊儀古儀表，夏至影長一尺五寸微強。又自浚儀而南百六十七里二百八十一步，得許州扶溝縣表，夏至影長一尺四寸四分。又自扶溝而南一百六十里百一十步，至豫州上蔡武津表，夏至影長一尺三寸六分半，大率五百二十六里二百七十步，影差二寸有餘。而先儒以爲『王畿千里，影移一寸』又乖舛而不同矣。今以句股圖校之，陽城北至之晷，一尺四寸八分弱；冬至之晷，一丈二尺七寸一分；春秋分，其長五尺四寸三分。以覆矩斜視，北極出地三十四度四分（原注：凡度分皆以十分爲法）。自滑臺表視之，高三十五度三分（原注：差陽城九分）。自浚儀表視之，高三十四度八分（原注：差陽城四分）。自武津表現之，高三十三度八分（原注：差陽城九分）。雖秒分稍有盈縮，難以目校，然大率五百二十六里二百七十步而北極差一度半，三百五十一里八十步而差一度。」（頁1304～1305）
〔註55〕 現代天文學測定的子午線一度合 110.568～111.900 公里，而一行、南宮說當時測定的數據，換算成今日的公制單位約是 151.07 公里（其詳請參《簡明大英百科全書中文版》第11冊〈緯度與經度〉條，頁73，臺北：臺灣中華書局，1989年）。
〔註56〕 過去中國天文學界，喜歡引一行爲全世界第一位測出子午線長度者爲自豪，目前坊間很多中國天文史的科普書籍，也仍然以此寫爲中國人的光榮。不過，根據最新的研究顯示，其實比一行更早測出子午線長度的大有人在，一行未必能獨享這項光榮，其詳可請朱亞宗、王新榮〈僧一行不能享有實測子午線的優先權〉（收於一氏著《中國古代科學與文化》，長沙：國防科技大學出版社，1992年）

　　玄宗開元九年，太史頻奏日蝕不效，詔沙門一行改造新曆。一行奏
云，今欲測曆立元，須知黃道進退，請太史令測候星度。有司云：「承
前唯依赤道推步，官無黃道遊儀，無由測候。」時率府兵曹梁令瓚
待制於麗正書院，因造遊儀木樣，甚爲精密。一行乃上言曰：「黃道
游儀，古有其術而無其器。以黃道隨天運動，難用常儀格之，故昔
人潛思皆不能得。今梁令瓚創造此圖，日道月交，莫不自然契合，
既於推步尤要，望就書院更以銅鐵爲之，庶得考驗星度，無有差舛。」
從之。至十三年造成。〔註57〕

傳統天文認爲，日、月均繞地球運轉，所謂「黃道」，即太陽繞地球運行的軌
道，月亮繞地球運轉的軌道稱之爲「白道」。「黃道游儀」乃是用以觀測日、
月、星辰的位置及運動狀況的天文儀器，一行用它重新測定了一百五十餘顆
恆星的位置，多次測量過二十八宿距天球北極的度數後，發現了恆星移動的
現象。他把自己從測量一些恆星的赤道座標，及其對黃道的相對位置中得出
來的數據，與自古以來的有關數據作比較，發現其間差異大。此一發現顯示，
二者之間不僅赤道上位置與距極度數，因歲差關係而產生差異，連帶其在黃
道上的位置也不相同。由此，一行推斷，恆星本身在天體上的位置，應該也
是不斷地在移動著，只是肉眼不易察覺，但決非像傳統說法認爲，恆星就是
永恆不動的星體。此一發現，若以現代天文學知識來看，當然無甚新奇，但
在千年以前，一行能利用精密度遠遜於今日的儀器，用科學觀察推論而出的
數據，推翻傳統經典的說法，不能不算是難能可貴的成果。黃道游儀製成後，
「玄宗親爲製銘，置之於靈臺以考星度」，〔註58〕他從觀測中考訂出「二十八
宿及中外（星）官與古經不同者，凡數十條」，〔註59〕可說是中古時期天文觀
測上的一大成就。

　　除了黃道遊儀之外，因之前所造渾儀已不堪使用，因此玄宗「又詔一行
與梁令瓚及諸術士，更造渾天儀」。〔註60〕據主其事的集賢殿書院（由麗正書

〔註57〕見《舊唐書》卷三十五〈天文志上〉，頁1293～1294。

〔註58〕見《舊唐書》卷三十五〈天文志上〉，頁1295。唐玄宗親作的銘文，可參《全
　　　　唐文》卷四一〈玄宗皇帝・黃道游儀銘〉，頁451。

〔註59〕見《舊唐書》卷三十五〈天文志上〉，頁1295。

〔註60〕李淳風在唐太宗時修渾天儀之後，迄此次一行、梁令瓚等人修製水運渾天儀
　　　　之間，在唐玄宗登基之初，事實上也曾經敕造渾天儀，不過，大概因爲未能
　　　　善加保存，迄開元十三年時已無渾儀可用，才須另外再造。令人不解的是，
　　　　玄宗即位初年的這一次製造渾儀的事，竟未見載於兩唐書天文志中，但在《全

院更名而來）知院事張說所上〈進渾儀表〉，知其創製的大致情形及該渾儀的特色如下：

> ……臣書院先奉敕造游儀，以測七曜盈縮，去年六月，造畢進奏。又奉恩旨，更立渾儀。臣等準敕，令左衛率府長史梁令瓚檢校創造，於是博考傳記，舊有張衡、陸績、王蕃、錢樂之等，並造斯器，雖渾體有象而不能運行。事非經久，旋亦毀廢。臣今按據典故，鑄銅爲儀，圓以象天，使得俯察，上具列宿赤道，周天度數，注水激輪，令其自運。一日一夜，天轉一周。又別立二周輪，絡在天外，綴以日月，令得運行。每天轉一匝，日行一度，月行十三度十九分度之七，凡二十九轉有餘而日月會，三百六十五轉而行匝。仍置水櫃以爲地平令儀，半在地上，半在地下，晦朔弦望，不差毫髮。又立二木人於地平之上，前置鐘鼓，以候辰刻，每一刻則自然擊鼓，每一辰則自然撞鐘。皆於櫃中各施輪軸，鉤鍵交錯，關鎖相持，轉運雖同，而遲速各異，周而復始，循環不息。〔註61〕

此一結合了渾儀與報時功能的銅製渾儀，「與天道合同，當時共稱其妙。鑄成，命之曰：『水運渾天俯視圖』，置於武成殿前以示百僚。」〔註62〕堪稱是日後宋人蘇頌製造大型的「水運儀象臺」的前身。可惜的是，一如李淳風所製的渾天儀一般，雖受褒美，剛製成時也曾在帝王及百官面前風光一時，但卻未獲重用，「無幾而銅鐵漸澀，不能自轉，遂放置於集賢院，不復行用。」〔註63〕

唐文》卷九八八〈闕名・渾儀銘并序〉中，則有簡要的記載稱：「後魏太史令晁崇，修渾儀以視星象。按：其儀以永興四年歲次困敦創造，傳至後魏末，入齊往周、隋，至於大唐。歷年久遠，儀蓋傾墜。日以太史去景雲三年，奉敕重令修造。使銀青光祿大夫檢校將作少監楊務廉，與銀青光祿大夫行太史令瞿曇悉達、正議大夫行太史令李仙宗、試太史令殷知易、荊州都督祕書監兼右衛率薛玉、銀青光祿大夫檢校祕書監吳師道、正議大夫行祕書少監閻朝隱等，首末共營，各盡其思，至先天二年歲次赤奮若成，其銘曰：『周天三萬七千里，分寸無欺，成歲三百六十日，盈縮有期，敬之敬之，以授人時。』」（頁10225）此一玄宗先天二年修造完成的渾儀，述其源乃自北魏晁崇所造鐵渾儀，而關於太宗時李淳風造新渾儀一事卻隻字未提，推斷李淳風造的渾儀，此時已經不見蹤影，以致瞿曇悉達等人要重造渾儀時，仍得取法原本留在天文機構的北魏鐵渾儀。

〔註61〕見《全唐文》卷二二三〈張說・進渾儀表〉，頁2249。
〔註62〕見《舊唐書》卷三十五〈天文志上〉，頁1294。
〔註63〕見《舊唐書》卷三十五〈天文志上〉，頁1296。

　　一行與當時的天文官員，合作關係良好，創造了諸多天文曆法上的新成就，而他本身精習密宗，又精通陰陽讖緯，因此與他有關的術數傳說也不少。其中較為著稱且與天文相關者，應該是以下這則擒北斗七星以救王姥子的故事：

初，一行幼時家貧，鄰有王姥者，家甚殷富，奇一行，不惜金帛，前後濟之約數十萬，一行常思報之。至開元中，一行承玄宗敬遇，言無不可。未幾，會王姥兒犯殺人，獄未具，姥詣一行求救。一行曰：「姥要金帛，當十倍酬也。君上執法，難以情求，如何？」王姥戟手大罵曰：「何用識此僧！」一行從而謝之，終不顧。一行心計渾天寺中工役數百，乃命窒其室內，徙一大甕於中央，密選常住奴二人，授以布囊，謂曰：「某坊某角有廢園，汝向中潛伺。從午至昏，當有物人來，其數七者，可盡掩之。失一則杖汝。」如言而往，至西後，果有群豕至，悉獲而歸。一行大喜，令置甕中，覆以木蓋，封以六一泥，朱題梵字數十，其徒莫測。詰朝，中使扣門急召，至便殿，玄宗迎謂曰：「太史奏昨夜北斗不見，是何祥也？師有以禳之乎？」一行曰：「後魏時失熒惑，至今帝車不見，古所無者，天將大警於陛下也。夫匹夫匹婦不得其所，則殞霜赤旱。盛德所感，乃能退舍。感之切者，其在葬枯出繫乎！釋門以瞋心壞一切喜，慈心降一切魔。如臣曲見，莫若大赦天下。」玄宗從之。又其夕，太史奏北斗一星見，凡七日而復。〔註64〕

這則故事可能不免有些許渲染，不過，也未嘗不可從其中，一窺佛教與傳統天文間的關係，以及天文之於庶民生活的影響。一行深明天文星占，知道北斗七星的變化，容易觀察，且在傳統與人事的徵應之間，地位重要。有道是：「北斗七星……斗為帝車，運於中央，臨制四鄉。分陰陽，建四時，均五行，移節度，定諸紀，皆繫於斗。」〔註65〕一旦北斗七星消失，陰陽四時都可能因此失調，而導致天地秩序大亂，必是禍事降臨的前兆，難怪玄宗要緊急召見一行，情商禳救之策。不過，一行並不從天文作解釋，而是勸告玄宗，以人事的行赦對應之，並以北魏時曾經發生的熒惑失其所在，而致「姚興死，

───────────────

〔註64〕見唐・鄭處誨《明皇雜錄・補遺》，頁43～44（北京：中華書局點校本，1994年）。

〔註65〕詳參《史記》卷二十七〈天官書〉，頁1291。

二子交兵，三年國滅」〔註66〕的歷史教訓，暗示玄宗，必須行仁政以答天譴。終於說動玄宗下詔大赦，既成全了帝王好因天文星變，以示己德的意念，也救了王姥之子，報其昔日施濟之恩。

　　雖然像一行這樣的高僧，能夠與天文技術者合作良好，共創天文成就，不過，未必天文技術人員就會認同佛教，甚至有對佛法嗤之以鼻者。唐初的太史令傅奕，算是其中著例。傅奕一生反對佛法，不遺餘力，曾上〈請廢佛法表〉、〈請除釋教疏〉等，〔註 67〕直陳佛教之盛，不謹無益於國計民生，反而容易造成民惰國困，建議儘速罷廢。當時朝野上下，信佛風氣頗盛，傅奕獨排眾議，力主廢佛，曾與信佛虔誠的蕭瑀，論辯於唐高祖李淵座前：

> 中書令蕭瑀與之爭論曰：「佛，聖人也。奕為此議，非聖人者無法，請置嚴刑。」奕曰：「禮本於事親，終於奉上，此則忠孝之理著，臣子之行成。而佛踰城出家，逃背其父，以匹夫而抗天子，以繼體而悖所親。蕭瑀非出於空桑，乃遵無父之教。臣聞非孝者無親，其瑀之謂也。」瑀不能答，但合掌曰：「地獄所設，正為是人。」高祖將從奕言，會傳位而止。〔註68〕

傅奕論佛教之存廢，出發點是現實層面的利益，較易說動帝王，但宗教冥冥不可預知的力量，以及拜服在這種力量下的天下百姓，則也是帝王所不能不重視的。因此關於佛教之存廢，常會陷入義理與實務的弔詭論辯中，以致難有結論。傅奕並不因高祖未廢佛而罷休，太宗繼位後，他再度重提此事：

> 太宗常臨朝謂奕曰：「佛道玄妙，聖迹可師，且報應顯然，屢有徵驗。卿獨不悟其理，何也？」奕對曰：「佛是胡中桀黠，欺誑夷狄，初止西域，漸流中國。遵尚其教，皆是邪僻小人，模寫莊、老玄言，文飾妖幻之教耳。於百姓無補，於國家有害。」太宗頗然之。〔註69〕

傅奕對佛教的反對，並非否定其所予人精神層次的安定與撫慰作用，只是在他的看法裏，這些均可在中國傳統的經典中獲得，無須外藉佛教的力量。他真正最反對的，乃是其中的迷信成份。許多人假藉建寺尊佛之名，行斂財之實；也有人藉口遁入空門，以逃避勞役稅賦；更有人打著佛教的招牌作幌子，

〔註66〕請參本章第二節有關崔浩論天文徵應事的敘述。
〔註67〕文章內容見於《全唐文》卷一三三，頁 1345～1347。
〔註68〕見《舊唐書》卷七十九〈博奕傳〉，頁 2716。
〔註69〕見同上註，頁 2717。

四處招搖撞騙，製造社會不安。因此，即使佛教不無優點，但因其衍生的弊端甚多，傅奕才主張一律禁絕。傅奕對佛教的不信任，多少是源自於他本身堅實的科學知識基礎，如他就曾慧眼識破，不肖佛僧以金剛石假冒佛牙，以誆詐無知眾生的騙局：

> 唐貞觀中，有婆羅門僧言得佛齒，所擊前無堅物。於是士女奔湊，其處如市。傅奕方臥病，聞之，謂其子曰：「非佛齒。吾聞金剛石至堅，物莫能敵，唯羚羊角破之，汝可往試焉。」僧緘縢甚嚴，固求，良久乃見。出角叩之，應手而碎，觀者乃止。今理珠玉者用之。〔註70〕

堅決反佛的傅奕，一生都堅信，佛學所能予人的智慧與領悟，盡可在中國經典中習得。而其儀式化與世俗化後之沉重成本，乃國家社會所無力負擔者，必須嚴加廢除，方可免無窮禍患。他還努力蒐集自魏晉以來，駁斥佛教的著作，輯成《高識傳》十卷，極力宣導反佛的觀念。在臨死前不忘告誡其子謂：「妖胡亂華，舉時皆惑，唯獨竊歎，眾不我從，悲夫！汝等勿學也！」〔註71〕可說是一位終身與佛教誓不兩立的天文技術官。

　　饒有興味的是，傅奕的反佛，固然有其道理，但與時代的潮流不甚相符，一般人對佛教的熱忱，並未因此消退。佛教徒也不甘示弱，開始對這位平生極盡詆毀佛教佛祖之能事的天文官，展開反擊。當時民間就有流行著一則，有關傅奕因生前逆佛過甚，而致死後入地獄受苦受難的故事：

> 唐太史令傅奕，本太原人，隋末徙至扶風。少好博學，善天文曆數，聰辯能劇談。自武德、貞觀二十許年，嘗為太史令。性不信佛法，每輕僧尼，至以石像為磚瓦之用……初，奕與同伴傅仁均、薛頤並為太史令。頤先負仁均錢五千，未償而仁均死。後頤夢見仁均，言語如平常，頤曰：「因先所負錢當付錢？」仁均曰：「可以付泥犁人。」頤問：「泥犁人是誰？」答曰：「太史令傅奕是也。」既而寤。是夜，少府監馮長命又夢己在一處，多見先亡人，長命問：「經文說罪福之報，未知當定有不？」答曰：「皆悉有之。」又問曰：「如傅奕者，生平不信，死受何報？」答曰：「罪福定有，然傅奕已被配越州，為泥犁人矣！」（原注：言泥犁者，依經翻為無間大地獄苦也）長命旦

〔註70〕見《太平廣記》卷一百九十七〈博物・博奕〉條，頁 1478～1479，原注出自《國史纂異》。
〔註71〕見《舊唐書》卷七十九〈傅奕傳〉，頁 2717。

> 入殿，見薛頤，因說所夢。頤又自說泥犁人之事，二人同夜闇相符
> 會，共嗟歎之，罪福之事不可不信。頤既見徵，仍送錢付奕，並爲
> 說夢。後數日間而奕忽卒，初亡之日，大有惡徵，不可具說。〔註72〕

對於畢生反佛的傅奕而言，死後輪迴何處，恐怕早已不是他所在意者。以此
諷刺傅奕，其實也有失公道，我們自然不必盡信。不過，有意思的是，這則
傅奕死後下地獄的故事，巧妙地將唐初的三位太史令，全部納在其中，薛頤
與傅仁均二人，皆具有道士身份，但生前與佛爲善，未聞有反佛的言論，故
雖是異教徒，卻未受到佛徒的嘲諷。反倒是傅奕這位無神論者，成了佛徒宣
揚教義的反面教材。一般明習天文星占者，因其中不免摻雜陰陽術數之學，
因此對於同樣具有神祕色彩的宗教，多半心存敬畏之意。能像傅奕這樣堅持
理念，反佛到底，最後成了佛徒嘲諷對象的天文官，倒也算是中古時期，天
文官與佛教關係中的一個異數。〔註73〕

　　中古時期的佛教僧侶，即便精通天文曆法，但出世精神未改，極少見以
本身的天文曆法專長干祿者。即使像一行如此出類拔粹的佛僧，也只是被唐
玄宗尊爲國師，與天文官合作，但卻不出面主持天文機構。相較之下，道士
的入世精神就積極得多，不只可見道士參與天文曆法事務，直接入主天文機
構，成爲政府官員者，也大有人在。

　　南朝時的道士陶弘景，「始從東陽孫遊嶽受符籙經法，遍歷名山，尋訪仙
藥」，隱居茅山，曾得可煉製神丹的神符祕訣，梁武帝蕭衍還親賜黃金、硃砂、
曾青、雄黃等，供其煉丹之用，國家有吉凶征討之事，無不前往諮詢，人稱其
爲「山中宰相」。他一生勤勉好學，著作頗多，在天文儀器的製作上也有成就：

> 性好著述，尚奇異……尤明陰陽五行、風角星算……著《黃帝年曆》，
> 以算推知漢熹平三年丁丑冬至，加時在日中，而天實以乙亥冬至，
> 加時在夜半，凡差三十八刻，是漢曆後天二日十二刻也。……又嘗
> 造渾天象，高三尺許，地居中央，天轉而地不動，以機動之，悉與

〔註72〕見唐‧唐臨《冥報記‧補遺‧唐傅奕》條，頁91（北京：中華書局點校本，
　　　　1992年）。

〔註73〕其實傅奕之所以特爲佛教人士所不喜，除其反佛言論外，可能也與其生前曾
　　　　與佛僧結下怨仇有關，如《新唐書》卷五十九〈藝文志三〉中有「法琳：《破
　　　　邪論》二卷」，其下注云：「琳，姓陳氏，太史令傅奕請廢佛法，琳諍之，放
　　　　死罵中　」（頁1626）法琳之死，或許並非傅奕之過，但總是因爲他而起，難
　　　　怪佛門同道會對傅奕特別不能諒解。

天相會。云「修道所須，非止史官是用」。〔註74〕

在有天文禁令的年代，私製渾儀之類的儀器，本爲法所難容。但陶弘景卻因其道士身份，及與帝王之間的密切關係，而能享此特殊待遇，製渾天象以助修道，而不爲朝廷所罪。陶弘景一生著作頗多，與天文曆法相關者，有《帝代年曆》、《七曜新舊術疏》、《占候》等，可惜均祕而不傳，後人無由窺其堂奧。

北齊時，另有一位通習天文曆法的道士由吾道榮：

> 由吾道榮，琅琊沭陽人也。少爲道士，入長白山、太山，又遊燕、趙間。聞晉陽有人，大明法術，乃尋之。是人爲人家備力，無名者，久求訪始得。其人道家，符水禁咒、陰陽曆數、天文藥性，無不通解，以道榮好尚，乃悉授之。〔註75〕

北魏精通天文曆法的名士崔浩，其家族與道教之間關係密切，〔註76〕崔浩能夠精習天文星占之學，與其家族道教背景應不無關聯。他有某些行徑，其實與道士祈禳相去不遠，如云：

> 初，浩父疾篤，浩乃剪爪截髮，夜在庭中仰禱斗極，爲父請命，求以身代，叩頭流血，歲餘不息，家人罕有知者。〔註77〕

而他爲北魏政府所修的曆法，命名上更是遵循道家的傳統。〔註78〕至於他師事的寇謙之，更堪稱是北朝的道教大師。其人其事頗奇，但精於天文曆算，則有跡可尋：

> （北魏）世祖時，道士寇謙之……早好仙道，有絕俗之心，……有仙人成公興，不知何許人，至謙之從母家傭賃……後謙之算七曜，有所不了，惘然自失。興謂謙之曰：「先生何爲不懌？」謙之曰：「我學算累年，而近算《周髀》不合，以此自愧。且非汝所知，何勞問也。」興曰：「先生試隨興語布之。」俄然便決。謙之歎伏，不測興

〔註74〕詳參《南史》卷七十六〈隱逸・陶弘景傳〉，頁1897～1899。

〔註75〕見《北史》卷八十九〈藝術上・由吾道榮傳〉，頁2930。

〔註76〕清河崔氏本爲道教天師道世家，與道教之間淵源深厚，其詳可參陳寅恪〈天師道與濱海地域之關係〉（收入《陳寅恪先生文集（一）・金明館叢稿初編》，頁1～40，臺北：里仁書局，1981年），文中有精闢的論述。

〔註77〕見《魏書》卷三十五〈崔浩傳〉，頁812。

〔註78〕據陳寅恪〈崔浩與寇謙之〉（收於《陳寅恪先生文集（一）・金明館叢稿初編》，頁107～140，臺北：里仁書局，1981年）一文的考論，依道家之説，「以曆元當用寅，否則天下大亂」，因此中古時期道家所製曆法均以寅爲曆元，崔浩命其所製曆爲「五寅元曆」，傅仁均命其曆爲」戊寅元曆」，皆此例也。

之深淺，請師事之。〔註79〕

七曜術是風行於中古時的天文曆術，前述道士陶弘景，生平對此也有鑽研，再加上寇謙之的例子，看來中古時期道士精通此術，似是普遍的現象。道教長者多奇能異士之輩，成公興究係何方神聖，今日已難確知，但從其他資料中可以得知，極有可能也是一位精通天文曆算的術士之流，與佛、道二教均有交涉：

> 殷紹，長樂人也。少聰敏，好陰陽術數，游學諸方，達九章、七曜。
> （北魏）世祖時為算生博士，給事東宮西曹，以藝術為恭宗所知。
> 太安四年夏，上《四序堪輿》，表曰：「臣以姚氏之世，行學伊川，
> 時遇遊遁大儒成公興，從求九章要術……興時將臣南到陽翟九崖巖
> 沙門釋曇影間。興即北還，臣獨留住，依止影所，求請九章。影復
> 將臣向長廣東山見道法穆，法穆時共影為臣開述九章數家雜
> 要……。」其《四序堪輿》遂大行於世。〔註80〕

殷紹這部《四序堪輿》，據其傳中所言，乃是將「當世所須吉凶舉動，集成一卷。上至天子，下及庶人，又貴賤階級、吉凶所用，罔不畢備。」〔註81〕顯然是一部擇吉占卜、生辰星占學之類的著作，而這正是風行當時的七曜術的重要內容，難怪能「大行於世」，受到廣大的歡迎。至於成公興的身份，則又從前述的「仙人」轉為「遊遁大儒」，真正的身份，恐怕也不脫隱世獨行的道門之流。

隋唐之世，道教大興，許多學道之人，紛紛以天文術數為終南捷徑，因此而得寵於帝王，甚至堂而皇之地，入主政府的天文機構。隋初因得楊堅的信任，而引發一場曆議之爭的道士張賓，算是首開其端者。他雖然僅官至華州刺史，但因與太史令劉暉關係良好，兩相勾結下，利用其與楊堅之間的深厚情誼，讓真正精確的劉焯曆法，不得朝廷的採用。這樣的合作，實不足取。無獨有偶，這樣的曆法爭議，到了唐代初期，又再度上演，主角則換成了唐初通天算的道士傅仁均：

> 高祖受禪，將治新曆，東都道士傅仁均善推步之學，太史令庾儉、
> 丞傅奕薦之。詔仁均與儉等參議，合受命歲名為「戊寅元曆」。……
> 高祖詔司曆起二年用之，擢仁均員外散騎侍郎。〔註82〕

〔註79〕 見《魏書》卷一百一十四〈釋老志〉，頁 3050。
〔註80〕 見《魏書》卷九十一〈術藝・殷紹傳〉，頁 1955～1956。
〔註81〕 見同上註，頁 1956。
〔註82〕 見《新唐書》卷二十五〈曆志一〉，頁 534。

這部唐代的第一份國曆，精確度不足，施用之後，測日蝕屢不驗。到了武德六年，朝廷特命吏部郎中祖孝孫考其得失，祖孝孫商請精通曆算的算學博士王孝通，向傳仁均提出多點質疑，指出戊寅曆的不可行之處。〔註 83〕相較之下，傳仁均表現得要比張賓來得理性，他並未透過政治力的運作，來維護自己所修的曆法，而是針對王孝通所提的疑點，一一加以解答。〔註 84〕負責仲裁的祖孝孫，最後以傳仁均所言有理，而建議繼續採用戊寅曆爲國曆。但是到了太宗時代，李淳風等人又對戊寅曆提出質疑：

> 貞觀初，有益州人陰弘道，又執孝通舊說以駁之，終不能屈。李淳
> 風復駁仁均曆十有八事，敕大理卿崔善爲考二家得失，七條改從淳
> 風，餘一十一條並依舊定。仁均後除太史令，卒官。〔註 85〕

一如張賓的開皇曆般，戊寅曆即在傳仁均死後，猶成爲爭議的焦點。李淳風仍舊鍥而不捨地上言其缺失，請求改用新曆。〔註 86〕最後終於在高宗麟德二年，改行李淳風所製的麟德曆，結束戊寅曆自施行以來的諸多風波。事實上，李淳風本人，也有著相當濃厚的道教色彩，他的父親李播，早年即曾棄官學道，自號黃冠子，也有天文著作傳世，〔註 87〕李淳風之所以能精通天文曆算，與其道教家庭的背影，應該不無關聯，而他的著作中也有部份與道教關係密切，〔註 88〕雖非道士，但至少可稱得上是具有道教背景的天文技術官之一。

　　除傳仁均以道士出身任太史令之外，另有道士薛頤與尚獻甫，出任太史令。薛頤乃由隋入唐的道士，曾因預言太宗將有天下，而與太宗建立密切友好的關係：

〔註 83〕 其詳俱見《全唐文》卷一三四〈王孝通・駁傳仁均戊寅曆議〉，頁 1348。
〔註 84〕 其詳可參《全唐文》卷一三三〈傳仁均・對王孝通駁曆法議〉，1344～1345。
〔註 85〕 見《舊唐書》卷七十九〈傳仁均傳〉，頁 2714。
〔註 86〕 其詳請參本書第五章第一節有關李淳風駁戊寅曆的敘述。
〔註 87〕 在《新唐書》卷五十九〈藝文志三〉有「黃冠子李播《天文大象，賦》一卷」
　　　　（頁 1348）的記載，一般認爲這是一篇用以認識天空星座的詩歌作品。其詳
　　　　可參張毅志〈我國古代的通俗天文著作《步天歌》〉（《文獻》1986 年第 3 期）
　　　　及鄧文寬〈比《步天歌》更古老的通俗識是作品——《玄象詩》〉（《文物》1990
　　　　年第 3 期）。
〔註 88〕 在《全唐文》卷一五九所收錄李淳風的著作中，即有與道教關係密切者，如〈議
　　　　僧道不應拜俗狀〉，李淳風對此當時議論熱烈的話題，即認爲「令道士、女冠、
　　　　僧尼恭拜君親，於佛、道無虧，復從國王正法」（頁 1631），主張佛、道應拜君
　　　　親。又如〈太元金錄金鎖流珠引序〉一文（頁 1631～1632），則是他生前所撰
　　　　而今日不見的道教金錄、玉圖、流珠的傳承著作，顯示他對道教涉獵頗深。

> 薛頤，滑州人也。大業中，爲道士。解天文律曆，尤曉雜占。煬帝
> 引入内道場，亟令章醮。武德初，追直秦府。頤嘗密謂秦王曰：「德
> 星守秦分，王當有天下，願王自愛。」秦王乃奏授太史丞，累遷太
> 史令。貞觀中，太宗將封禪泰山，有彗星見，頤因言「考諸玄象，
> 恐未可東封」。會褚遂良亦言其事，於是乃止。頤後上表請爲道士，
> 太宗爲置紫府觀於九嵕山，拜頤中大夫，行紫府觀主事。又敕於觀
> 中建一清臺，候玄象，有災祥薄蝕謫見等事，隨狀聞奏。〔註89〕

武則天主政時，信佛又崇道，道士尚獻甫也因其恩寵，得由一介山人進而入
主天文機構：

> 尚獻甫，衛州汲人也。尤善天文。初出家爲道士。則天時召見，起
> 家拜太史令，固辭曰：「臣久從放誕，不能屈事官長。」則天乃改太
> 史局爲渾儀監，不隸祕書省，以獻甫爲渾儀監。數顧問災異，事皆
> 符驗。又令獻甫於上陽宮集學者撰《方域圖》。長安二年，獻甫奏曰：
> 「臣本命納音在金，今熒惑犯五諸侯太史之位。熒，火也，能剋金，
> 是臣將死之徵。」則天曰：「朕爲卿禳之。」遽轉獻甫爲水衡都尉，
> 謂曰：「水能生金，今又去太史之位，卿無憂矣。」其秋，獻甫卒，
> 則天甚嗟異惜之。〔註90〕

道士參與天文星占事務，對於傳統天文的影響，可分兩個層次來討論。一是
就技術面來說，雖然如張賓、傅仁均等人所修曆法，引發頗多爭議，但無可
否認地曆法修製之初，必有其值得採行的優點在，顯見道士在這方面的技術
能力應該並不差。而像陶弘景能自製渾天象、薛頤能觀象候時，顯見其天文
技術，已在一般人之上。若再加上道士家庭出身的李淳風，在天文儀器製作
與曆法編訂上的傑出表現，顯然道士對於中古時期天文技術的精進與發展，
是有相當貢獻的。另一方面，道士無論其技術能力如何，其能有機會出任天
文機構要職，憑仗的自是其與帝王之間的不凡關係。吾人可以見到，不論是
楊堅對張賓、李世民對薛頤，或者武則天對尚獻甫，皆是極盡呵護恩寵之能
事。帝王們之所如此，自有其心機與考量，但無形中，倒也提升了天文技術
者的社會地位。試想，帝王們都如此尊崇道士出身的天文官，一般官員自然
更是風行草偃，對天文官大概也不敢怠慢。在前兩節有關天文技術者社會地

〔註89〕見《舊唐書》卷一百九十一〈方伎・薛頤傳〉，頁5089。
〔註90〕見《舊唐書》卷一百九十一〈方伎・尚獻甫傳〉，頁5100～5101。

位的討論中，看到帝王或士人階層，對於一般的天文官員，所抱持的態度，似乎以負面居多。但在對待道士出身的天文官時，則又是另外一種完全不同的和善態度，普通技術人員向來在社會上地位不高，但以道士出身的天文官，受到帝王如此的尊崇來看，顯然道教及道士，對於天文技術者社會地位的提升，應是有正面效果的。

第七章 結 論

　　對擁現代科學知識的人而言，天文學是科學，星占學則是術數、偽科學，二者性質迥異，絕不能混爲一談。但在中國歷史上，天文與星占，卻是結緣於淵遠流長的上古社會，彼此有著密不可分的關係，在某種程度上，天文學就是星占學。天文異象，在傳統中國社會的思維中，被賦予與人間事務密切相關的星占學意義，人們必須有所因應，以平息天怒及可能帶來的災禍。這種「人本天文學」（Humanity Astronomy）的理念，長久以來，一直影響著中國傳統政治的變遷。天下大亂時，要藉由對天象的解釋，以昭告世人，誰才是眞命天子；一統江山後，更要防制其他人以天象變異爲由而窺探神器；若是在王朝治理過程中，發生天文異象，更要進行各種事前的預防與事後的補救措施。也因爲要解釋天文與人事之間的關聯性，以便於預作祈禳、補救或避禍，星占學遂發展出綿密的解釋體系，成爲傳統中國學術中，極其重要的一環。除了經典之外，在中國社會中，很少有一種學術活動，能夠長期得到官方支持，延續兩三千年之久，傳統天文算是其中的異數，而這不能不說是拜星占學之賜。如果不是星占學賦予天文現象多樣化的人文解釋，讓歷代統治者樂於以此爲用，天文學能否在中國社會維持其綿延不斷的發展，似乎不能不令人有所質疑。或許今人可以批評星占學阻礙了中國傳統天文邁向現代天文學的進程，但卻也不能否認，至少它讓傳統天文的觀測與紀錄，歷久不斷，爲全人類留下了可貴的歷史資產。更重要的是，一向被視爲無可約束的中國皇權，有些時候，卻是必須臣服於天文星占之下。即使是帝王，也只敢自喻爲天子，在重孝道的倫理觀念下，上天即帝王之父，對於天意，天子亦不得違逆，否則必遭天譴，再如何專制霸道的帝王，對此也莫不畏懼三分。

因此，雖不能說天文星占主導傳統皇權政治的發展，但其深入人心的影響力，則是研究中國歷史者，所不宜忽略的。

在對天文星占進行其歷史影響的研究中，最令人感興趣者，應是人與事的探討，因為這最能彰顯出天文星占，在傳統中國社會中的角色與地位。本書即以三國至隋唐這段所謂中古時期為例，探討了這個時期天文星占，如何影響時人的行事。其中對於第二章「天文機構的變革及其職官種類」的研究，是鄙人自承最不能令人滿意者，史料的欠缺，是首要原因。更令人感到遺憾的是，在浩瀚史料中，多數只零星記載了天文機構的職官及組織架構名稱，對於組織如何運作的詳情，卻是付之闕如。組織的記載是刻板的資料輯錄，無助於對歷史作深入的理解，實際的運作情形，才是從事歷史研究者，所最關心的。可惜巧婦難為無米之炊，雖然本文已竭盡心力，希望能勾勒出這段時期天文機構的運作實況，而不僅止於對刻板文獻的爬疏，但成果顯然並不怎麼令人滿意，有待再努力的空間仍大。

幸而在機構之外的人與事相關研究方面，這段時期留存了豐富生動的資料，其中很多長期以來為中古史研究者所忽略，因此也給予本文較大的揮灑空間。首先是有關於天文星占與政治方面的論述，本書第三章從「天命與正統」、「天文星占與皇權統治」及「天文星占與政治鬥爭」等三個面向，檢討了這個時期的天文與政治的關係。中古時期是一個天下分分合合的複雜時代，有大一統王朝，更有同時並立的十數個偏霸政權，為了宣示本身政權的正當性與適法性，天命與正統的觀念得以發揮，而最足以解釋天命與正統所在者，則莫過於天文星占與其相關的讖緯、符瑞等術數之學。斥此為迷信而不屑一顧，固無不可，但卻無助於理解傳統中國政治最根本的思維模式，即天意是取得政權公信力的最終憑藉，如無上天的許可與任命，政權存在的合理與適法性，便會遭人質疑，而產生民心動搖的危機。同樣地，即使因天之命而順利取得政權，若是在位者施政不為天意所允，導致天怒人怨，即使貴為帝王，也不免要遭到批評與責難。能彰顯天意的是天象，能解釋天象者，則要靠星占之學，這是星占能取得神祕且崇高學術地位的原因所在，卻也是天文學能在中國傳統政治的護衛之下，持續數千年於不墜的憑藉。

誠然，從現代科學的角度來看，認為日蝕、月蝕或者彗星、流星等被傳統星占視為異常天象，與人間事務，特別是政治現象，有著環環相扣的緊密關係，頗為不可思議，但在傳統中國社會中，這卻是政治生活極重要的一部

份。姑且不論其迷信與否，但至少為傳統皇權政治的偏差，提供了一個可資警惕的調節機制，天象當然不會配合人間事務而演變，但在人間事務步向偏差、混亂的同時，卻也有可能正是天象變異發生時。平日高高在上、我行我素的帝王，此時也不得不調整腳步，至少作一些表面文章，以求平息因天象變異而來的各方批評與責備。人們不能期待每次天象都會適時出現，但只要統治者相信這個無形的制衡力量，在胡作非為或不顧民生疾苦之餘，便有了相對的監督機制，可以讓偏差的皇權運作，再度回到符合大多數人期盼的正軌上來。這種對於皇權統治的影響力，是任何其它制衡機制所無法相提並論的。非僅中古時期如此，其實如果仔細地檢視歷朝歷代的史料，將發現它幾乎是貫穿整部中國政治史的中心思想。當然這樣的思想，並不足以約制所有的帝王作為，它通常類似一把雙面利刃，帝王在畏懼它所可能帶來的懲罰，而調整施政作為的同時，也有可能以它為藉口，遂行政治上的報復與殺戮。但無論如何，天文星占的制衡功能，已是傳統中國社會中，能夠不經由戰爭流血，而展現令統治者敬畏力量的珍貴資產。在斥其為迷信的同時，或許更應深思，在欠缺民意可制衡帝權的傳統中國社會，天文星占所扮演的天意角色，其實已經替代民意，在向統治者示警，而通常統治者也樂於接受，就維持中國社會的和諧與均衡而言，天文星占是功不可沒的。

除了政治上的廣大影響力之外，在軍事作戰上，天文星占也同樣佔有一席之地。不過，經由本書第四章的研究發現，在中古時期，人們對於天文星占在政治與軍事上的影響力，其相信的程度，是有所區別的。由於缺乏其他有效的制衡力量，因此天文星占無疑為政治人物提供了一個取之不盡的資源，使其可以不時對皇權統治的偏差行為，出招攻擊，導正偏差，除非過度迷信，否則極少見到有人批評天文星占政治影響力的適切性。但在軍事作戰方面則不然，雖說作戰講究天時、地利、人和，但明於戰爭勝負要訣者，無不深諳人謀優於天意的道理。因此天文星占，在戰爭的過程中，經常只居於參考輔助的角色，真正優秀的將領，是不把勝負寄託在渺茫不可知的天意之上的，頂多只利用它來鼓舞人心或提振士氣而已。這大致也符合歷史進程的發展邏輯，人們對於神祕不可測的天象，在政治上懷抱敬畏的心理，以避免統治的偏差行為，危及政治安定與國計民生。但在軍事作戰上，雖仍不免要假藉天文星占之助，以求克敵制勝，卻不以它為戰爭的主導，否則以無道伐有道、無謀代有謀者，皆有可能因天文之助而獲勝，將領只測天意而不求備

戰，人類歷史發展將無合理邏輯可資依循。若從此一角度來看中古時期人們
對天文星占的態度，非僅不迷信，恐怕還有相當的合理性。

　　就中國社會天文學史的研究觀點而論，中古時期在天文星占與政治、軍
事的關係上，其實並無特殊地位，充其量只是延續之前朝代的傳統，內容略
有不同而已。但在本書第五章討論的「天文伎術與天文伎術者的管理」方面，
中古時期卻有著象徵性的歷史地位，至少從現存史料上來看，這是歷代政府
對於天文伎術與天文伎術者的管理，最早形之於法令的開端。有關這方面的
法律規章，也成了此後歷代相關法規的典範，以此而言，中古時期可稱得上
是承先啓後的歷史時期。但縱使如此，在史料的留存上，仍令人不能不有所
遺憾。隋唐以前的資料，稀少零散，難作有系統的論述，只能蜻蜓點水般地
約略帶過。而即使是史料留存較多的唐代，也未必就能讓人對相關事務，一
窺全豹。以天文技術的規制來說，雖然自西晉開始，便有禁星氣讖緯的規定，
到了唐代，其規範漸趨嚴密。可是傳統中國社會的法令，其規定與執行之間，
常存在頗大的落差，若無實際的案例可供參考，極難僅從法規便驟然判斷實
際的執法情形如何。中古時期的有關天文禁令的研究，正存在著這樣的問題。
唐朝以前，雖有規定，但實際的執行案例則付之闕如，唐朝時雖可依某些判
文，一窺其執行天文禁令的概況，但究竟實際的狀況如何，仍然不易判知。

　　另外，就天文伎術者的管制而言，無疑地，也是只能以唐代爲討論的重
心，原因無它，仍是受限於史料的不足。中古時期頗不乏連傳數代的天文世
家，但因技術人才的不受尊崇，有關他們的資料，卻是零散且稀少。以最爲
世人熟知的李淳風而言，其確實身世、養成背景及其後代在天文星占方面的
活動情形，至今仍是個謎團。若非借助於墓誌銘的出土，對於唐代另一個來
自天竺的天文世家——瞿曇氏家族的瞭解，恐怕也與李淳風家族的情況，相
去不遠。中國古代的天文星占大師，其實是一個很獨特的研究題材，他們一
方面具有專業的天文曆法知識，懂得天體運行的原理與規律，也長期進行觀
測與記錄。但帝王對其所進行的學術活動，通常都興趣不高，政府之所以願
意支持天文機構的設立與存續，當然不是爲了提供天文技術者一個安心穩定
的研究環境，而是藉由對機構與人員的壟斷與監督，以達到獨攬天文星占解
釋大權的目的。因此，稱李淳風等人爲天文學家或科學家，倒不如稱他們是
星占師，要來得更爲適切。他們供職於朝廷的主要功用，絕非從事科學研究，
而是要適時適地爲統治者提供天文星占的相關訊息，而且要藉其天文專業，

以確保這些訊息，永遠朝當權者有利的方向作解釋。所以從現代人的角度來看，李淳風之輩的角色，乃介於科學與非科學之間，既是科學的天文觀測與曆法製造者，也是非科學的星占預測者。但必須切記的是，這些都是現代學術分科的偏見，在傳統中國社會中，學問一事，並無科學或非科學的畛域之分，至於稱呼李淳風是天文學家，或司天臺是科學研究機構，也是現代人一廂情願的說法，重起古人於地下，恐怕也未必同意。因此，對於這些向來習慣性被稱是古代科學家或天文學家的人物，其實是有必要從星占學的角度，來重新檢視的。

在最後一章「天文伎術者的社會地位」中，約略探討了中古時期識天文星占者，尤其是擔任天文官員的人，與帝王、士人階層及佛、道二教之間的相互關係。以目前可見的資料而言，第一部份的討論，算是比較充實的。至於其他兩個部份，都只是略作初步的討論而已，有待細論的地方，仍是不少。帝王與天文伎術者的關係，可謂唇齒相依，天文官賴帝王的支持，才能長期從事天文觀測、記錄與研究的工作，可說是宮廷中專為帝王服務的成員，談不上甚麼社會地位。但是，在另一方面，天文伎術者也因其所知的天象祕聞，非比尋常，往往關係到皇權運作的順利與否，因此帝王們也不得不另眼相待，以確保其對皇室的忠誠。甚至願意將天文官職，恩賜給自己所寵信精於此道的鄉野隱士，以彰顯其地位。朝中大臣縱使對一般技術官僚態度不屑，但對於天文職官倒未必如此，因為自其口中可探得某些不為人知的天象祕聞，對於增加自身的政治籌碼，是有相當助益的。因此天文技術者在古代中國重經典、輕技術的文化傳統中，仍能自外於一般技術人員，取得帝王與士人階層某種程度的尊重。但對士人階層而言，能夠做到表面上不排斥天文技術者，已屬不易，賤技的思想，並未就此自其觀念中除去。因此中古時期許多精通天文星占與曆法的士人階層，都只願意站在普通官僚的立場，參與相關事務的討論與運作，絕少願意直接出任天文技術官僚者，在傳統功利觀念的籠罩與政府的重重限制下，士人自然不願意廣泛而深入地涉足天文事務，或在天文機構任職。任職天文機構者，甚至還會引以為恥，這種對天文的偏差觀念，才是阻礙傳統中國天文學進步的最主要因素。

參考暨徵引書目

一、史　料

1. 《禮記注疏》（臺北：藝文印書館十三經注疏本，1989 年）
2. 孔穎達：《周易正義》（臺北：藝文印書館十三經注疏本，1989 年）
3. 孔穎達：《毛詩正義》（臺北：藝文印書館十三經注疏本，1989 年）
4. 孔穎達：《尚書正義》（臺北：藝文印書館十三經注疏本，1989 年）
5. 高誘：《淮南子注》（臺北：世界書局，1991 年）
6. 司馬遷：《史記》（臺北：鼎文書局點校本）
7. 范曄：《後漢書》（臺北：鼎文書局點校本）
8. 陳壽：《三國志》（臺北：鼎文書局點校本）
9. 曹操等著：《十一家注孫子》（臺北：華正書局，1989 年）。
10. 房玄齡等：《晉書》（臺北：鼎文書局點校本）
11. 沈約：《宋書》（臺北：鼎文書局點校本）
12. 蕭子顯：《南齊書》（臺北：鼎文書局點校本）
13. 魏徵、姚思廉：《梁書》（臺北：鼎文書局點校本）
14. 慧皎：《高僧傳》（臺北：鼎文書局點校本）
15. 魏徵、姚思廉：《陳書》（臺北：鼎文書局點校本）
16. 魏收：《魏書》（臺北：鼎文書局點校本）
17. 李百藥：《北齊書》（臺北：鼎文書局點校本）
18. 令狐德棻等：《周書》（臺北：鼎文書局點校本）
19. 李延壽：《南史》（臺北：鼎文書局點校本）
20. 李延壽：《北史》（臺北：鼎文書局點校本）

21. 魏徵等：《隋書》（臺北：鼎文書局點校本）

22. 劉昫等：《舊唐書》（臺北：鼎文書局點校本）

23. 歐陽修、宋祁：《新唐書》（臺北：鼎文書局點校本）

24. 不空譯、楊景風注：《文殊師利菩薩及諸仙所說吉凶時日善惡宿曜經》（收入《大正新修大藏經》第二十一冊第 1299 號，頁 387～399，臺北：新文豐出版公司，1983 年）

25. 李林甫等：《大唐六典》（臺北：文海出版社，1974 年）

26. 李淳風：《乙巳占》（收入李零主編、伊世同點校《中國方術概觀·占星卷》，北京：人民中國出版社，1993 年）

27. 李筌：《神機制敵太白陰經》（北京：中華書局叢書集成初編本）

28. 杜佑：《通典》（北京：中華書局點校本，1988 年）

29. 長孫無忌等、（今）劉俊文《唐律疏議·箋解》（北京：中華書局，1996 年）

30. 唐臨：《冥報記》（北京：中華書局點校本，1992 年）

31. 瞿曇悉達：《開元占經》（收入李零主編、伊世同點校《中國方術概觀·占星卷》，北京：人民中國出版社，1993 年）

32. 瞿曇悉達：《唐開元占經》（臺北：國家圖書館典藏善本書，微卷編號 6463，共二捲，拍攝所據原稿為清代陸芝榮香圃三間草堂藏手抄本）

33. 瞿曇悉達：《唐開元占經》（臺北：臺灣商務印書館景印文淵閣四庫全書本，第八〇七冊）

34. 張鷟：《朝野僉載》（北京：中華書局點校本，1979 年）

35. 劉知幾著、（清）浦起龍釋：《史通通釋》（臺北：里仁書局點校本，1980 年）

36. 鄭處誨：《明皇雜錄》（北京：中華書局點校本，1994 年）

37. 劉崇遠：《金華子雜編》（收在點校本《玉泉子·金華子》，上海：古籍出版社，1988 年）

38. 王溥：《唐會要》（上海：上海古籍出版社點校本，1991 年）

39. 司馬光等：《資治通鑑》隋紀與唐紀（臺北：大申書局點校本，1983 年）

40. 薛居正等：《舊五代史》（臺北：鼎文書局點校本）

41. 歐陽修：《新五代史》（臺北：鼎文書局點校本）

42. 脫脫等：《宋史》（臺北：鼎文書局點校本）

43. 李昉等：《太平御覽》（臺北：臺灣商務印書館，1986 年）

44. 李昉等：《太平廣記》（臺北：文史哲出版社，1987 年）

45. 呂祖謙編：《宋文鑑》（臺北：臺灣商務印書館景印文淵閣四庫全書，第

1350 冊）

46. 孫光憲：《北夢瑣言》（臺北：源流文化出版事業公司點校本，1983 年）

47. 馬端臨：《文獻通考》（臺北：臺灣商務印書館，1987 年）

48. 許洞：《虎鈐經》（北京：中華書局叢書集成初編本，1985 年）

49. 鄭樵：《通志》（臺北：臺灣商務印書館，1987 年）

50. 贊寧：《宋高僧傳》（北京：中華書局點校本，1987 年）

51. 張廷玉等：《明史》（臺北：鼎文書局點校本）

52. 李東陽等編：《大明會典》（臺北：新文豐出版公司，1976 年）

53. 沈德符：《萬曆野獲編》（北京：中華書局點校本，1997 年）

54. 允祿等編：《協紀辨方書》（臺北：臺灣商務印書館景印文淵閣四庫全書，第 811 冊）

55. 清仁宗皇帝御編：《全唐文》（北京：中華書局，1983 年）

56. 徐松：《唐兩京城坊考》（臺北：世界書局，1984 年）

57. 陳夢雷：《古今圖書集成》第二八九冊（臺北：鼎文書局，1997 年）

58. 張閬聲：《校正三輔黃圖》（臺北：世界書局，1984 年）

59. 梅文鼎著、梅穀成校輯：《梅氏叢書輯要》（臺北：藝文印書館，1971 年）

60. 曾國藩：《曾文正公家書》（臺北：世界書局，1996 年）

61. 顧炎武著、（清）黃汝成集釋：《日知錄集解》（長沙：岳麓書社，1994 年）

62. 嚴耕望編：《原刻景印石刻史料業書‧金石萃編》卷八十八（臺北：藝文印書館，1971 年）

63. 不知撰者：《唐太宗李衛公問對》（北京：中華書局叢書集成初編本，1991 年）

二、近人專著

（一）中文部份（含譯作）

1. 方豪：《中西交通史》上冊（臺北：中國文化大學出版部，1983 年）

2. 王瑞功主編：《諸葛亮研究集成》（濟南：齊魯書社，1997 年）

3. 中國大百科全書編輯委員會：《中國大百科全書‧天文學》冊（北京：中國大百科全書出版社，1980 年）

3. 安平秋、章培恆主編：《中國禁大觀》（上海：上海文化出版社，1990 年）

4. 江曉原：《星占學與傳統文化》（上海：上海古籍出版社，1992 年）

5. 江曉原：《天學真原》（臺北：洪葉出版事業公司，1995 年）

6. 何丙郁、何冠彪：《敦煌殘卷占雲氣書研究》（臺北：藝文印書館，1985年）

7. 施湘興：《儒家天人合一思想之研究》（臺北：正中書局，1981年）

8. 高平子：《高平子天文曆學論著選‧學曆散論自序》（臺北：中央研究院數學研究所，1987年）

9. 孫宏安：《中國古代科學教育史略》（瀋陽：遼寧教育出版社，1996年）

10. 曹謨：《中華天文學史》（臺北：臺灣商務印書館，1986年）

11. 〔英〕李約瑟著、曹謨譯：《中國之科學與文明》（臺北：臺灣商務印書館，1961年）

12. 陳遵媯：《中國天文學史》第一冊～第六冊（臺北：明文書局，1998年）

13. 馮友蘭：《中國哲學史新編》第三冊（臺北：藍燈文化事業公司，1991年）

14. 趙令揚：《關於歷代正統問題之爭論》（香港：學津出版社，1976年）

15. 楊慧傑：《天人關係論》（臺北：水牛圖書出版公司，1989年）

16. 劉昭民：《中華天文學發展史》（臺北：臺灣商務印書館，1985年）

17. 劉韶軍：《中華占星術》（臺北：文津出版社，1995年）

18. 錢穆：《國史大綱》（臺北：臺灣商務印書館，1991年）

19. 錢穆：《中國歷代政治得失》（臺北：東大圖書公司，1992年）

20. 薄樹人：《中國天文學史》（臺北：文津出版社，1996年）

（二）外文部份

1. 〔日〕諸橋徹次主編：《大漢和辭典》（東京：大修館書店修訂版，1986年）

2. 〔日〕藪內清：《增訂隋唐曆法史の研究》（京都：臨川書店，1990年）

三、論　文

（一）中文部份（含譯作）

1. 丁煌：〈唐高祖太宗對符瑞的運用及其對道教的態度〉（《國立成功大學史學報》第二號，1975年）

2. 中國社會科學院考古研究所洛陽工作隊：〈漢魏洛陽城南部的靈臺遺址〉（收入該所編《中國古代天文文物論集》頁176～180，北京：文物出版社，1989年12月）

3. 江曉原：〈中國古代曆法與星占術——兼論如何認識中國古代天文學〉（《大自然探索》第7卷第3期，1988年）

4. 江曉原:〈天文‧巫咸‧靈臺──天文星占與古代中國的政治觀念〉(《自然辯證法通訊》1991 年第 3 期)

5. 江曉原:〈上古天文考──古代中國"天文"之性質與功能〉(《中國文化》第四期,1991 年 8 月)

6. 江曉原:〈六朝隋唐傳入中土之印度天學〉(《漢學研究》十卷二期,1992 年 12 月)

7. 江曉原:〈天學史上的梁武帝〉(《中國文化》第十五、十六期,1997 年)

8. 李豐楙:〈唐人創業小說與道教圖讖傳說〉(《中華學苑》第二十九期,1984 年)

9. 李勇:〈中國古代的分野觀〉(《南京大學學報‧哲社版》,1990 年第 5、6 期)

10. 李學勤:〈「兵避太歲戈」新證〉(《江漢考古》第 39 期,1991 年)

11. 李家浩:〈再論兵避太歲戈〉(《考古與文物》1996 年第 4 期)

12. 何丙郁:〈民國以來中國科技史研究的回顧與展望:李約瑟與中國科技史〉(收入《民國以來國史研究的回顧與展望研討會論文集》(上冊),臺北:國立臺灣大學歷史學系,1992 年)

13. 何丙郁:〈太乙術數與《南齊書‧高帝本紀上》史臣曰章〉(《中央研究院歷史語言研究所集刊》第六十七本第二份,1996 年 6 月)

14. 杜欽:《兩漢大赦研究》(臺中:東海大學歷史研究所碩士論文,1991 年 6 月)

15. 沈建東:《在天道與治道之間──論宋代天文機構及其陰陽職事》(新竹:清華大學歷史研究所碩士論文,1991 年 6 月)

16. 金忠烈:《天人和諧論──中國先哲有關天人學說之研究》(臺北:中國文化學院三民主義研究所博士論文,1974 年)

17. 范家偉:〈受禪與中興:魏蜀正統之爭與天象事驗〉(《自然辯證法通訊》,1996 年 6 月)

18. 俞偉超、李家浩:〈論兵避太歲戈〉(收入《出土文獻研究》,北京:文物出版社,1985 年)

19. 唐君毅:〈如何了解中國哲學上天人合一之根本觀念〉(收入《唐君毅全集》卷十一《中西哲學之比較論文集》,臺北:臺灣學生書局,1988 年)

20. 晁華山:〈唐代天文學家瞿曇譔墓的發現〉(《文物》1978 年第 10 期)

21. 席澤宗:〈中國科技史研究的回顧與前瞻〉(收於氏著《科學史八講》,臺北:聯經出版事業公司,1994 年)

22. 席澤宗:〈天文學在中國傳統文化中的地位〉(同上)

23. 席澤宗:〈中國天文學的新探索〉(同上)

24. 姜志翰：《中國星占對軍事的影響》（臺北：臺灣大學歷史所碩士論文，1998 年 6 月）

25. 高明士：〈唐代「三史」的演變——兼述其對東亞諸國的影響〉（《大陸雜誌》第五十四卷第一期，1977 年 1 月）

26. 陳寅恪：〈崔浩與寇謙之〉（收於《陳寅恪先生文集（一）‧金明館叢稿初編》，臺北：里仁書局，1981 年）

27. 陳寅恪：〈天師道與濱海地域之關係〉（同上）

28. 陳久金：〈瞿曇悉達和他的天文工作〉（《自然科學史研究》四卷四期，1985 年）

29. 張毅志：〈我國古代的通俗天文著作《步天歌》〉（《文獻》1986 年第 3 期）

30. 張嘉鳳、黃一農：〈中國古代天文對政治的影響——以漢相翟方進自殺為例〉（《清華學報》新二十卷第二期，1990 年 12 月）

31. 張嘉鳳：《中國傳統天文的興起及其歷史功能》（新竹：清華大學歷史所碩士論文，1991 年 7 月）

32. 張培瑜：〈五星合聚與歷史記載〉（《人文雜志》1991 年第 5 期）

33. 葉德祿：〈七曜曆入中國考〉（《輔仁學誌》第十一卷第一、二合期，1942 年 12 月）

34. 黃自元：〈從西漢占盤看《靈樞‧九宮八風》的占星術性質〉（《上海中醫藥雜誌》一九八九年第二期）

35. 黃一農：〈星占、事應與偽造天象——以“熒惑守心”為例〉（《自然科學史研究》第 10 卷第 2 期 1991 年）

36. 傅鏡暉：《中國歷史正統論研究：依據春秋公羊傳精神的正統論著分析》（臺北：政治大學政治學研究所碩士論文，1991 年）

37. 楊安華：〈中國正統思想之基礎溯源〉（《臺南家專學報》第 16 期，1997 年 6 月）

38. 劉朝陽：〈史記天官書之研究〉（《國立中山大學歷史語言研究所週刊》第七卷第七十三、七十四期合刊本，1929 年）

39. 劉廣定：〈台灣的中國科技史研究簡況與展望〉（收入《民國以來國史研究的回顧與展望研討會論文集（上冊）》，臺北：國立臺灣大學歷史學系，1992 年 6 月）

40. 劉韶軍：〈試論中國古代占星術及其文化內涵〉（《華中師範大學學報‧哲社版》，1993 年第 2 期）

41. 蔡幸娟：《南北朝降人之研究》（臺北：臺灣大學歷史碩士論文，1986 年）

42. 鄧文寬：〈比《步天歌》更古老的通俗識星作品——《玄象詩》〉（《文物》1990 年第 3 期）

43. 範立舟：〈從「合天下於一」到「居天下之正」：宋儒正統論之內容與特質〉（《中國文化月刊》第 230 期，1999 年 5 月）

44. 魯子健：〈中國歷史上的星占術〉（《社會科學研究》1998 年第 2 期）

45. 謝政諭：〈中國正統思想的本義、爭論與轉型──以儒家思想爲核心的論述〉（《東吳政治學報》第 4 期，1995 年 1 月）

46. 嚴敦傑：〈式盤綜述〉（《考古學報》第四期，1985 年）

47. 龔延明：〈宋代天文院考〉（《杭州大學學報》1984 年第 2 期）

48. 〔日〕山田慶兒、譯者不詳：〈梁武帝的蓋天説與世界庭園〉（收入氏著《山田慶兒論文集・古代東亞哲學與科技文化》，瀋陽：遼寧教育出版社，1996）

49. 〔法〕艾伯華（Wolfram Eberhard）、劉紉尼譯：〈漢代天文學與天文學家的政治功能〉（收入張永堂等編《中國思想與制度論集》，臺北：聯經出版事業公司，1976 年）

（二）外文部份

1. Shigeru Nakayama, "Characteristics of Chienese Astrology." In Nathan Sivin(ed.) *Science and Technology in East Asia*, New Yourk: Neale Watson Academic Publications Inc. 1977, pp.94-107.

2. Xi, Zezong（席澤宗）, "Chinese studies in the History of Astronomy, 1949-1979." *ISIS,* No.263, Vol.72, 1981, pp.457-470.

3. Huang, Yi-Long（黃一農）, "A Study on Five Planet Conjunctions in Chinese History." *Early China*, 15, 1990, pp.97-112.

4. 藪內清：〈中世科學技術の展望〉，收入氏編《中國中世科學技術史の研究》（東京：角川書店，1965 年）

5. 松島才次郎：〈太史局と司天臺〉（《信州大學教育學部紀要》第 25 期，1971 年）

6. 影山輝國：〈漢代における災異と政治──宰相の災異責任を中心に〉（《史學雜誌》第 90 編第 8 號，1981 年）